多模多频 GNSS 精密单点定位理论与方法

潘树国 赵 庆 喻国荣 高 旺 著

科 学 出 版 社

北 京

内 容 简 介

结合当前多频 GNSS 发展趋势，本书主要对多频精密单点定位中的若干关键技术进行介绍，包括 GNSS 时空基准、PPP 基本模型与误差处理，重点围绕 PPP 钟差估计、相位偏差估计、模糊度解算策略，以及区域参考站与低轨卫星增强的快速 PPP 等方面进行介绍。相关模型和算法优化创新，提高了 PPP 定位性能。

本书聚焦于卫星导航中的多频 PPP 理论与应用，可为智能感知工程、测绘科学与技术等导航定位相关领域的研究人员提供参考借鉴，也可供导航、测绘等专业研究生、教师阅读。

图书在版编目（CIP）数据

多模多频 GNSS 精密单点定位理论与方法 / 潘树国等著. —北京：科学出版社，2024.6

ISBN 978-7-03-077884-0

Ⅰ. ①多… Ⅱ. ①潘… Ⅲ. ①卫星导航-全球定位系统-研究 Ⅳ. ①P228.4

中国国家版本馆 CIP 数据核字（2024）第 024976 号

责任编辑：任 静 / 责任校对：胡小洁

责任印制：师艳茹 / 封面设计：蓝正设计

科学出版社 出版

北京东黄城根北街 16 号

邮政编码：100717

http://www.sciencep.com

北京九州迅驰传媒文化有限公司印刷

科学出版社发行 各地新华书店经销

*

2024 年 6 月第 一 版 开本：720×1000 1/16

2024 年 6 月第一次印刷 印张：13 1/2

字数：272 000

定价：118.00 元

（如有印装质量问题，我社负责调换）

前　言

全球导航卫星系统(Global Navigation Satellite System，GNSS)凭借其全天候工作、全球覆盖率高、定位精度高以及实时高效性等诸多优势，成为人们获取精准时空信息的主要手段之一，被广泛应用于变形监测、精密授时、精密定轨等诸多领域，作为国家的重大基础设施，也是国家定位导航授时(Positioning Navigation and Timing，PNT)体系中极为重要的一环。

随着GPS的现代化、Galileo的不断完善以及我国BDS-3的全球组网，新一代导航卫星能够在三个乃至更多频点播发导航信号，GNSS正式进入多模多频兼容互操作的时代，多模多频也为现有GNSS高精度定位性能的提升提供了新的技术条件，进一步激发了卫星定位新理论、新方法的研究热潮。当然，机遇与挑战并存，多频信号也带来诸如多频统一函数/随机模型构建、多频信号频率相关偏差估计建模、多频模糊度快速高效解算、利用多频信息实现准瞬时高精度定位等难点，通过多频信号实现性能增益的前提是妥当地处理好这些技术难题。基于上述背景，本书对多模多频精密单点定位(Precise Point Positioning，PPP)领域中涉及的相关知识进行梳理，具体包括：对GNSS定位中的常用时空基准及PPP数据处理中的各项误差消除方法进行介绍；介绍了PPP数据处理中常用的重参化方法，总结了目前常用的双频/多频 PPP 模型；在对已有钟差估计策略总结的基础上，为兼顾钟差估计精度与解算效率，对基于历元间、星间差分融合的钟差估计方法进行介绍；针对实时轨道钟差改正数信息通常具有一定滞后性和不确定性的问题，介绍了基于广播星历的实时轨道钟差综合补偿方法；在多频信号频率相关偏差处理方面，对频间钟差(Inter-Frequency Clock Bias，IFCB)的估计和建模方法进行介绍，并对不同PPP模型的小数周偏差(Fractional Cycle Bias，FCB)估计策略及其之间的FCB等价性进行了论证分析；针对多模多频非组合PPP的高维模糊度解算难题，介绍了超宽巷/宽巷/窄巷分步固定与更新的多频PPP模糊度快速解算模型，兼顾模糊度解算效率与可靠性；面向城市峡谷等复杂应用场景下PPP的重收敛或重初始化问题，介绍了低轨(Low Earth Orbit，LEO)星座与精密大气增强的快速PPP技术原理，提高定位的实时性、连续性。

全书共分为9章。第1章主要对本书编写的意义及多频PPP相关的研究现状进行介绍；第 2 章主要对 GNSS 数据处理涉及的常用时空基准进行介绍；第 3 章对双频/多频 PPP 函数模型、随机模型以及参数估计策略进行介绍；第 4 章系统地对 PPP 数据处理中涉及的各项误差消除方法进行介绍；在前述章节铺垫下，第 5～9 章分别从 PPP 钟差估计、相位偏差估计、模糊度解算策略、参考站与低轨(LEO)卫星增强的 PPP 这 5 个方面，系统地对多频 PPP 的相关模型算法进行介绍，并基于实测数据进行验证。本书聚焦于卫星导航中的多频 PPP 理论与应用，可为智能感知工程、测绘科学与技术等导航定位相关领域的研究人员提供参考借鉴。

由于作者时间和水平有限，书中难免存在不少疏漏，望广大读者给予批评指正。

作　者

2024 年 5 月

目　录

第1章 绪　　论

1.1 背 景 介 绍

全球导航卫星系统(Global Navigation Satellite System，GNSS)凭借其全天候工作、全球覆盖率高、定位精度高以及实时高效性等诸多优势，成为人们获取精准时空信息的主要手段之一，被广泛应用于导航定位、变形监测、精密授时、精密定轨等诸多领域。作为国家的重大基础设施，也是国家定位导航授时(Positioning Navigation and Timing，PNT)体系中极为重要的一环。目前，国际公认的四大GNSS系统包括美国的GPS、俄罗斯的GLONASS、欧盟的Galileo以及我国自主研发的北斗卫星导航系统(BDS)[1-3]。近年来，随着GPS的现代化、GLONASS和Galileo系统的不断完善以及我国BDS-3系统的全球组网，新一代的导航卫星能够在三个乃至更多的频点播发导航信号，GNSS正式进入了多模多频兼容互操作的时代[4]。多系统多频观测信息为卫星定位精度、可靠性等性能的提升提供了新的技术条件，进一步激发了卫星定位新理论、新方法研究的热潮。

实时动态定位(Real-Time Kinematic，RTK)和精密单点定位(Precise Point Positioning，PPP)技术是GNSS高精度定位的代表性技术[5-7]。其中，RTK是一种基于载波差分的相对定位技术，经历了由单站RTK向网络RTK技术的转变，通过密集的参考站对区域大气延迟进行高精度建模，可为用户提供实时厘米级的定位，该项技术较为成熟，已在国内各大省市实现工程化推广应用[8,9]。不过，由于其建设成本高以及数据处理中心的运算负荷限制，难以实现广域的高精度定位。相比之下，PPP技术通过精确考虑各种误差改正，基于单台接收机即可在全球范围内实现绝对高精度定位，具有定位灵活、便捷性高的优点。不过，其往往受限于外部的精密轨道和钟差产品，且模型待估参数较多且相关性强，通常需要较长的时间才能达到厘米级的精度，同时，由于存在小数周偏差(Fractional Cycle Bias，FCB)的影响，常规的PPP数据处理仅能得到浮点解，定位的可靠性较低，即便在对FCB改正的基础上，可靠的模糊度固定也需要相当的初始化时间。随着自动驾驶等新型位置服务行业的兴起，除了定位精度以外，用户更加注重定位的实时性、连续性和可靠性，尤其是在城市峡谷等复杂应用场景下，受限于GNSS信号自身的脆弱性，一旦发生周跳或信号失锁，PPP将面临着重收敛或重初始化的问题，这些难点也成为PPP规模化推广应用的瓶颈。

随着多模多频逐步成为GNSS领域新的发展趋势，相比于单系统，多模GNSS意味着更多的可视卫星数与更优的几何分布，多频信息意味着更多特性优良的观测值组合，这些都可以加强PPP的模型强度，一定程度上缩短其收敛和初始化时间，提高定位的连续性和可靠性，但距离实时应用还有一定差距。为了实现PPP模糊度的准实时固定，通常需要引入额外的增强信息，其中较常用的为区域参考站生成的高精度大气信息，通过附加约束或直接改正的方式，减弱模型待估参数之间的相关性，实现模糊度的瞬时固定。除此之外，随着SpaceX Starlink、“鸿雁”等低轨(Low Earth Orbit，LEO)星座的相继提出与建设，传统的地基增强GNSS高精度定位将面临新的挑战，相比于GNSS中高轨道卫星，LEO卫星具有几何图形变化快的优势，理论上可进一步缩短PPP的初始化时间，通过LEO增强GNSS实现高中低轨优势互补，形成星地联合增强的新一代PNT体系，对增强GNSS的精度、完好性、连续性和可用性具有重要意义。

1.2 国内外现状

PPP技术自1997年提出发展至今，经历了由单系统单/双频向多模多频的发展，致力于实现快速可靠的PPP，国内外相关研究机构和人员在多系统精密产品生成、多模多频解算模型、偏差估计与模糊度解算等方面均作了较为丰富的研究，同时随着LEO星座的建设发展，LEO增强的快速PPP也是目前的研究热点，为此，下面将对相关研究内容进行阐述与总结。

1.2.1 精密轨道和钟差产品

实时精密轨道和钟差产品是PPP高精度定位的先决条件，其连续稳定性将极大地影响PPP的定位性能。传统的PPP通常采用国际GNSS服务(International GNSS Service，IGS)各分析中心提供的最终产品，其标称的轨道精度通常优于2.5cm，钟差精度优于75ps，不过，其存在数十天的滞后性，无法应用于实时PPP。为了解决精密产品的时延问题，推广PPP的实时应用，IGS早在2001年就成立了实时产品相关的工作小组(Real-Time Working Group，RTWG)，并于2013年正式启动实时试验计划(Real-Time Pilot Project，RTPP)，在这之前，所谓的实时PPP主要是基于IGS超快速预报星历(IGS Ultra-Rapid Products，IGU)进行，不过，由于IGU星历的钟差产品精度较差，实际使用中，往往还需要配合区域的参考站进行自主钟差估计，因此并非严格意义的实时PPP[10,11]。随着RTPP的正式运行，基于广播星历状态空间表示(State Space Representation，SSR)改正数的实时PPP逐渐成为主流。王胜利等对IGS实时数据流的精度进行评估，表明实时轨道精度优于5cm，钟差精度优于0.2ns，满足实时PPP厘米级的定位需求[12]。随后，同济大学的刘志强等使用 IGS 提供的 SSR 改正数据实现了静态平面 2cm，高程 4cm 的定位精度[13]，武汉大学夏凤雨等采用多个挂载点的 SSR 数据实现了仿动态 PPP 单天解 E、N、U 方向优于 20cm 的定位精度[14]。此外，东南大学程良涛、张浩还将实时 GPS/GLONASS 双系统 PPP 算法进行了嵌入式平台的移植[15,16]。

随着四大全球导航系统的建设基本完成，GNSS 进入多模多频时代，精密产品也从传统的单 GPS 或 GPS/GLONASS 双系统发展为同时兼容 GPS、GLONASS、Galileo、BDS-2/BDS-3 以及部分区域增强系统。武汉大学施闯等采用全国北斗地基增强网的数据，研制了广域精密定位增强服务系统，其发布的 BDS-2 实时轨道钟差改正数产品的等效用户距离精度优于 2.0cm[17]。此外，针对多 GNSS 并存的局面，德国地学研究中心(Deutsches Geoforschungszentrum Potsdam，GFZ)的李星星教授、葛茂荣教授等研发了 GPS/GLONASS/BDS-2/Galileo 实时精密定位服务系统[18]。进一步，Li 等通过固定非差模糊度，生成了可直接用于 PPP 模糊度固定的多系统整数相位钟产品，其钟差精度优于 0.1ns，相比于传统的浮点解钟差产品，各系统相位钟的精度提高了 33.9%～63.7%[19]。类似地，Geng 等通过在网解过程中对载波观测值的模糊度和相位偏差进行改正，提出了一种改进的相位钟差估计方法[20]。针对大桥变形监测，Tang 等估计了 1Hz 的高采样率 GPS 钟差改正数[21]。在 BDS-3 精密产品估计方面，Li 等指出，与 BDS-2 的动偏/零偏不同，对 BDS-3 MEO 卫星采用连续偏航的姿态控制模型可提高其轨道的重叠精度[22]。长安大学的相关团队也发布了 BDS-3 卫星的 SSR 改正数产品，其实时轨道和钟差精度可达 12cm 和 0.5ns[23,24]。张勤等通过对 BDS 卫星天线相位中心模型精化，进一步提高了 BDS-2/BDS-3 联合定轨的精度[25]。此外，欧洲定轨中心(Center for Orbit Determination in Europe，CODE)和欧洲空间局(European Space Agency，ESA)等分析中心也陆续提供包括 BDS-3 在内的多系统轨道钟差改正数，其中 BDS-2/BDS-3 的钟差解算策略通常基于二者共有的 B1I/B3I 观测值。

当前实时精密轨道的精度可达厘米级，精密钟差的精度可达亚纳秒级，基本能够满足实时 PPP 的精度需求[26]，不过其往往存在一定的滞后性和不确定性，连续性和稳定性较差，主要体现在服务系统临时故障或网络延迟导致的数据中断或较大数据时延。尽管卫星轨道改正数具有较高的时域相关性，但卫星钟差随时间变化较快，其时域相关性较弱，对于厘米级定位而言，使用不同步卫星钟差进行定位一般只能维持少数几秒钟。当精密星历中断数十秒至数分钟时，用户终端定位的实时性和可靠性将难以保障，为解决该问题，当实时改正数中断或时延较大时，通常采用对轨道和钟差进行预报的方法。Hauschild 等分析了 GNSS 卫星钟差的短期稳定性，并初步评估了不同采样率钟差的内插误差及其对 PPP 的影响[27]。Senior 等和 Heo 等在对卫星钟差的周期特性进行分析的基础上，在预报模型中引入了相应的周期项消除其影响，提高了模型精度[28,29]。随后，Huang 等进一步在模型中同时引入周期项和自适应权函数，取得了优于 0.55ns 的实时预测精度[30]。Hadas 等在对实时数据流可用性和时延进行评估的过程中，明确指出在高精度定位中不应采用已过时的改正数，同时，他们采用了多项式拟合的方法对钟差进行预报，预报 8min 的精度优于 10cm[31]。El-Mowafy 等采用多项式和正弦项相结合的预报模型，通过多历元的实时数据流进行模型系数的拟合，在几分钟到数小时不等的预报区间内，取得 3D 优于 10cm 的精度[32]。在此基础上，Nie 等通过改进预报模型系数的确定方法，仅采用 1 个历元的数据即可进行钟差预测，扩展了模型的可用性[33]。上述分别对轨道和钟差进行预测的方法一定程度解决了数据时延与短时中断的问题，不过考虑到轨道误差在信号传播方向的投影与钟差相关性较强，因此可进一步将二者合并为一项综合误差进行提取与播发，并且在实际应用中也可减小数据播发量[34,35]。

1.2.2 多模多频 PPP 函数模型

在双频 PPP 数据处理中，由于无电离层组合可通过双频观测值消除电离层一阶项延迟，同时计算量较小，是应用和研究最多的函数模型。张小红等基于自主研发的 TriP 软件,通过亚太区域多模 GNSS 试验(Multi-GNSS EXperiment, MGEX)站点的实测 GPS/BDS-2 数据对双频 PPP 浮点解收敛性能和定位精度进行了评估，结果表明单 BDS-2 通常需要 80～100min 收敛才能达到厘米级的精度，不论静态还是仿动态，与单 BDS-2 相比，双系统组合可大幅缩短收敛时间，减小定位结果的波动[36]。丁赫等和刘金健在对 BDS-2/GPS/GLONASS 组合 PPP 的研究中也得到类似的结论，同时指出三系统组合动态 PPP 定位性能最好，平均收敛时间为 37min[37,38]。基于武汉大学的广域轨道钟差改正数，韩啸等在嵌入式平台对 BDS-2/GPS/GLONASS 三系统组合 PPP 在静态、仿动态和车载动态等不同条件下的定位性能进行评估，均取得了水平和高程厘米级的定位精度[39,40]。Li 等在 GPS/BDS-2/Galileo/GLONASS 组合 PPP 研究中指出，多系统融合可显著改善恶劣环境下 GNSS 的定位性能，即使在高度截止角为 40°的情形下，依然能够取得较稳定的定位解，此外，多系统融合一般可将收敛时间由单系统的近 20min 缩短至约 10min[18]。除了双频无电离层模型外，2010 年，中国科学院测量与地球物理研究所张宝成博士通过对电离层和差分码偏差(Differential Code Bias，DCB)进行重参化，提出了基于原始观测值的非组合 PPP 模型，由此可得到高精度的电离层观测值，用于全球电离层建模[41,42]。张小红等和李博峰等多位学者均通过理论和实验对非组合和无电离层组合模型进行比较，指出两种模型的参数估计精度基本一致，非组合模型的噪声和残差更小，理论层面非组合模型优于无电离层组合模型[43-45]。

随着多频观测数据的普及，国内外学者也对双频 PPP 的模型进行扩展，使其能够兼容多频数据。针对 BDS-2 三频数据，2016 年，郭斐等提出了 3 种三频 PPP 模型，分别为：统一多频无电离层模型、三频无电离层双组合模型以及三频非组合模型。由于多频观测值与传统的双频钟差不兼容，因此需要额外估计伪距频间偏差(Inter Frequency Bias，IFB)参数，进一步基于实测的三频数据进行验证，结果表明，三种 PPP 模型的结果一致性较高，新增频率对静态 PPP 的影响很小，在观测条件较差的情况下，可小幅改善动态 PPP 的定位性能[46]。针对上述三种常用的三频 PPP 模型，Pan 等以 GPS 系统为例，论证了不同模型在收敛阶段的数学等价性，不同 PPP 模型结果之间的差异通常不超过 6mm[47]。针对统一多频无电离层模型，Elsobeiey 等与 Viet Duong 等均指出通过选取较优的无电离层组合系数可加速 PPP 的收敛[48,49]。针对三频 PPP 模型中 IFB 参数的估计策略，通常基于硬件偏差时变稳定的假设，将其作为常数估计，实际上这一假设并不严密，为此，李宏宇等分别采用常数估计、随机游走和白噪声三种策略对 IFB 进行估计，结果表明随机游走的策略最优，白噪声估计的策略最差[50]。此外，多位学者也对三频 PPP 模型与传统双频 PPP 模型的定位性能进行对比，结果均表明不论静态还是动态模式，三频 PPP 的定位精度和收敛时间均优于双频 PPP[51-53]。苏珂等进一步将三频 PPP 模型拓展至四频情形，并对不同模型之间的等价性进行分析，通过与双频 PPP 模型对比，四频 PPP 可显著提升动态 PPP 的性能[54]。

1.2.3 多模多频模糊度固定方法

PPP 模糊度固定解可有效地减少收敛时间并一定程度上提高定位精度与可靠性，其关键在于消除浮点模糊度中的相位偏差，恢复模糊度的整数特性。对于传统双频消电离层模型，由于无电离层模糊度不具有整数特性，通常将其分解为宽巷和窄巷模糊度分步进行固定，其中，宽巷模糊度通常采用 Melbourne-Wübbena(MW)组合[55,56]，通过多历元平滑取整固定，而窄巷模糊度由于波长较短，难以直接取整固定，通常采用最小二乘降相关(Least-squares AMBiguity Decorrelation Adjustment，LAMBDA)算法搜索最优解[57]。早在 1999 年，Gabor 和 Nerem 就尝试采用星间单差的方法实现 PPP 模糊度固定，不过受限于当时轨道和钟差的产品精度，无法可靠固定窄巷模糊度[58]。直到 2008 年，Ge 等通过对星间单差浮点模糊度的小数部分求取均值，提取了卫星端宽巷和窄巷 FCB，率先实现了 GPS 窄巷模糊度固定，结果表明，宽巷 FCB 在数天内较为稳定，而窄巷 FCB 稳定性差，建议每 15min 估计一组[59]，一般而言，采用 1h 的数据即可实现较可靠的单 GPS 固定解，相比于浮点解，E 方向的精度可大幅提高[60-61]。Qu 等也采用上述方法对 GPS、BDS-2 和 BDS-3e 的 FCB 进行提取并进行模糊度固定[62]。上述基于星间差分的 FCB 估计方法在大范围数据处理时涉及参考卫星选取与更换，实现较为烦琐，为了统一基准并提高模型的通用性，2016 年，Li 等通过附加基准消除秩亏的方式，提出了一种基于迭代最小二乘的 FCB 估计方法，其中直接采用各测站卫星对的非差浮点模糊度进行解算，并初步对 GPS/BDS-2 卫星 FCB 的稳定性进行分析[63-65]，进一步，Hu 等采用该算法生成 GPS/Galileo/BDS-2 多系统的 FCB 产品并开放给用户使用[66]。鉴于迭代最小二乘算法计算量较大，Xiao 等提出了一种基于卡尔曼滤波的 FCB 估计算法，有效提高了 FCB 的估计效率[67]。此外，从精密钟差的估计角度，2008 年，Collins 等提出针对伪距和载波估计不同钟差产品的钟差去耦模型[68]，随后，Laurichesse 等于 2009 年也提出了类似的整数钟算法，其中，窄巷的 FCB 直接被钟差吸收[69]，该整数钟算法已被 GRG 分析中心采用，生成每天的 GPS/Galileo 相位钟差产品[70]。刘帅等和靳晓东进一步采用该产品进行 PPP 固定解实验，结果表明固定解收敛速度更快，同时精度和稳定性更高[71,72]。其实，不论是 Ge 等提出的 FCB 方法还是 Collins 等和 Laurichesse 等提出的相位钟方法，其在理论层面是一致的[73-74]。除了无电离层组合外，Li 等提出了一种基于双频非组合模型的实时 FCB 估计方法[75]，此外，Cheng 等和 Wang 等也对单 GPS 系统无电离层与非组合模型 FCB 的估计作了进一步的研究[76,77]。

在多频 PPP 固定解方面，基于模拟三频 GPS 信号，2013 年，Geng 和 Bock 提出了依次固定超宽巷、宽巷和窄巷模糊度的三频 PPP 模糊度固定算法，通过模糊度固定的无电离层(Ambiguity-Fixed Ionosphere-Free，AFIF)宽巷观测值代替原始伪距观测值，辅助窄巷模糊度固定，窄巷模糊度正确固定率由双频 150s 的 64% 提高到三频 65s 的 99%[78]。随后，Li 等将该思路引入到 BDS-2/Galileo 多频模糊度解算中，基于实测的多频数据对不同系数组合的三频、四频和五频 PPP 模糊度固定性能进行分析，结果表明，不论首次固定时间还是定位精度，多频固定解的结果总是优于双频[79-81]。除上述构造 AFIF 的多频模糊度固定策略外，随着非组合模型逐渐成为多频数据处理的标准模型，不少学者开始展开基于非组合模型的多频 PPP 固定解研究，由于非组合模型可直接得到各基础频率模糊度，因此可灵活地采用转换矩阵形成诸多优良特性的模糊度组合，从而方便 FCB 的求解与模糊度解算。基于 BDS-2 的实测三频数据，Gu 等和 Li 等均通过整数 Z 变换的方法提取了超宽巷、宽巷和窄巷的 FCB，对比分析了 BDS-2 三频与双频模糊度解算的定位性能，结果表明，在初始化阶段，三频模糊度解算的精度更高[82,83]。此外，Liu 等还采用 LAMBDA 算法对线性变换中最优系数的确定方法进行研究[84]。Geng 等进一步对 GPS/BDS-2/Galileo/QZSS 多系统三频非组合 PPP 固定解性能进行评估，结果表明，在超宽巷和宽巷模糊度的约束下，可有效缩短窄巷模糊度的固定时间[85]。除了辅助窄巷模糊度固定外，多频模糊度解算的另一大优势在于，通过线性变换得到的超宽巷/宽巷等模糊度组合往往波长较长，对残余误差不敏感，因此有望实现单历元固定[86]。Geng 等进一步通过仿动态和跑车实测动态实验进行验证，结果表明，单历元超宽巷/宽巷解可达到分米级的定位精度[87-89]。此外，Guo 和 Xin

指出利用 Galileo E1/E5a/E6 组合噪声放大较小的优势，可将定位精度进一步提高至单历元 10cm[90]。

上述模糊度固定方法均为系统内模糊度固定，即松组合，随着 GNSS 的深度融合，有学者开始研究不同系统不同频率之间的模糊度固定方法，即紧组合。紧组合在双差模式中应用较多，对于不同的 GNSS，紧组合仅需选择一颗参考星，因此与松组合相比，模型的冗余度更高，理论上有助于提高定位性能[91-94]。在 PPP 数据处理中，Geng 等通过对系统间相位偏差(Inter-System Phase Biases，ISPBs)进行改正，率先实现了 GPS 和 BDS-2 之间共用参考星的紧组合模糊度固定，与传统松组合相比，模糊度首次固定时间缩短约 10%[95]。此外，Yao 等也对 GPS/BDS-2 紧组合 PPP 定位性能进行评估。结果表明，相比于松组合，在可视卫星数较少的场景下，紧组合对定位性能的提升较明显[96]。

总体而言，相比于传统单系统单/双频 PPP，多模多频模型强度更好，在定位精度、收敛时间、初始化时间等方面均极大地改善了 PPP 的定位性能。不过，机遇与挑战并存，随着多模多频非组合 PPP 逐渐成为多频数据处理的标准模型，其引入的高维模糊度解算效率问题还有待进一步研究。此外，窄巷固定解精度高，但存在一定的初始化时间，相比之下，宽巷模糊度可瞬时固定，不过由于缺少高精度大气改正，仅能取得分米级精度，如何在保证精度的同时，进一步提高 PPP 的实时性也有待进一步研究。

1.2.4 多模多频 PPP 偏差估计

除模糊度固定所需的 FCB 外，多模多频增加冗余观测的同时也引入了更多频率相关的其他偏差，譬如 DCB、频间钟差(Inter-Frequency Clock Bias，IFCB)、系统间偏差(Inter-System Bias，ISB)等，通过多模多频获得增益的前提是妥当地处理各偏差项，否则，多频观测反而会起反作用。DCB 即不同类型伪距观测值硬件时延之差，其对伪距绝对定位的影响较大。通过非差非组合 PPP 模型可提取高精度倾斜电离层观测值，其中包含电离层延迟以及接收机和卫星端的 DCB，通过合理的基准选取，可实现电离层与 DCB 的分离，该思路已被多家机构采用生成全球电离层格网产品和多系统 DCB 产品[97-99]。在 DCB 对定位的影响方面，赵庆等分析了多系统 DCB 改正对 BDS-2/GPS/Galileo 三频伪距单点定位的影响，结果表明，DCB 改正可明显改善验后残差的分布，同时提高最终定位精度[100]。Guo 等系统分析了 DCB 对 GPS/BDS-2 双频 PPP 的影响，其指出方程中残余的 DCB 会被接收机钟和模糊度参数吸收，从而导致收敛时间变长[101]。Xiang 等指出通过对接收机 DCB 进行建模可缩短 PPP 收敛时间[102]。

除伪距相关的偏差外，部分卫星还需考虑与载波相关的硬件偏差，譬如 GPS Block IIF 和 BDS-2 卫星的 IFCB。2012 年，Montenbruck 等初步分析了 GPS Block

IIF 卫星 IFCB 的时变特性，指出了其部分原因是卫星受太阳光照内部温度产生变化[103]。在解算策略和建模方面，为提高运算效率，Li 等提出了一种基于历元间差分的 IFCB 解算策略，并根据其时变特性采用谐波函数进行建模，但未进行相应的 PPP 验证[104-107]。为此，Pan 等和 Xia 等对 GPS 和 BDS-2 的 IFCB 的特性进行分析，指出 BDS-2 GEO/IGSO 卫星 IFCB 的周期性明显，适合长期建模预报，进一步在建模的基础上，采用两种无电离层组合的方法进行了静态 PPP 验证，定位精度提高 10%～20%左右[108-110]。为了提高谐波函数的适用性，Gong 等基于 4 年的观测数据对 IFCB 经验模型的系数进行了拟合[111]。在多频非组合 PPP 方面，不同于历元间差分方法，Guo 等和 Fan 等提出了基于三频非组合模型的 GPS IFCB 估计方法[112,113]，Pan 等初步分析了 IFCB 在 GPS 非组合 PPP 中的应用[114]，类似地，赵庆等进一步结合 BDS-2，分析了 IFCB 对 GPS/BDS-2 静态和动态 PPP 的影响，结果表明，考虑 IFCB 改正后，静态和动态 PPP 定位精度均有不同程度提高，同时不同类型卫星验后残差的标准差减小了 19.2%～75.0%[115]。

PPP 数据处理中，DCB 和 IFCB 通常仅考虑卫星端的改正，而在接收机端，同样存在硬件延迟相关的偏差，即 ISB，其本质为不同系统的观测值在接收机端的通道时延差，通常可选定一个系统作为基准，估计其余系统相对于基准的 ISB。针对常规 ISB 参数通常作为常数估计的局限性，Zhou 等分别采用了常数估计、随机游走以及白噪声估计三种策略对其进行建模，并采用不同分析中心的精密产品进行实验，结果表明，采用随机游走或白噪声估计的策略优于常规的常数估计，同时 ISB 还与不同分析中心精密钟差的基准约束相关[116]，Liu 等在对 GPS/BDS-2 ISB 的研究中也发现了类似的现象[117]。随着 BDS-3 系统的建设，Jiao 等和 Qin 等对 BDS-2/BDS-3 之间的 ISB 进行分析，结果表明两代 BDS 系统在接收机端的确存在 ISB，可能是由于接收机内部采用了不同的信号处理单元，其随时间缓慢变化，适合采用较小谱密度的随机游走策略进行估计[118,119]。此外，在 ISB 的应用方面，采用合适的策略对其模型化也有助于提高精密时间传递的精度[120-123]。

1.2.5 LEO 增强的 GNSS 精密定位

相比于传统 GNSS 的 GEO/IGSO/MEO 卫星(36000km 或 20000km)，LEO 卫星的轨道高度较低，通常为 160～2000km，具有运行速度快、信号强度高、抗干扰和多径能力强等特点，此外，由于 LEO 体积较小，建设成本也相对较低，作为传统 GNSS 的增强与补充，已被纳入新一代的 PNT 体系中[124]。

在 LEO 星座的建设方面，具有代表性的有国外的 Iridium、LeoSat、Starlink 以及我国的虹云和鸿雁等[125]。美国的 Iridium 系统于 1998 年正式运行，其星座由 66 颗卫星构成，轨道高度为 781km，部分备用卫星轨道高度为 666km，每颗卫星的轨道周期约 100min，这也意味着每颗卫星的可视时长仅为 9min[126]，从 2015

年开始，新一代的Iridium NEXT开始建设，其星座同样由66颗卫星和部分备用卫星构成，基于L波段和Ka波段的数据传输率分别可达1.5Mbps和8Mbps。LeoSat星座由108颗卫星构成，轨道高度1400km，旨在提供优于地面网络的低延迟通讯服务，不过由于运营资本的问题，该项目已于2019年11月终止。SpaceX公司运营的Starlink低轨星座由11943颗卫星构成，其中4425颗卫星分布在轨道高度约1200km的83个轨道面上，其余7518颗卫星的轨道高度约为340km，也被称为VLEO(Very Low Earth Orbit)，截止到2021年3月29日，在轨卫星数已达1318颗，其完整星座预计2027年11月建成，Starlink是目前发展速度最快的低轨星座。此外，国外的低轨星座还有Globalstar、TeleSat、Boeing等，总体来说，国外的相关研究起步较早，近年来，国内各科研机构和高等院校也逐渐开始LEO星座相关的试验和论证研究，航天科工集团和航天科技集团分别提出了“鸿雁”和“虹云”低轨星座，分别由324和156颗卫星构成，目前已发射部分试验卫星，进行了初步的论证。此外，武汉大学2018年首发了珞珈1号试验卫星，其单星授时的精度与GPS的结果差异保持在10～30ns[127]。

在LEO增强GNSS方面，主要利用其几何图形变化快的优势，改善站星几何分布，加速收敛。冯来平等指出通过LEO与GNSS联合定轨，可显著改善BDS-2 GEO卫星的定轨精度[128]；通过仿真模拟，Li等发现通过优选部分LEO卫星与GNSS进行联合定轨，可在保持精度的同时提高解算效率[129]；在LEO增强PPP定位方面，Su等对LEO增强BDS PPP浮点解的性能进行评估，结果表明，收敛时间可由30min缩短至约1min[130]。基于多个不同规模的LEO星座，Li等分析了LEO对GNSS PPP收敛性能的影响，结果表明，与单GPS/单BDS-2 PPP相比，通过LEO增强可将收敛时间缩短90%[131]。随后，Li等进一步分析了LEO对PPP固定解的影响，结果表明，在由288颗卫星构成的LEO星座增强下，PPP的初始化时间由7.1min缩短为0.7min，同时定位精度提高60%[132]。针对城市峡谷等复杂环境，Zhao等从收敛时间、固定率以及定位精度等方面分析了LEO增强GNSS在多种不同遮挡场景下的定位性能[133]。此外，LEO也可明显缩短中长基线的首次固定时间，解决初始化时间长的难题[134]。在全球电离层建模方面，通过LEO卫星对电离层穿刺点进行加密，有望实现时空分辨率更高的高精度电离层建模[135]。此外，在海洋遥感方面，利用LEO星载反射技术可有效提高反射事件的海洋覆盖率[136]。

LEO星座的建设初衷是为了提供全球无缝、快速的互联网通信服务，仅部分星座兼具导航星功能，能自主播发导航测距信号，因此，目前关于LEO/GNSS的研究还处在基于纯仿真数据的理论研究阶段，存在一定局限性，并且缺少与传统区域参考站增强方式的有效融合。

参 考 文 献

[1] 杨元喜. 北斗卫星导航系统的进展, 贡献与挑战[J]. 测绘学报, 2010, 39(1): 1-6.

[2] Hofmann-Wellenhof B, Lichtenegger H, Collins J. Global Positioning System: Theory and Practice [M]. Berlin: Springer, 2012.

[3] 谭述森, 周兵, 郭盛桃, 等. 中国全球卫星导航信号基本框架设计[J]. 中国空间科学技术, 2011, 31(4): 9-14.

[4] 杨元喜, 陆明泉, 韩春好. GNSS 互操作若干问题[J]. 测绘学报, 2016, 45(3): 253-259.

[5] Wanninger L. Introduction to network RTK [J]. IAG Working Group, 2004, 4(1): 2003-2007.

[6] Landau H, Vollath U, Chen X. Virtual reference station systems [J]. Positioning, 2009, 1(2): 137-143.

[7] Zumberge J F, Heflin M B, Jefferson D C, et al. Precise point positioning for the efficient and robust analysis of GPS data from large networks[J]. Journal of Geophysical Research: Solid Earth, 1997, 102 (B3): 5005-5017.

[8] 刘经南, 刘晖. 连续运行卫星定位服务系统——城市空间数据的基础设施[J]. 武汉大学学报: 信息科学版, 2003, 28(3): 259-264.

[9] 杨徉, 潘树国, 汪登辉, 等. 北斗地基增强系统软件(EarthNet2.0)及其应用[J]. 测绘通报, 2014(10): 46-49+85.

[10] 易重海, 陈永奇, 朱建军, 等. 一种基于 IGS 超快星历的区域性实时精密单点定位方法[J]. 测绘学报, 2011, 40(2): 226-231.

[11] 陈伟荣. 基于区域 CORS 增强的实时 PPP 关键技术研究[D]. 南京: 东南大学, 2016.

[12] 王胜利, 王庆, 高旺, 等. IGS 实时产品质量分析及其在实时精密单点定位中的应用[J]. 东南大学学报, 2013, 43(4): 365-369.

[13] 刘志强, 王解先. 广播星历 SSR 改正的实时精密单点定位及精度分析[J]. 测绘科学, 2014, 39(1): 15-19.

[14] 夏凤雨, 叶世榕, 赵乐文, 等. 基于 SSR 改正的实时精密单点定位精度分析[J]. 导航定位与授时, 2017, 4(3): 52-57.

[15] 程良涛. 嵌入式 GPS 精密单点定位技术研究[D]. 南京: 东南大学, 2015.

[16] 张浩. 嵌入式实时 GPS/GLONASS 组合精密单点定位技术研究[D]. 南京: 东南大学,2016.

[17] 施闯, 郑福, 楼益栋. 北斗广域实时精密定位服务系统研究与评估分析[J]. 测绘学报, 2017(10): 156-165.

[18] Li X, Ge M, Dai X, et al. Accuracy and reliability of multi-GNSS real-time precise positioning: GPS, GLONASS, BeiDou, and Galileo [J]. Journal of Geodesy, 2015, 89(6): 607-635.

[19] Li X, Xiong Y, Yuan Y, et al. Real-time estimation of multi-GNSS integer recovery clock with undifferenced ambiguity resolution [J]. Journal of Geodesy, 2019, 93(12): 2515-2528.

[20] Geng J, Chen X, Pan Y, et al. A modified phase clock/bias model to improve PPP ambiguity resolution at Wuhan University [J]. Journal of Geodesy, 2019, 93(10): 2053-2067.

[21] Tang X, Li X, Roberts G W, et al. 1 Hz GPS satellites clock correction estimations to support high-rate dynamic PPP GPS applied on the Severn suspension bridge for deflection detection[J]. GPS Solutions, 2019, 23(2): 28.

[22] Li X, Yuan Y, Zhu Y, et al. Improving BDS-3 precise orbit determination for medium earth orbit satellites [J]. GPS Solutions, 2020, 24(2): 1-13.
[23] 王乐,解世超,王浩浩, 等.利用改正数信息的北斗三号实时精密单点定位及性能分析[J].导航定位与授时, 2020,7(6): 37-44.
[24] 王浩浩, 黄观文, 付文举, 等. BDS-2/BDS-3 实时卫星钟差的性能分析[J]. 导航定位学报, 2021, 9(1): 61-67.
[25] 张勤,燕兴元,黄观文,等. 北斗卫星天线相位中心改正模型精化及对精密定轨和定位影响分析[J]. 测绘学报, 2020, 49(9): 1101-1111.
[26] Elsobeiey M, Al-Harbi S. Performance of real-time precise point positioning using IGS real-time service[J]. GPS Solutions, 2016, 20(3): 565-571.
[27] Hauschild A, Montenbruck O, Steigenberger P. Short-term analysis of GNSS clocks [J]. GPS Solutions, 2013, 17(3): 295-307.
[28] Senior K L, Ray J R, Beard R L. Characterization of periodic variations in the GPS satellite clocks [J]. GPS Solutions, 2008, 12(3): 211-225.
[29] Heo Y J, Cho J, Heo M B. Improving prediction accuracy of GPS satellite clocks with periodic variation behavior [J]. Measurement Science and Technology, 2010, 21(7): 073001.
[30] Huang G W, Zhang Q, Xu G C. Real-time clock offset prediction with an improved model [J]. GPS Solutions, 2014, 18(1): 95-104.
[31] Hadas T, Bosy J. IGS RTS precise orbits and clocks verification and quality degradation over time[J]. GPS Solutions, 2015, 19(1): 93-105.
[32] El-Mowafy A, Deo M, Kubo N. Maintaining real-time precise point positioning during outages of orbit and clock corrections[J]. GPS Solutions, 2017, 21(3): 937-947.
[33] Nie Z, Gao Y, Wang Z, et al. An approach to GPS clock prediction for real-time PPP during outages of RTS stream [J]. GPS Solutions, 2018, 22(1): 14.
[34] Lou Y, Zhang W, Wang C, et al. The impact of orbital errors on the estimation of satellite clock errors and PPP [J]. Advances in Space Research, 2014, 54(8): 1571-1580.
[35] Pan S, Chen W, Jin X, et al. Real-time PPP based on the coupling estimation of clock bias and orbit error with broadcast ephemeris [J]. Sensors, 2015, 15(7): 17808-17826.
[36] 张小红, 左翔, 李盼, 等. BDS/GPS 精密单点定位收敛时间与定位精度的比较[J]. 测绘学报, 2015, 44(3): 250.
[37] 丁赫, 孙付平, 李亚萍, 等. BDS/GPS/GLONASS 组合精密单点定位模型及性能分析[J]. 大地测量与地球动力学, 2016, 36(4): 303-307.
[38] 刘金健. 多系统 GNSS 联合定位的精密单点模型研究[D]. 淮南: 安徽理工大学, 2019.
[39] 韩啸, 潘树国, 赵庆. 嵌入式 GPS/BDS 实时精密单点定位方法[J]. 测绘通报, 2018(2): 99-102+163.
[40] 韩啸. 实时增强的 BDS/GPS/GLONASS 嵌入式 PPP 技术[D]. 南京: 东南大学, 2018.
[41] 张宝成. GNSS 非差非组合精密单点定位的理论方法与应用研究[D]. 北京: 中国科学院大学, 2012.
[42] 张宝成, 欧吉坤, 袁运斌, 等. 基于 GPS 双频原始观测值的精密单点定位算法及应用[J]. 测绘学报, 2010, 39(5): 478-483.

[43] 张小红, 左翔, 李盼. 非组合与组合 PPP 模型比较及定位性能分析[J]. 武汉大学学报(信息科学版), 2013, 38(5): 561-565.

[44] 李博峰, 葛海波, 沈云中. 无电离层组合、Uofc和非组合精密单点定位观测模型比较[J]. 测绘学报, 2015, 44(7): 734-740.

[45] 臧楠, 李博峰, 沈云中. 3 种 GPS+BDS 组合 PPP 模型比较与分析[J]. 测绘学报, 2017, 46(12): 1929-1938.

[46] Guo F, Zhang X, Wang J, et al. Modeling and assessment of triple-frequency BDS precise point positioning [J]. Journal of Geodesy, 2016, 90(11): 1223-1235.

[47] Pan L, Zhang X, Liu J. A comparison of three widely used GPS triple-frequency precise point positioning models [J]. GPS Solutions, 2019, 23(4): 1-13.

[48] Elsobeiey M. Precise point positioning using triple-frequency GPS measurements [J]. The Journal of Navigation, 2015, 68(3): 480-492.

[49] Duong V, Harima K, Choy S, et al. An optimal linear combination model to accelerate PPP convergence using multi-frequency multi-GNSS measurements[J]. GPS Solutions, 2019, 23(2): 1-15.

[50] 李宏宇, 杨福鑫, 赵琳, 等. 频间偏差随机模型对北斗三频非差非组合 PPP 性能的影响分析[C]. 第十一届中国卫星导航年会——S05 空间基准与精密定位, 2020: 79-86.

[51] 张小红, 柳根, 郭斐, 等. 北斗三频精密单点定位模型比较及定位性能分析[J].武汉大学学报(信息科学版), 2018, 43(12): 2124-2130.

[52] Cao X, Li J, Zhang S, et al. Uncombined precise point positioning with triple-frequency GNSS signals [J]. Advances in Space Research, 2019, 63(9): 2745-2756.

[53] 何励航, 孙付平, 肖凯, 等. 基于空间几何原理的北斗三频 IF-PPP 建模和验证[J]. 大地测量与地球动力学, 2020, 40(12): 1290-1293+1320.

[54] 苏珂, 金双根. BDS/Galileo 四频精密单点定位模型性能分析与比较[J]. 测绘学报, 2020, 49(9): 1189-1201.

[55] Melbourne W G. The case for ranging in GPS-based geodetic systems[C]//Proceedings of the first international symposium on precise positioning with the Global Positioning System, 1985, Rockville, MD, USA, 1985: 373-386.

[56] Wübbena G. Software developments for geodetic positioning with GPS using TI-4100 code and carrier measurements[C]//Proceedings of the first international symposium on precise positioning with the global positioning system, 1985, Rockville, MD, USA, 1985: 403-412.

[57] Teunissen P J G. The least-squares ambiguity decorrelation adjustment: a method for fast GPS integer ambiguity estimation[J]. Journal of Geodesy, 1995, 70: 65-82.

[58] Gabor M J, Nerem R S. GPS carrier phase ambiguity resolution using satellite-satellite single differences[C]//Proceedings of the 12th International Technical Meeting of the Satellite Division of The Institute of Navigation (ION GPS 1999), 1999: 1569-1578.

[59] Ge M, Gendt G, Rothacher M, et al. Resolution of GPS carrier-phase ambiguities in precise point positioning (PPP) with daily observations[J]. Journal of Geodesy, 2008, 82(7): 389-399.

[60] Geng J, Teferle F N, Shi C, et al. Ambiguity resolution in precise point positioning with hourly data[J]. GPS Solutions, 2009, 13(4): 263-270.

[61] Zhang X, Li P, Guo F. Ambiguity resolution in precise point positioning with hourly data for

global single receiver[J]. Advances in Space Research, 2013, 51(1): 153-161.

[62] Qu L, Du M, Wang J, et al. Precise point positioning ambiguity resolution by integrating BDS-3e into BDS-2 and GPS[J]. GPS Solutions, 2019, 23(3): 1-11.

[63] Li P, Zhang X, Ren X, et al. Generating GPS satellite fractional cycle bias for ambiguity-fixed precise point positioning[J]. GPS Solutions, 2016, 20(4): 771-782.

[64] 李盼. GNSS 精密单点定位模糊度快速固定技术和方法研究[D]. 武汉：武汉大学,2016.

[65] Li P, Zhang X, Guo F. Ambiguity resolved precise point positioning with GPS and BeiDou [J]. Journal of Geodesy, 2017, 91(1): 25-40.

[66] Hu J, Zhang X, Li P, et al. Multi-GNSS fractional cycle bias products generation for GNSS ambiguity-fixed PPP at Wuhan University [J]. GPS Solutions, 2020, 24(1): 1-13.

[67] Xiao G, Sui L, Heck B, et al. Estimating satellite phase fractional cycle biases based on Kalman filter [J]. GPS Solutions, 2018, 22(3): 1-12.

[68] Collins P, Lahaye F, Heroux P, et al. Precise point positioning with ambiguity resolution using the decoupled clock model[C]//Proceedings of the 21st International Technical Meeting of the Satellite Division of the Institute of Navigation (ION GNSS 2008), 2008: 1315-1322.

[69] Laurichesse D, Mercier F, BERTHIAS J P, et al. Integer ambiguity resolution on undifferenced GPS phase measurements and its application to PPP and satellite precise orbit determination[J]. Navigation, 2009, 56(2): 135-149.

[70] Loyer S, Perosanz F, Mercier F, et al. Zero-difference GPS ambiguity resolution at CNES–CLS IGS Analysis Center[J]. Journal of Geodesy, 2012, 86(11): 991-1003.

[71] 刘帅, 孙付平, 郝万亮, 等.整数相位钟法精密单点定位模糊度固定模型及效果分析[J]. 测绘学报, 2014, 43(12): 1230-1237.

[72] 靳晓东. 基于整数钟固定解的 GPS/BDS 组合精密单点定位研究[D]. 南京: 东南大学, 2016.

[73] Geng J, Meng X, Dodson A H, et al. Integer ambiguity resolution in precise point positioning: method comparison[J]. Journal of Geodesy, 2010, 84(9): 569-581.

[74] Shi J, Gao Y. A comparison of three PPP integer ambiguity resolution methods[J]. GPS Solutions, 2014, 18(4): 519-528.

[75] Li X, Ge M, Zhang H, et al. A method for improving uncalibrated phase delay estimation and ambiguity-fixing in real-time precise point positioning[J]. Journal of Geodesy, 2013, 87(5): 405-416.

[76] Cheng S, Wang J, Peng W. Statistical analysis and quality control for GPS fractional cycle bias and integer recovery clock estimation with raw and combined observation models [J]. Advances in Space Research, 2017, 60(12): 2648-2659.

[77] Wang J, Huang G, Yang Y, et al. FCB estimation with three different PPP models: Equivalence analysis and experiment tests[J]. GPS Solutions, 2019, 23(4): 1-14.

[78] Geng J, Bock Y. Triple-frequency GPS precise point positioning with rapid ambiguity resolution [J]. Journal of Geodesy, 2013, 87(5): 449-460.

[79] Li X, Li X, Liu G, et al. Triple-frequency PPP ambiguity resolution with multi-constellation GNSS: BDS and Galileo [J]. Journal of Geodesy, 2019, 93(8): 1105-1122.

[80] Li X, Liu G, Li X, et al. Galileo PPP rapid ambiguity resolution with five-frequency observations [J]. GPS Solutions, 2020, 24(1): 1-13.

[81] 李昕. 多频率多星座 GNSS 快速精密定位关键技术研究[D]. 武汉: 武汉大学, 2021.

[82] Gu S, Lou Y, Shi C, et al. BeiDou phase bias estimation and its application in precise point positioning with triple-frequency observable[J]. Journal of Geodesy, 2015, 89(10): 979-992.

[83] Li P, Zhang X, Ge M, et al. Three-frequency BDS precise point positioning ambiguity resolution based on raw observables[J]. Journal of Geodesy, 2018, 92(12): 1357-1369.

[84] Liu G, Zhang X, Li P. Estimating multi-frequency satellite phase biases of BeiDou using maximal decorrelated linear ambiguity combinations[J]. GPS Solutions, 2019, 23(2): 1-12.

[85] Geng J, Guo J, Meng X, et al. Speeding up PPP ambiguity resolution using triple-frequency GPS/BeiDou/Galileo/QZSS data[J]. Journal of Geodesy, 2020, 94(1): 1-15.

[86] Laurichesse D, Banville S. Innovation: Instantaneous centimeter-level multi-frequency precise point positioning[J]. GPS World J, 2018, 29(4): 42-47.

[87] Geng J, Guo J, Chang H, et al. Toward global instantaneous decimeter-level positioning using tightly coupled multi-constellation and multi-frequency GNSS[J]. Journal of Geodesy, 2019, 93(7): 977-991.

[88] Geng J, Guo J. Beyond three frequencies: An extendable model for single-epoch decimeter-level point positioning by exploiting Galileo and BeiDou-3 signals[J]. Journal of Geodesy, 2020, 94(1): 1-15.

[89] 耿江辉, 常华, 郭将, 等. 面向城市复杂环境的 3 种多频多系统 GNSS 单点高精度定位方法及性能分析[J]. 测绘学报, 2020, 49(1): 1-13.

[90] Guo J, Xin S. Toward single-epoch 10-centimeter precise point positioning using Galileo E1/E5a and E6 signals[C]//Proceedings of the 32nd International Technical Meeting of the Satellite Division of The Institute of Navigation (ION GNSS+ 2019), 2019: 2870-2887.

[91] Odijk D, Teunissen P J G. Characterization of between-receiver GPS-Galileo inter-system biases and their effect on mixed ambiguity resolution[J]. GPS Solutions, 2013, 17(4): 521-533.

[92] Gao W, Gao C, Pan S, et al. Inter-system differencing between GPS and BDS for medium-baseline RTK positioning[J]. Remote Sensing, 2017, 9(9): 948.

[93] Gao W, Meng X, Gao C, et al. Combined GPS and BDS for single-frequency continuous RTK positioning through real-time estimation of differential inter-system biases[J]. GPS Solutions, 2018, 22(1): 20.

[94] Shang R, Meng X, Gao C, et al. Particle filter-based inter-system positioning model for non-overlapping frequency code division multiple access systems [J]. The Journal of Navigation, 2020, 73(4): 953-970.

[95] Geng J, Li X, Zhao Q, et al. Inter-system PPP ambiguity resolution between GPS and BeiDou for rapid initialization[J]. Journal of Geodesy, 2019, 93(3): 383-398.

[96] Yao Y, Peng W, Xu C, et al. The realization and evaluation of mixed GPS/BDS PPP ambiguity resolution [J]. Journal of Geodesy, 2019, 93(9): 1283-1295.

[97] Wang N, Yuan Y, Li Z, et al. Determination of differential code biases with multi-GNSS observations [J]. Journal of Geodesy, 2016, 90(3): 209-228.

[98] Liu T, Zhang B, Yuan Y, et al. Multi-GNSS triple-frequency differential code bias (DCB) determination with precise point positioning (PPP)[J]. Journal of Geodesy, 2019, 93(5): 765-784.

[99] Liu T, Zhang B, Yuan Y, et al. On the application of the raw-observation-based PPP to global ionosphere VTEC modeling: An advantage demonstration in the multi-frequency and multi-GNSS context[J]. Journal of Geodesy, 2020, 94(1): 1-20.
[100] 赵庆, 高成发, 潘树国,等. 基于 DCB 改正的 BDS/GPS/Galileo 多频单点定位精度分析[J]. 东南大学学报(自然科学版), 2018, 48(5): 944-948.
[101] Guo F, Zhang X, Wang J. Timing group delay and differential code bias corrections for BeiDou positioning[J]. Journal of Geodesy, 2015, 89(5): 427-445.
[102] Xiang Y, Gao Y, Li Y. Reducing convergence time of precise point positioning with ionospheric constraints and receiver differential code bias modeling [J]. Journal of Geodesy, 2020, 94(1): 1-13.
[103] Montenbruck O, Hugentobler U, Dach R, et al. Apparent clock variations of the Block IIF-1 (SVN62) GPS satellite[J]. GPS Solutions, 2012, 16(3): 303-313.
[104] Li H J, Zhou X H, Wu B, et al. Estimation of the inter-frequency clock bias for the satellites of PRN25 and PRN01[J]. Science China Physics, Mechanics and Astronomy, 2012, 55(11): 2186-2193.
[105] Li H, Chen Y, Wu B, et al. Modeling and initial assessment of the inter-frequency clock bias for COMPASS GEO satellites[J]. Advances in Space Research, 2013, 51(12): 2277-2284.
[106] Li H, Zhou X, Wu B. Fast estimation and analysis of the inter-frequency clock bias for Block IIF satellites[J]. GPS Solutions, 2013, 17(3): 347-355.
[107] Li H, Li B, Xiao G, et al. Improved method for estimating the inter-frequency satellite clock bias of triple-frequency GPS[J]. GPS Solutions, 2016, 20(4): 751-760.
[108] Pan L, Zhang X, Li X, et al. Characteristics of inter-frequency clock bias for Block IIF satellites and its effect on triple-frequency GPS precise point positioning [J]. GPS Solutions, 2017, 21(2): 811-822.
[109] Pan L, Li X, Zhang X, et al. Considering inter-frequency clock bias for BDS triple-frequency precise point positioning [J]. Remote Sensing, 2017, 9(7): 734.
[110] Xia Y, Pan S, Zhao Q, et al. Characteristics and modelling of BDS satellite inter-frequency clock bias for triple-frequency PPP [J]. Survey Review, 2020, 52(370): 38-48.
[111] Gong X, Gu S, Lou Y, et al. Research on empirical correction models of GPS Block IIF and BDS satellite inter-frequency clock bias [J]. Journal of Geodesy, 2020, 94(3): 1-11.
[112] Guo J, Geng J. GPS satellite clock determination in case of inter-frequency clock biases for triple-frequency precise point positioning[J]. Journal of Geodesy, 2018, 92(10): 1133-1142.
[113] Fan L, Shi C, Li M, et al. GPS satellite inter-frequency clock bias estimation using triple-frequency raw observations [J]. Journal of Geodesy, 2019, 93(12): 2465-2479.
[114] Pan L, Zhang X, Guo F, et al. GPS inter-frequency clock bias estimation for both uncombined and ionospheric-free combined triple-frequency precise point positioning[J]. Journal of Geodesy, 2019, 93(4): 473-487.
[115] 赵庆, 高成发, 潘树国, 等. 顾及频间钟差的 BDS/GPS 三频非组合精密单点定位方法[J]. 中国惯性技术学报, 2019, 27(5): 631-636+645.
[116] Zhou F, Dong D, Li P, et al. Influence of stochastic modeling for inter-system biases on multi-GNSS undifferenced and uncombined precise point positioning[J]. GPS Solutions, 2019,

23(3): 1-13.

[117] Liu X, Jiang W, Chen H, et al. An analysis of inter-system biases in BDS/GPS precise point positioning [J]. GPS Solutions, 2019, 23(4): 1-14.

[118] Jiao G, Song S, Jiao W. Improving BDS-2 and BDS-3 joint precise point positioning with time delay bias estimation[J]. Measurement Science and Technology, 2019, 31(2): 025001.

[119] Qin W, Ge Y, Zhang Z, et al. Accounting BDS3–BDS2 inter-system biases for precise time transfer [J]. Measurement, 2020, 156: 107566.

[120] Ge Y, Dai P, Qin W, et al. Performance of multi-GNSS precise point positioning time and frequency transfer with clock modeling [J]. Remote Sensing, 2019, 11(3): 347.

[121] Ge Y, Zhou F, Liu T, et al. Enhancing real-time precise point positioning time and frequency transfer with receiver clock modeling [J]. GPS Solutions, 2019, 23(1): 1-14.

[122] Su K, Jin S. Triple-frequency carrier phase precise time and frequency transfer models for BDS-3[J]. GPS Solutions, 2019, 23(3): 1-12.

[123] Tu R, Zhang P, Zhang R, et al. Modeling and performance analysis of precise time transfer based on BDS triple-frequency un-combined observations[J]. Journal of Geodesy, 2019, 93(6): 837-847.

[124] 杨元喜. 弹性 PNT 基本框架[J]. 测绘学报, 2018, 47(7):893-898.

[125] 张小红, 马福建. 低轨导航增强 GNSS 发展综述[J]. 测绘学报, 2019, 48(9):1073-1087.

[126] Fossa C E, Raines R A, Gunsch G H, et al. An overview of the IRIDIUM (R) low Earth orbit (LEO) satellite system[C]//Proceedings of the IEEE 1998 National Aerospace and Electronics Conference. NAECON 1998. Celebrating 50 Years (Cat. No. 98CH36185). IEEE, 1998: 152-159.

[127] 田润, 崔志颖, 张爽娜, 等. 基于低轨通信星座的导航增强技术发展概述[J].导航定位与授时, 2021, 8(1): 66-81.

[128] 冯来平, 毛悦, 宋小勇, 等. 低轨卫星与星间链路增强的北斗卫星联合定轨精度分析[J]. 测绘学报, 2016, 45(S2): 109-115.

[129] Li B, Ge H, Ge M, et al. LEO enhanced Global Navigation Satellite System (LeGNSS) for real-time precise positioning services[J]. Advances in Space Research, 2019, 63(1): 73-93.

[130] Su M, Su X, Zhao Q, et al. BeiDou augmented navigation from low earth orbit satellites [J]. Sensors, 2019, 19(1): 198.

[131] Li X, Ma F, Li X, et al. LEO constellation-augmented multi-GNSS for rapid PPP convergence [J]. Journal of Geodesy, 2019, 93(5): 749-764.

[132] Li X, Li X, Ma F, et al. Improved PPP ambiguity resolution with the assistance of multiple LEO constellations and signals [J]. Remote Sensing, 2019, 11(4): 408.

[133] Zhao Q, Pan S, Gao C, et al. BDS/GPS/LEO triple-frequency uncombined precise point positioning and its performance in harsh environments[J]. Measurement, 2020, 151: 107216.

[134] Li X, Lv H, Ma F, et al. GNSS RTK positioning augmented with large LEO constellation[J]. Remote Sensing, 2019, 11(3): 228.

[135] Ren X, Chen J, Zhang X, et al. Mapping topside ionospheric vertical electron content from multiple LEO satellites at different orbital altitudes[J]. Journal of Geodesy, 2020, 94(9): 1-17.

[136] 郑俏, 孟婉婷, 马德皓, 等. 低轨卫星的北斗反射信号海洋覆盖分析[J]. 宇航计测技术, 2020, 40(5): 49-55.

第 2 章　GNSS 时空基准

全球导航卫星系统均采用各自的时间系统和坐标系统，进行多模组合定位可以快速地实现定位和显著地提高定位精度，但在数据融合处理中，必须对多个系统的时间系统、坐标系统两个尺度进行统一。

2.1　时 间 基 准

时间可以采用一维的时间坐标轴来描述，有原点和尺度(时间单位)。原点可以根据需要进行指定，把原点与尺度结合起来就有了时刻的概念[1,2]。时刻是时间轴上的坐标点，是相对于时间轴的原点而言的，是指发生某一现象的瞬间。理论上，任何一个周期运动，只要它的运动是连续的，其周期是恒定的，并且是可观测和用实验复现的，都可以作为时间尺度(单位)[1-3]。实践中，由于所选用的周期运动现象不同，便产生了不同的时间系统。

2.1.1　常用时间系统

2.1.1.1　恒星时

以春分点为参考点，由春分点的周日视运动所定义的时间系统为恒星时系统(Sidereal Time，ST)。其时间尺度为：春分点连续两次经过本地子午圈的时间间隔为一恒星日，一恒星日分为 24 个恒星时[1,2]。恒星时以春分点通过本地上子午圈时刻为起算原点，所以恒星时在数值上等于春分点相对于本地子午圈的时角。

恒星时是以地球自转为基础的。由于岁差、章动的影响，地球自转轴在空间的指向是变化的，春分点在天球上的位置并不固定。对于同一历元所相应的真天极和平天极，有真春分点和平春分点之分，因此，相应的恒星时也有真恒星时和平恒星时之分[1-3]。

2.1.1.2　平太阳时

以真太阳作为基本参考点，由其周日视运动确定的时间，称为真太阳时。由于地球围绕太阳的公转轨道为一椭圆，太阳的视运动速度是不均匀的。假设一个平太阳运行速度等于真太阳周年运动的平均速度，则以平太阳为参考点，由平太阳的周日视运动所定义的时间系统为平太阳时系统(Mean Solar Time，MT)[1-3]。其时间尺度为：平太阳连续两次经过本地子午圈的时间间隔为一平太阳日，一平太阳日分为24平太阳时。平太阳时以平太阳通过本地上子午圈时刻为起算原点，在数值上等于平太阳相对于本地子午圈的时角[1,2]。

2.1.1.3 世界时

英国格林尼治从午夜起算的平太阳时称为世界时(Universal Time，UT)，一个平太阳日的1/86400规定为一个世界时秒[1,2]。地球除了绕轴自转之外，还有绕太阳的公转运动，所以一个平太阳日并不等于地球自转一周的时间。

世界时是以地球自转这一周期运动作为基础的时间尺度。地球自转周期存在着季节变化、长期变化及其他不规则变化，未经任何改正的世界时表示为UT0，经过极移改正的世界时表示为UT1，进一步经过地球自转速度的季节性改正后的世界时表示为UT2[1-3]。

2.1.1.4 国际原子时

原子时(Atomic Time，AT)是一种以原子谐振信号周期为标准的时间系统。原子时的基本单位是原子时秒，定义为：在零磁场下，位于海平面的铯原子基态两个超精细能级间跃迁辐射9192631770周所持续的时间为原子时秒，规定为国际单位制中的时间单位[1-3]。86400个原子时秒定义为一个原子时日。

原子时的起点，按国际协定取为1958年1月1日0时0秒(UT2)。全世界多个国家的实验室分别建立了各自的地方原子时，国际时间局对比、综合世界各地原子钟数据，最后确定的原子时，称为国际原子时(International Atomic Time，TAI)。

由于铯原子内部能级跃迁所发射或吸收的电磁波频率极为稳定，比以地球转动为基础的计时基准更为均匀，因而得到了广泛应用。

2.1.1.5 协调世界时

原子时与地球自转没有直接联系，由于地球自转速度长期变慢的趋势，原子时与世界时的差异将逐渐变大，大约每年相差1秒，为便于日常使用，协调好两者的关系，建立以原子时秒长为计量单位、在时刻上与平太阳时之差小于0.9秒的时间系统，称之为协调世界时(Universal Time Coordinated，UTC)。当UTC与平太阳时之差超过0.9秒时，拨快或拨慢一秒，称为闰秒(又常称为跳秒)。闰秒由国际计量局向全世界发出通知。一般在12月最后一分钟进行，如果一年内闰一秒还不够，就在六月再闰一秒[1-4]。到目前为止，由于地球自转速度越来越慢，都是拨慢一秒，60秒改为61秒，出现负闰秒情况还没有发生过。

2.1.2　GNSS 时间系统

2.1.2.1　GPS 时间系统

GPS 时间(GPS Time，GPST)采用国际原子时(TAI)秒长作为时间基准，时间起算的原点定义与 UTC 在 1980 年 1 月 6 日 0 时相一致，其后随着时间的积累两者之间的差别将表现为秒的整倍数。GPS 时间不存在闰秒，表示成星期数和一个星期内秒数之和，星期数每 1024 周重置，一周内的秒计数是从星期六午夜(即星期日零时)开始计数的[1-4]。GPS 时与 TAI 时在任一瞬间均有一常量偏差：

$$T_{\mathrm{TAI}} - T_{\mathrm{GPS}} = 19\mathrm{s} \tag{2-1}$$

GPS 时表达为：

$$t_{\mathrm{GPS}} = \mathrm{UTC} + (T_{\mathrm{TAI}} - T_{\mathrm{GPS}}) \tag{2-2}$$

2.1.2.2　GLONASS 时间系统

GLONASS 时间系统也采用原子时 TAI 秒长作为时间基准，是基于苏联莫斯科的协调世界时 UTC(SU)，采用的 UTC 含有闰秒改正(15s)，且其与 UTC 相差一个固定值 3 个小时[4]。不像 GPS，GLONASS 系统时间存在闰秒。GLONASS 时与 TAI 时在任一瞬间的偏差为 $T_{\mathrm{TAI}} - T_{\mathrm{GLONASS}}$，则 GLONASS 时可以表达为：

$$t_{\mathrm{GLONASS}} = \mathrm{UTC(SU)} + 3\mathrm{h} + (T_{\mathrm{TAI}} - T_{\mathrm{GLONASS}}) \tag{2-3}$$

2.1.2.3　Galileo 时间系统

Galileo 系统时间(Galileo System Time，GST)是一个连续的时标，和 GPS 类似，GST 用星期和秒来表示，但是 GST 每 4096 周(大约 78 年)重新开始计数[4]。GST 与 TAI 保持偏差小于 33ns，所以有 $T_{\mathrm{TAI}} - T_{\mathrm{GALILEO}} \approx \pm 30\mathrm{ns}$，Galileo 时可以表达为：

$$t_{\mathrm{GALILEO}} = \mathrm{UTC} + (T_{\mathrm{ATI}} - T_{\mathrm{GALILEO}}) \tag{2-4}$$

2.1.2.4　BDS 时间系统

北斗导航卫星系统(BeiDou Navigation Satellite System)的时间(Beidou Time，BDT)和其他 GNSS 系统一样，也属于原子时系统。BDT 起始时刻为 UTC 2006 年 1 月 1 日 0 时 0 分 0 秒，即该时刻为 BDT 的原点，不做闰秒调整，采用周和周内秒的计数形式[5,6]。BDT 与 TAI 在任一瞬间均有一常量偏差：

$$T_{\mathrm{TAI}} - T_{\mathrm{BDS}} = 33\mathrm{s} \tag{2-5}$$

2.1.2.5　GNSS时间系统转换

每一个GNSS使用一个稍微不同的时间基准,虽然这些时间名义上是同步的,但是在GNSS测距项中存在明显的不同，因此在使用不同星座信号求解相同的位置时，需要时间基准转换，图2.1表示了不同GNSS时间系统之间的转换关系。

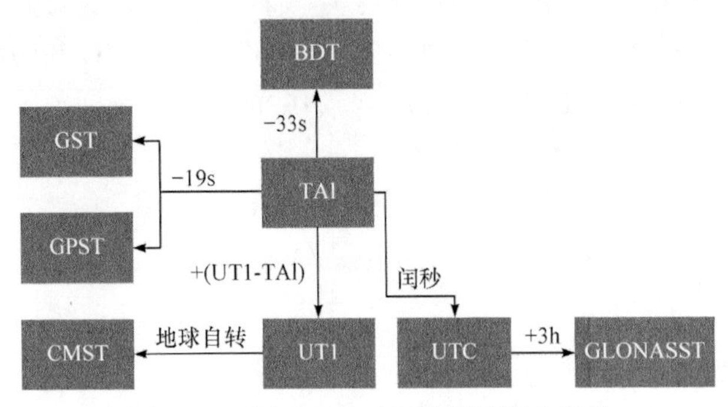

图2.1　不同GNSS时间系统转换示意图

2.2　空 间 基 准

物体的空间位置需要相对于某种形式的参考系来描述。参考系由一个原点和一组轴系来定义,原点和轴系一起构成了坐标系(Coordinate System)。确定了原点、坐标轴的指向和尺度，就定义了一个描述点的位置的坐标系，在卫星导航定位中，通常采用坐标轴相互正交的三维空间直角坐标系，点的坐标可用该点所对应的矢径在三个坐标轴上的投影长度来表示。

地球的自然表面是一个凹凸不平、形状十分复杂的物理面，难以准确量化描述。为了研究方便，设想平均海水面向陆地延伸所得到的封闭曲面称为大地水准面(geoid)，被大地水准面包围的形体称为大地水准体。由于地球内部密度分布不均匀和地形起伏的影响。大地水准体也是一个不规则的几何体。实际应用中，希望使用比较简单的数学模型来描述地球几何形状。常采用三种几何模型对地球作近似描述：

(1) 圆球体：球心位于地心，半径约6371km。

(2) 旋转椭球体：椭圆绕其短半轴旋转形成的旋转椭球。椭圆的扁率约为1/298(扁率$f=\dfrac{a-b}{a}$，a为长半轴，b为短半轴，长短半轴相差约21km)。一般要求旋转椭球的短半轴与地球自转轴重合或平行，椭球的中心与地心重合。显然，该描述中的地球赤道是圆形的。

(3) 三轴椭球体：椭球的中心与地心重合。该描述中的地球赤道是椭圆的，赤道扁率约1∶100000，长短半轴相差约60m。

圆球体描述比较粗略，适用于对精度要求不高的场合。三轴椭球体描述虽然比旋转椭球体更精确，但三轴椭球体的相关计算非常复杂。考虑到三轴椭球体的赤道扁率不大，可将其近似成圆形，即旋转椭球体。因此，实际应用中，主要采用旋转椭球体作为地球的几何近似，称其为参考旋转椭球体，其长半轴 a 和短半轴 b 通过大地测量确定，常用椭球参数如表2.1所示。

表2.1　常用参考旋转椭球体参数

名称	长半轴 a/m	短半轴 b/m	扁率 f	适用国家或地区
克拉索夫斯基	6378254	6356803	1∶298.3	俄罗斯、中国
海福特	6378389	6356912	1∶297.0	西欧
1975年国际推荐	6378140	6356755	1∶298.257	中国
克拉克	6378206	6356584	1∶295.0	美国
WGS-84	6378137	6356752	1∶298.257	全球
CGCS2000	6378137	6356752	1∶298.257	全球

2.2.1　常用坐标系统

2.2.1.1　大地坐标系

如图2.2所示，P 点的子午面NPS与起始子午面NGS所构成的二面角 L 叫作 P 点的大地经度，由起始子午面起算向东为正，叫东经(0°～180°)；向西为负，叫西经(0°～180°)。P 点的法线 Pn 与赤道面的夹角 B 叫作 P 点的大地纬度。由赤道面起算，向北为正，叫北纬(0°～90°)；向南为负，叫南纬(0°～90°)。P 点沿法线 Pn 到椭球面的距离 H，称为大地高。显然，如果点在椭球面上，$H=0$。在该坐标系中 P 点的位置用 (B,L,H) 表示，称为点 P 的大地坐标[2-4]。

2.2.1.2　地固坐标系

如图2.3所示，以椭球体中心 O 为原点，起始子午面与赤道面交线为 X 轴，椭球体的旋转轴为 Z 轴，Y 轴在赤道面上与 X 轴正交构成右手坐标系 $O\text{-}XYZ$，称为空间直角坐标系。在该坐标系中，P 点的位置用 (X,Y,Z) 表示。

坐标系 $O\text{-}XYZ$ 相对于地球空间位置不变，称为地固坐标系或地球坐标系。若椭球体的中心 O 与地球的质心重合，$O\text{-}XYZ$ 就是地心坐标系，否则，称为参心坐标系。显然，椭球不同，就有不同的坐标系 $O\text{-}XYZ$，如北京54坐标系(克拉索夫斯基椭球)、WGS-84坐标系(WGS-84椭球)、CGCS2000坐标系(CGCS2000椭球)等。

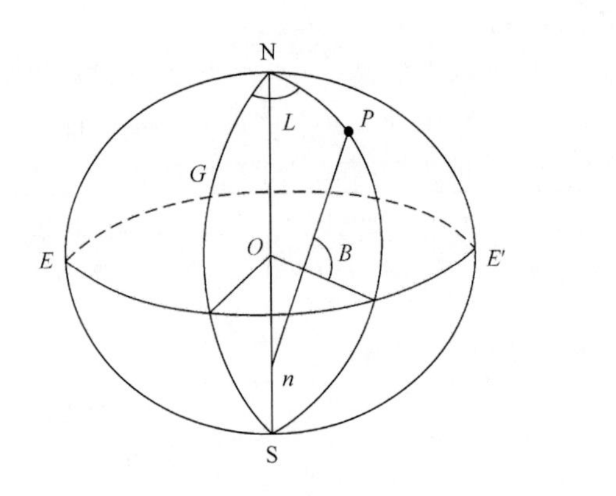

图 2.2　大地坐标系

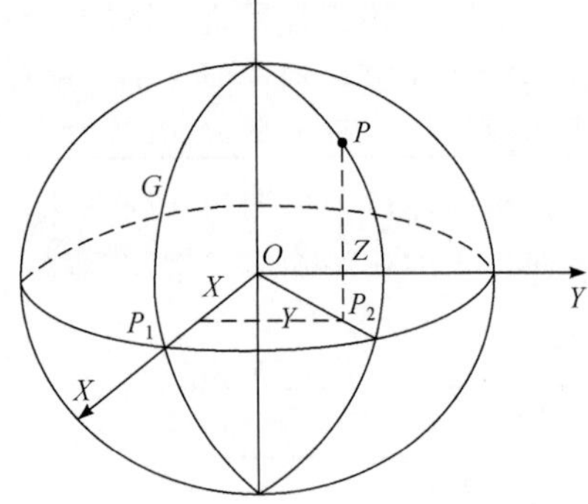

图 2.3　空间直角坐标系

对于基于同一椭球空间三维坐标 (X,Y,Z) 和大地坐标 (B,L,H) 可通过如下关系相互转换[1,2,4]。

$$\begin{bmatrix} X \\ Y \\ Z \end{bmatrix} = \begin{bmatrix} (N+H)\cos B\cos L \\ (N+H)\cos B\sin L \\ [N(1-e^2)+H]\sin B \end{bmatrix} \tag{2-6}$$

式中，e 是椭圆的第一偏心率，N 是卯酉圈半径：

$$e = \frac{\sqrt{a^2-b^2}}{a} \tag{2-7}$$

$$N = \frac{a}{\sqrt{1-e^2\sin^2 B}} = \frac{a}{W} \tag{2-8}$$

由 (X,Y,Z) 计算 (B,L,H) 的公式为：

$$\begin{cases} L = \arctan\dfrac{Y}{X} \\ B = \arctan\left(\dfrac{1}{\sqrt{X^2+Y^2}}\left(Z + \dfrac{ae^2\tan B}{\sqrt{1+(1-e^2)\tan^2 B}}\right)\right) \\ H = \dfrac{\sqrt{X^2+Y^2}}{\cos B} - N \end{cases} \tag{2-9}$$

2.2.1.3　站心坐标系

站心地平直角坐标系的定义是：原点位于地面测站点，Z 轴指向测站点的椭球面法线方向(又称大地天顶方向)，X 轴是过原点的大地子午面和包含原点且和法线垂直的平面的交线，指向北点方向，Y 轴与 X 轴、Z 轴构成左手坐标系，如

图 2.4 所示，也称为东北天坐标系[1,2,4]。测站 P_1 至另一点(如卫星) P_2 的距离为 S 、方位角为 A 、高度角为 h ，构成站心地平极坐标系，天顶距 $Z=90°-h$ 。

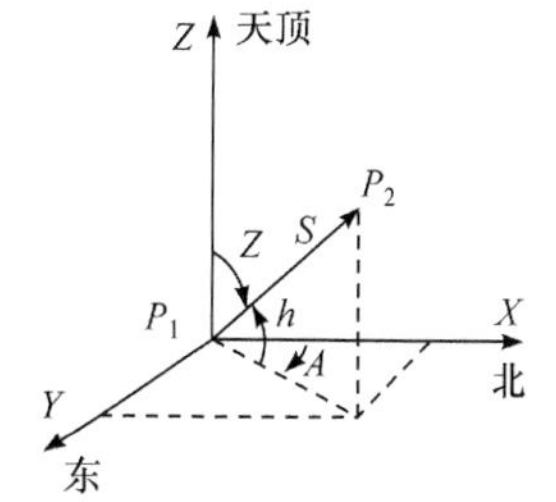

站心地平极坐标系与站心地平直角坐标系之间的关系可依据式(2-10)、式(2-11)写出：

$$\begin{cases} x = S\cos A\sin Z \\ y = S\sin A\sin Z \\ z = S\cos Z \end{cases} \tag{2-10}$$

图 2.4　站心坐标系示意图

$$\begin{cases} S = \sqrt{x^2+y^2+z^2} \\ A = \arctan(y/x) \\ Z = \arccos(z/S) \end{cases} \tag{2-11}$$

站心直角坐标系与地固坐标系的关系如图 2.5 所示，两者之间的坐标换算关系为：

$$\begin{bmatrix} X_Q \\ Y_Q \\ Z_Q \end{bmatrix} = \begin{bmatrix} X_P \\ Y_P \\ Z_P \end{bmatrix} + \begin{bmatrix} -\sin B\cos L & -\sin L & \cos B\cos L \\ -\sin B\sin L & \cos L & \cos B\sin L \\ \cos B & 0 & \sin B \end{bmatrix} \begin{bmatrix} X^* \\ Y^* \\ Z^* \end{bmatrix}_{PQ} \tag{2-12}$$

$$\begin{bmatrix} X^* \\ Y^* \\ Z^* \end{bmatrix}_{PQ} = \begin{bmatrix} -\sin B\cos L & -\sin B\sin L & \cos B \\ -\sin L & \cos L & 0 \\ \cos B\cos L & \cos B\sin L & \sin B \end{bmatrix} \begin{bmatrix} X_Q - X_P \\ Y_Q - Y_P \\ Z_Q - Z_P \end{bmatrix} \tag{2-13}$$

这里，(X_P,Y_P,Z_P) 、(X_Q,Y_Q,Z_Q) 为 P 点、Q 点在地球坐标系 $O\text{-}XYZ$ 中的坐标。(X^*,Y^*,Z^*) 为 Q 点在 P 点站心坐标系 $P\text{-}X^*Y^*Z^*$ 中的坐标。

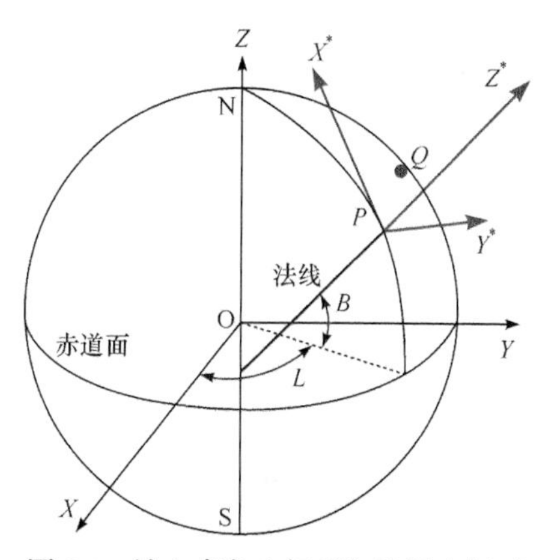

图 2.5　站心直角坐标系与地固坐标系

2.2.1.4　天球坐标系

地固坐标系或地球坐标系用于描述地面点的空间位置，而描述人造卫星或天体的运动与空间位置，则采用天球坐标系。

所谓天球，是指以地球质心 O 为中心，半径 r 为任意长度的一个假想的球体。地球自转轴的延伸直线为天轴，天轴与天球的交点 P_N 和 P_S 称为天极，其中 P_N 称为北天极，P_S 为南天极。含天轴并通过任一点的平面，称为天球子午面，天球子午面与天球相交的大圆称为天球子午圈。通过地球质心 O 与天轴垂直的平面称为天球赤道面。天球赤道面与地球赤道面相重合。该赤道面与天球相交的大圆称为天球赤道。地球公转的轨道面(黄道面)与天球相交的大圆称为黄道。黄道与赤道的两个交点称为春分点和秋分点。太阳视位置在黄道上从南半球向北半球运动时，黄道与天球赤道的交点称为春分点，用 γ 表示，另外一点则称为秋分点[1-3]。

如图 2.6 所示，以天球中心 O 为原点，Z 轴与地球自转轴重合指向北天极，X 轴在赤道面内与 Z 轴垂直指向春分点，Y 轴垂直 XOZ 构成的右手坐标系即天球坐标系。

2.2.1.5　瞬时坐标系与协议坐标系

受地球内部的质量运动以及日月引力的影响，地球的旋转轴是不断变化的。地球的自转轴在惯性空间中不是固定的，而是不断摆动的。此摆动造成地轴绕北黄极顺时针运动，夹角约为 23.5°。与此同时，地轴还在做微小的抖动，见图 2.7。前者的运动称为岁差(Recession)，后者的运动称为章动(Nutation)。地球自转轴与地面的交点称为地极，由于地球表面的海洋、大气运动以及地核内部液体的运动，会使极点的位置产生变化，此种现象称为极移[1-3]。

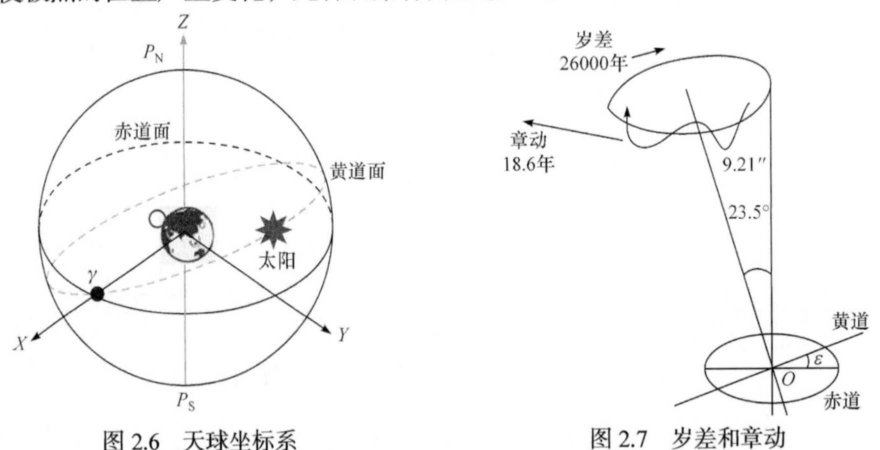

图 2.6　天球坐标系　　　　图 2.7　岁差和章动

瞬时真天球坐标系是以时刻 t 的瞬时北天极和真春分点为参考建立的坐标系。瞬时真天球坐标系受岁差和章动影响，其坐标轴的指向不断变化。约定某一刻 t_0 作为参考历元，把该时刻对应的瞬时自转轴经岁差和章动改正后的指向作为

Z 轴，以对应的春分点为 X 轴的指向点，以 XOZ 的垂直方向为 Y 轴建立天球坐标系，称为协议天球坐标系或协议惯性坐标系(Conventional Inertial System，CIS)。

2.2.2　GNSS 坐标系统与转换

2.2.2.1　GNSS 坐标基准

GPS、GLONASS、Galileo、BDS 四大系统采用不同的坐标基准，如表 2.2 所示，虽然各系统坐标框架定义相似，但是坐标原点与定向参数还是存在细微的差别，在进行多个系统数据融合处理时，需要将空间信息都统一于同一坐标基准下[1-6]。

表 2.2　GPS、GLONASS、Galileo、BDS 四大系统坐标基准

系统	坐标系	原点	Z 轴	X 轴	Y 轴
GPS	WGS-84[2,3]	地球质心	指向国际时间局(Bureau International de l'Heure，BIH)1984.0 定义的协议地球极(Conventional Terrestrial Pole，CTP)方向	指向 BIH1984.0 的零子午面和 CTP 赤道的交点	与 Z 轴、X 轴构成右手直角坐标系
GLONASS	PZ-90[4,5]	地球质心	指向国际地球自转服务组织(International Earth Rotation Service，IERS)推荐的 CTP 方向，即 1900—1905 年的平均北极	指向地球赤道与 BIH 定义的零子午线交点	与 Z 轴、X 轴构成右手直角坐标系
Galileo	GTRF	地球质心	指向 IERS 推荐的 CTP 方向	指向地球赤道与 BIH 定义的零子午线交点	与 Z 轴、X 轴构成右手直角坐标系
BDS	CGCS2000	地球质心	指向 IERS 定义的参考极(IERS Reference Pole，IRP)方向	指向 BIH1984.0 定义的零子午面与协议赤道的交点	与 Z 轴、X 轴构成右手直角坐标系

2.2.2.2　GNSS 基准转换

基准转换指的是将同一点在基于某一基准或坐标参照系的坐标系下的坐标转换为基于另一基准或坐标参照系的坐标系下的坐标[3]。由于 WGS-84、PZ-90、GTRF 与 CGCS2000 都属于空间三维直角坐标系，对于该类坐标系的相互转换，常用的数学转换模型是 Bursa 和 Molodensky 模型，两种模型的旋转参数和比例改正是一致的，平移参数之间存在一定解析关系，而 Bursa 模型应用更为普遍。下面介绍较为常用的 Bursa 模型，Bursa 模型又被称为七参数转换或七参数赫尔墨特转换[7,8]，如图 2.8 所示。

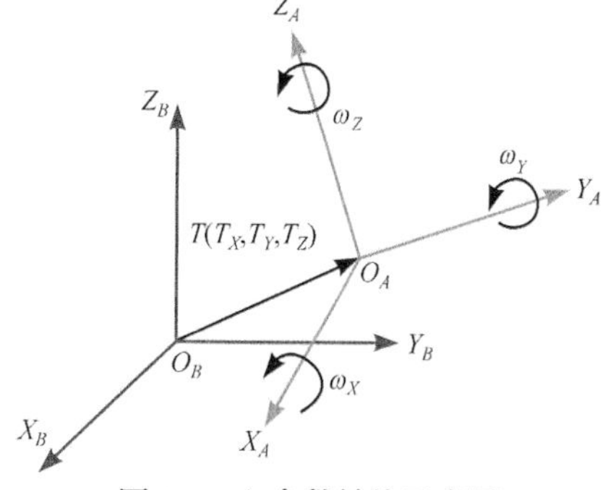

图 2.8　七参数转换示意图

Bursa 模型中共采用了 7 个参数，分别是 3 个平移参数 T_X 、T_Y 、T_Z ，3 个旋转参数 ω_X 、ω_Y 、ω_Z (也被称为 3 个欧拉角)和 1 个尺度参数 m 。假设有两个分别基于不同基准的空间直角坐标系 $(O\text{-}XYZ)_A$ 和 $(O\text{-}XYZ)_B$ ，采用 Bursa 模型将 $(O\text{-}XYZ)_A$ 下坐标转换为 $(O\text{-}XYZ)_B$ 下坐标的步骤是：

(1) 从 X_A 正向看向原点 O_A ，以 O_A 点为固定旋转点，将 $(O\text{-}XYZ)_A$ 绕 X_A 轴逆时针旋转 ω_X 角，使经过旋转后的 Y_A 轴与 $O_BX_BY_B$ 平面平行；

(2) 从 Y_A 正向看向原点 O_A ，以 O_A 点为固定旋转点，将 $(O\text{-}XYZ)_A$ 绕 Y_A 轴逆时针旋转 ω_Y 角，使经过旋转后的 X_A 轴与 $O_BX_BY_B$ 平面平行。显然，此时 Z_A 轴也与 Z_B 平行；

(3) 从 Z_A 正向看向原点 O_A ，以 O_A 点为固定旋转点，将 $(O\text{-}XYZ)_A$ 绕 Z_A 轴逆时针旋转 ω_Z 角，使经过旋转后的 X_A 轴与 X_B 平行。显然，此时 $(O\text{-}XYZ)_A$ 的三个坐标轴已与 $(O\text{-}XYZ)_B$ 中相应的坐标轴平行；

(4) 将 $(O\text{-}XYZ)_A$ 中的长度单位缩放 $1+m$ 倍,使其与 $(O\text{-}XYZ)_B$ 的长度单位一致；

(5) 将 $(O\text{-}XYZ)_A$ 的原点分别沿 X_A 、Y_A 和 Z_A 轴移动 T_X 、T_Y 和 T_Z ，使其与 $(O\text{-}XYZ)_B$ 的原点重合。可用数学公式将该转换过程表达如下：

$$\begin{bmatrix} X_B \\ Y_B \\ Z_B \end{bmatrix} = \begin{bmatrix} T_X \\ T_Y \\ T_Z \end{bmatrix} + (1+m)R_Z(\omega_Z)R_Y(\omega_Y)R_X(\omega_X)\begin{bmatrix} X_A \\ Y_A \\ Z_A \end{bmatrix} \tag{2-14}$$

式中，(X_A,Y_A,Z_A) 和 (X_B,Y_B,Z_B) 为某点分别在 $(O\text{-}XYZ)_A$ 和 $(O\text{-}XYZ)_B$ 下的坐标；$\omega_X,\omega_Y,\omega_Z$ 为由 $(O\text{-}XYZ)_A$ 转换到 $(O\text{-}XYZ)_B$ 的旋转参数；m 为由 $(O\text{-}XYZ)_A$ 转换到 $(O\text{-}XYZ)_B$ 的尺度参数；T_X,T_Y,T_Z 为由 $(O\text{-}XYZ)_A$ 转换到 $(O\text{-}XYZ)_B$ 的平移参数；$R_X(\omega_X),R_Y(\omega_Y),R_Z(\omega_Z)$ 为三个旋转矩阵，具体表达式如下：

$$R_X(\omega_X) = \begin{pmatrix} 1 & 0 & 0 \\ 0 & \cos\omega_X & \sin\omega_X \\ 0 & -\sin\omega_X & \cos\omega_X \end{pmatrix} \tag{2-15}$$

$$R_Y(\omega_Y) = \begin{pmatrix} \cos\omega_Y & 0 & -\sin\omega_Y \\ 0 & 1 & 0 \\ \sin\omega_Y & 0 & \cos\omega_Y \end{pmatrix} \tag{2-16}$$

$$R_Z(\omega_Z) = \begin{pmatrix} \cos\omega_Z & \sin\omega_Z & 0 \\ -\sin\omega_Z & \cos\omega_Z & 0 \\ 0 & 0 & 1 \end{pmatrix} \tag{2-17}$$

进一步可将三个旋转矩阵的乘积用矩阵 R 表示：

$$R=\begin{bmatrix}\cos\omega_Y\cos\omega_Z & \cos\omega_Y\sin\omega_Z & -\sin\omega_Y\\ -\cos\omega_X\sin\omega_Z+\sin\omega_X\sin\omega_Y\cos\omega_Z & \cos\omega_X\cos\omega_Z+\sin\omega_X\sin\omega_Y\sin\omega_Z & \sin\omega_X\cos\omega_Y\\ \sin\omega_X\sin\omega_Z+\cos\omega_X\sin\omega_Y\sin\omega_Z & -\sin\omega_X\cos\omega_Z+\cos\omega_X\sin\omega_Y\sin\omega_Z & \cos\omega_X\cos\omega_Y\end{bmatrix} \tag{2-18}$$

在通常情况下，涉及两个不同大地基准间旋转的 3 个欧拉角 ω_X 、ω_Y 、ω_Z 都非常小，在这一前提下可取：

$$\begin{cases}\cos\omega_X\approx 1,\cos\omega_Y\approx 1,\cos\omega_Z\approx 1\\ \sin\omega_X\approx\omega_X,\sin\omega_Y\approx\omega_Y,\sin\omega_Z\approx\omega_Z\\ \sin\omega_X\sin\omega_Y\approx\sin\omega_X\sin\omega_Z\approx\sin\omega_Y\sin\omega_Z\approx 0\end{cases} \tag{2-19}$$

这样，就可将矩阵 R 表示为：

$$R=\begin{bmatrix}1 & \omega_Z & -\omega_Y\\ -\omega_Z & 1 & \omega_X\\ \omega_Y & -\omega_X & 1\end{bmatrix} \tag{2-20}$$

从而采用 Bursa 模型将 $(O\text{-}XYZ)_A$ 下坐标转换为 $(O\text{-}XYZ)_B$ 下坐标的公式可表示为：

$$\begin{bmatrix}X_B\\ Y_B\\ Z_B\end{bmatrix}=\begin{bmatrix}T_X\\ T_Y\\ T_Z\end{bmatrix}+(1+m)\begin{bmatrix}1 & \omega_Z & -\omega_Y\\ -\omega_Z & 1 & \omega_X\\ \omega_Y & -\omega_X & 1\end{bmatrix}\begin{bmatrix}X_A\\ Y_A\\ Z_A\end{bmatrix} \tag{2-21}$$

也可将上式进一步表示为：

$$\begin{bmatrix}X_B\\ Y_B\\ Z_B\end{bmatrix}=\begin{bmatrix}X_A\\ Y_A\\ Z_A\end{bmatrix}+\begin{bmatrix}1 & 0 & 0 & 0 & -Z_A & Y_A & X_A\\ 0 & 1 & 0 & Z_A & 0 & -X_A & Y_A\\ 0 & 0 & 1 & -Y_A & X_A & 0 & Z_A\end{bmatrix}\begin{bmatrix}T_X\\ T_Y\\ T_Z\\ \omega_X\\ \omega_Y\\ \omega_Z\\ m\end{bmatrix} \tag{2-22}$$

参 考 文 献

[1] 徐绍铨. GPS 测量原理及应用[M]. 武汉：武汉大学出版社, 2008.
[2] 高成发, 胡伍生. 卫星导航定位原理与应用[M]. 北京：人民交通出版社, 2011.
[3] 李征航, 黄劲松. GPS 测量与数据处理[M]. 武汉：武汉大学出版社, 2010.
[4] 谢钢. 全球导航卫星系统原理[M]. 北京：电子工业出版社,2013.

[5] 杨元喜. 北斗卫星导航系统的进展、贡献与挑战[J]. 测绘学报, 2010, 39(1): 1-6.
[6] Yang Y, Gao W, Guo S, et al. Introduction to BeiDou - 3 navigation satellite system[J]. Navigation, 2019, 66. DOI: 10.1002/navi.291.
[7] 李建文, 郝金明, 李军正. 用伪距法测定 PZ-90 与 WGS-84 坐标转换参数[J]. 测绘通报, 2004(5): 4-6.
[8] 王解先. 七参数转换中参数之间的相关性[J]. 大地测量与地球动力学, 2007, 27(2): 43-46.

第 3 章　精密单点定位模型与方法

PPP 处理模型主要包括函数模型和随机模型，其中，函数模型主要表征各观测值与待估参数之间的函数关系，随机模型主要表征观测量的随机特性。在此基础上，可采用最小二乘或卡尔曼滤波等参数估计方法进行 PPP 解算。

3.1　GNSS 精密单点定位函数模型

观测模型体现了 GNSS 观测值与待估参数及各项误差之间的函数关系，是实现 PPP 精密定位的基础，非差伪距和载波的原始观测方程可表示为：

$$P_{r,i}^s = \rho_r^s + T_r^s + c \cdot t_r - c \cdot t^s + \gamma_i I_{r,1}^s + d_{r,i} - d_i^s + e_{r,i}^s \tag{3-1}$$

$$L_{r,i}^s = \rho_r^s + T_r^s + c \cdot t_r - c \cdot t^s - \gamma_i I_{r,1}^s + \lambda_i \left(N_{r,i}^s + b_{r,i} - b_i^s \right) + \varepsilon_{r,i}^s \tag{3-2}$$

式中，上标 s 和下标 r,i 分别表示卫星、接收机和频率；$P_{r,i}^s$ 和 $L_{r,i}^s$ 分别为基础伪距观测值和载波观测值；ρ_r^s 表示站星距；T_r^s 表示信号传播路径上的对流层延迟；c 表示真空中的光速；t_r 和 t^s 分别表示接收机钟差和卫星钟差；$I_{r,1}^s$ 表示信号传播路径上对应频率1的电离层延迟；$\gamma_i = f_1^2 / f_i^2$ 为频率 i 相对于频率1的电离层延迟放大因子；λ_i 表示频率 i 的载波波长；$N_{r,i}^s$ 表示相位整周模糊度；$b_{r,i}$ 和 b_i^s 分别表示接收机端和卫星端对应频率 i 的相位硬件延迟；$d_{r,i}$ 和 d_i^s 分别表示接收机端和卫星端对应频率 i 的伪距硬件延迟；$e_{r,i}^s$ 和 $\varepsilon_{r,i}^s$ 分别表示包括多径在内的伪距和载波观测值噪声。

基于卫星端硬件延迟时变稳定的假设，通常将星端硬件延迟与模糊度参数进行合并，且以常数进行估计。随着多模多频的发展，国内外学者在多频 PPP 的研究中发现，对于某些特定类型的卫星，譬如 GPS Block IIF 和 BDS-2 卫星，星端相位硬件延迟 b_i^s 存在明显的周期性变化，进而引入了 IFCB 的概念[1]，有关 IFCB 的具体计算方法，将在第 5 章中具体介绍。因此，将 b_i^s 进一步写为如下形式[2]：

$$b_i^s = \bar{b}_i^s + \tilde{b}_i^s \tag{3-3}$$

式中，$\bar{b}_i^s$ 和 $\tilde{b}_i^s$ 分别表示时变稳定和随时间变化的相位硬件延迟。

此外，对于式(3-1)和式(3-2)中未明确列出的误差，譬如潮汐、天线相位偏移

(Phase Center Offset，PCO)和相位中心变化(Phase Center Variation，PCV)[3]、相位缠绕[4]、相对论、地球自转等，需采用已有的模型进行精确改正。考虑到观测方程的待估参数较多且相互耦合，无法同时全部估计，因此需要采用参数重整的思路进行解耦。为了方便后续表述，定义以下简写：

$$\begin{cases}\alpha_{ij}=f_i^2/\left(f_i^2-f_j^2\right)\\ \beta_{ij}=-f_j^2/\left(f_i^2-f_j^2\right)\\ d_{\mathrm{IF}_{ij}}^s=\alpha_{ij}\cdot d_i^s+\beta_{ij}\cdot d_j^s\\ d_{r,\mathrm{IF}_{ij}}=\alpha_{ij}\cdot d_{r,i}+\beta_{ij}\cdot d_{r,j}\end{cases}\tag{3-4}$$

式中，α_{ij} 和 β_{ij} 分别为对应频率 i 和 j 的无电离层组合系数；$d_{\mathrm{IF}_{ij}}^s$ 和 $d_{r,\mathrm{IF}_{ij}}$ 分别为卫星端和接收机端无电离层组合形式的伪距硬件延迟。需要说明的一点是，伪距硬件延迟的绝对量是无法确定的,但不同码观测值间的相对硬件偏差是可以得到的,即 DCB。目前 CODE、德国宇航中心(Deutsches zentrum für Luft- und Raumfahrt，DLR)以及中国科学院等机构均可以提供多系统事后 DCB 产品。通常将卫星端和接收机端的 DCB 定义为如下形式：

$$\begin{cases}\mathrm{DCB}_{ij}^s=d_j^s-d_i^s\\ \mathrm{DCB}_{r,ij}=d_{r,j}-d_{r,i}\end{cases}\tag{3-5}$$

对于原始观测方程中的各待估参数，通常采用组合观测值消除或附加参数估计两种策略进行处理,因此后文主要对无电离层组合模型和非组合模型进行阐述。

3.1.1　传统双频无电离层组合模型

无电离层组合模型是应用最广泛的一种 PPP 函数模型，利用电离层延迟与频率的平方成反比的关系，通过双频观测值构造无电离层组合，可以消除电离层一阶项的影响，但与此同时，也放大了观测噪声。传统双频无电离层组合模型主要对卫星钟差和接收机钟差进行重参化，在卫星端，依据 IGS 的处理规范，在精密钟差的估计过程中，通常采用某一特定的无电离层组合(譬如 GPS L1/L2，Galileo E1/E5a)，卫星端无电离层组合形式的伪距硬件延迟以及随时间变化的相位硬件延迟被最终的钟差参数吸收；而在接收机端，钟差基准取决于伪距观测值，无电离层组合形式的伪距硬件延迟 $d_{r,\mathrm{IF}_{ij}}$ 可与真实接收机钟差合并为一个参数：

$$\begin{cases}c\cdot\tilde{t}^s=c\cdot t^s+d_{\mathrm{IF}_{12}}^s+\left(\alpha_{12}\cdot\lambda_1\cdot\tilde{b}_1^s+\beta_{12}\cdot\lambda_2\cdot\tilde{b}_2^s\right)\\ c\cdot\tilde{t}_{r_{12}}=c\cdot t_r+d_{r,\mathrm{IF}_{12}}\end{cases}\tag{3-6}$$

式中，$\tilde{t}^s$ 和 $\tilde{t}_{r_{12}}$ 分别为重参化的卫星钟差和接收机钟差。

对于双频观测值情形，应用式(3-6)所述重参化过程后，得到如下函数模型：

$$\begin{cases} P_{r,\mathrm{IF}_{12}}^{s} = \rho_{r}^{s} + T_{r}^{s} + c \cdot \tilde{t}_{r_{12}} - c \cdot \tilde{t}^{s} + \zeta_{\mathrm{IF}_{12}} + e_{r,\mathrm{IF}_{12}}^{s} \\ L_{r,\mathrm{IF}_{12}}^{s} = \rho_{r}^{s} + T_{r}^{s} + c \cdot \tilde{t}_{r_{12}} - c \cdot \tilde{t}^{s} + \lambda_{\mathrm{IF}_{12}} \overline{N}_{r,\mathrm{IF}_{12}}^{s} + \varepsilon_{r,\mathrm{IF}_{12}}^{s} \end{cases} \tag{3-7}$$

式中，$P_{r,\mathrm{IF}_{12}}^{s}$ 和 $L_{r,\mathrm{IF}_{12}}^{s}$ 分别为无电离层组合伪距观测值和载波观测值；$\lambda_{\mathrm{IF}_{12}}$ 为无电离层组合的波长；$\overline{N}_{r,\mathrm{IF}_{12}}^{s}$ 为重参化的无电离层组合模糊度；$\zeta_{\mathrm{IF}_{12}}$ 为伪距方程残余的硬件偏差；$e_{r,\mathrm{IF}_{12}}^{s}$ 和 $\varepsilon_{r,\mathrm{IF}_{12}}^{s}$ 分别为无电离层组合伪距和载波观测值噪声。$P_{r,\mathrm{IF}_{12}}^{s}, L_{r,\mathrm{IF}_{12}}^{s}, \zeta_{\mathrm{IF}_{12}}$ 和 $\overline{N}_{r,\mathrm{IF}_{12}}^{s}$ 的具体表达式如下：

$$\begin{cases} P_{r,\mathrm{IF}_{12}}^{s} = \alpha_{12} \cdot P_{r,1}^{s} + \beta_{12} \cdot P_{r,2}^{s} \\ L_{r,\mathrm{IF}_{12}}^{s} = \alpha_{12} \cdot L_{r,1}^{s} + \beta_{12} \cdot L_{r,2}^{s} \end{cases} \tag{3-8}$$

$$\zeta_{\mathrm{IF}_{12}} = \alpha_{12} \cdot \lambda_{1} \cdot \tilde{b}_{1}^{s} + \beta_{12} \cdot \lambda_{2} \cdot \tilde{b}_{2}^{s} \tag{3-9}$$

$$\overline{N}_{r,\mathrm{IF}_{12}}^{s} = \left(N_{r,\mathrm{IF}_{12}}^{s} + b_{r,\mathrm{IF}_{12}} - \overline{b}_{\mathrm{IF}_{12}}^{s} \right) - \frac{d_{r,\mathrm{IF}_{12}} - d_{\mathrm{IF}_{12}}^{s}}{\lambda_{\mathrm{IF}_{12}}} \tag{3-10}$$

式中，

$$\begin{cases} N_{r,\mathrm{IF}_{12}}^{s} = \dfrac{\left(\alpha_{12} \cdot \lambda_{1} \cdot N_{1} + \beta_{12} \cdot \lambda_{2} \cdot N_{2} \right)}{\lambda_{\mathrm{IF}_{12}}} \\ b_{r,\mathrm{IF}_{12}} = \dfrac{\left(\alpha_{12} \cdot \lambda_{1} \cdot b_{r,1} + \beta_{12} \cdot \lambda_{2} \cdot b_{r,2} \right)}{\lambda_{\mathrm{IF}_{12}}} \\ \overline{b}_{\mathrm{IF}_{12}}^{s} = \dfrac{\left(\alpha_{12} \cdot \lambda_{1} \cdot \overline{b}_{1}^{s} + \beta_{12} \cdot \lambda_{2} \cdot \overline{b}_{2}^{s} \right)}{\lambda_{\mathrm{IF}_{12}}} \end{cases} \tag{3-11}$$

硬件延迟与模糊度线性相关，重参化的无电离层模糊度除吸收时变稳定的相位硬件延迟外，还吸收了由于卫星钟差和接收机钟差重参化引入的无电离层伪距硬件延迟，从而失去整数特性，通常以浮点解形式处理。双频无电离层模型的待估参数向量为：

$$X = \left[x, y, z, \tilde{t}_{r_{12}}, T_{r}^{s}, \lambda_{\mathrm{IF}_{12}} \overline{N}_{r,\mathrm{IF}_{12}}^{s} \right] \tag{3-12}$$

式中，x, y, z 分别表示三维坐标向量。

由于该模型相对简单且解算效率高，已被广泛应用于精密定轨、钟差估计等领域。随着多频 GNSS 的发展，国内外学者通过对该模型进行扩展，使其能够兼容多频观测信息。目前主要有两种处理方法：一种是构造一个统一的多频无电离层组合；另一种则是根据噪声放大水平，选择较优的多个双频无电离层组合联立进行解算，但需要注意的是，多个双频无电离层组合观测值间通常存在相关性，随机模型也需相应调整。

3.1.2　统一多频无电离层组合模型

建立统一多频无电离层模型首先需确定每个频率对应的组合系数 $a_i(i=1,2,\cdots,n)$，唯一确定组合系数 a_i，通常需满足以下三个条件：①几何项系数和为 1；②消除电离层一阶项延迟；③组合观测值噪声最小，即

$$\begin{cases}\sum_{i=1}^{n}a_i=1\\ \sum_{i=1}^{n}\left(a_i\cdot\gamma_i\right)=0\\ \sum_{i=1}^{n}\left(a_i\cdot\sigma_i\right)^2=\min\end{cases}\tag{3-13}$$

式中，$\sigma_i(i=1,2,\cdots,n)$ 表示频率 i 对应观测值的噪声。假定不同频率观测值的噪声满足如下比例关系：

$$\sigma_i=q_i\cdot\sigma_1\tag{3-14}$$

式中，q_i 为不同频率观测值的噪声比。将式(3-14)代入式(3-13)可得到以下方程组：

$$\begin{cases}\sum_{i=1}^{n}\left(\dfrac{1}{q_i}\left(a_i\cdot q_i\right)\right)=1\\ \sum_{i=1}^{n}\left(\dfrac{1}{q_i}\cdot\gamma_i\cdot\left(a_i\cdot q_i\right)\right)=0\\ \sum_{i=1}^{n}\left(a_i\cdot q_i\right)^2\cdot\sigma_1^2=\min\end{cases}\tag{3-15}$$

根据最小范数法，可得：

$$X=\begin{bmatrix}a_1\\ a_2\cdot q_2\\ \vdots\\ a_n\cdot q_n\end{bmatrix}=\left(A^{\top}\cdot A\right)^{-1}\cdot A^{\top}\cdot L\tag{3-16}$$

式中，

$$A=\begin{bmatrix}1 & \dfrac{1}{q_2} & \cdots & \dfrac{1}{q_n}\\ 1 & \dfrac{1}{q_2}\cdot\gamma_2 & \cdots & \dfrac{1}{q_n}\cdot\gamma_n\end{bmatrix},\quad L=\begin{bmatrix}1\\ 0\end{bmatrix}\tag{3-17}$$

进而可以得到组合系数，

$$a_i = \frac{X_i}{q_i} \tag{3-18}$$

对于 PPP 而言，定位的精度主要取决于载波观测值，考虑到不同频率载波观测值的噪声水平均为几个毫米，差异较小，因此，假定不同频率载波观测值噪声水平相同，即 $q_i = 1$，表 3.1 给出了 BDS-2、BDS-3、GPS、Galileo 多频观测值常用的系数组合及相应的噪声放大因子。

表 3.1　BDS-2、BDS-3、GPS、Galileo 多频无电离层组合系数

系统	观测值组合	系数 a_1	系数 a_2	系数 a_3	系数 a_4	噪声放大因子
BDS-2	B1I/B2I/B3I	2.566	−1.229	−0.338	0	2.865
BDS-3	B1c/B1I/B2a/B3I	1.224	1.171	−1.058	−0.336	2.025
GPS	L1/L2/L5	2.327	−0.360	−0.967	0	2.546
Galileo	E1/E5a/E5b	2.315	−0.836	−0.479	0	2.508
	E1/E5a/E6	2.269	−1.245	−0.025	0	2.588
	E1/E5a/E6/E5b	2.255	−0.904	0.193	−0.545	2.498
	E1/E5a/E5b/E5	2.317	−0.606	−0.274	−0.437	2.450

在确定组合系数后，可得统一多频无电离层组合观测模型：

$$\begin{cases} P_{r,\mathrm{IF}}^s = \rho_r^s + T_r^s + c\cdot\tilde{t}_r - c\cdot\tilde{t}^s - D_{\mathrm{IF}}^s + \zeta_{\mathrm{IF}_{12}} + e_{r,\mathrm{IF}}^s \\ L_{r,\mathrm{IF}}^s = \rho_r^s + T_r^s + c\cdot\tilde{t}_r - c\cdot\tilde{t}^s + \lambda_{\mathrm{IF}}\overline{N}_{r,\mathrm{IF}}^s + \delta_{\mathrm{IF}} + \varepsilon_{r,\mathrm{IF}}^s \end{cases} \tag{3-19}$$

式中，$P_{r,\mathrm{IF}}^s$ 和 $L_{r,\mathrm{IF}}^s$ 分别为多频无电离层组合伪距观测值和载波观测值；$\tilde{t}_r$ 为重参化的接收机钟差，吸收多频无电离层组合的接收机端伪距硬件延迟；D_{IF}^s 为卫星端 DCB 改正项；λ_{IF} 为无电离层组合波长；$\overline{N}_{r,\mathrm{IF}}^s$ 为重参化的多频无电离层组合模糊度；δ_{IF} 为载波方程残余的硬件偏差，通常以 IFCB 的形式进行改正；$e_{r,\mathrm{IF}}^s$ 和 $\varepsilon_{r,\mathrm{IF}}^s$ 分别为多频无电离层组合伪距和载波观测值噪声。$P_{r,\mathrm{IF}}^s$，$L_{r,\mathrm{IF}}^s$，$\tilde{t}_r$，D_{IF}^s，$\overline{N}_{r,\mathrm{IF}_{12}}^s$ 和 δ_{IF} 的具体表达式如下：

$$\begin{cases} P_{r,\mathrm{IF}}^s = \sum_{i=1}^{n}\left(a_i\cdot P_{r,i}^s\right) \\ L_{r,\mathrm{IF}}^s = \sum_{i=1}^{n}\left(a_i\cdot L_{r,i}^s\right) \end{cases} \tag{3-20}$$

$$\tilde{t}_r = t_r + \sum_{i=1}^{n}\left(a_i\cdot d_{r,i}\right) \tag{3-21}$$

$$D_{\mathrm{IF}}^{s}=\left(a_{2}-\beta_{12}\right)\cdot \mathrm{DCB}_{12}^{s}+\sum_{i=3}^{n}\left(a_{i}\cdot \mathrm{DCB}_{1i}^{s}\right) \tag{3-22}$$

$$\overline{N}_{r,\mathrm{IF}}^{s}=\left(N_{r,\mathrm{IF}}^{s}+b_{r,\mathrm{IF}}-\overline{b}_{\mathrm{IF}}^{s}\right)-\frac{\sum_{i=1}^{n}\left(a_{i}\cdot d_{r,i}\right)-d_{\mathrm{IF}_{12}}^{s}}{\lambda_{\mathrm{IF}}} \tag{3-23}$$

$$\delta_{\mathrm{IF}}=\left(\alpha_{12}\cdot\lambda_{1}\cdot\tilde{b}_{1}^{s}+\beta_{12}\cdot\lambda_{2}\cdot\tilde{b}_{2}^{s}\right)-\sum_{i=1}^{n}\left(a_{i}\cdot\lambda_{i}\cdot\tilde{b}_{i}^{s}\right) \tag{3-24}$$

式中，$N_{r,\mathrm{IF}}^{s}$、$b_{r,\mathrm{IF}}$ 与 $\overline{b}_{\mathrm{IF}}^{s}$ 的具体表达式如下：

$$\begin{cases} N_{r,\mathrm{IF}}^{s} = \dfrac{\sum_{i=1}^{n}\left(a_{i}\cdot\lambda_{i}\cdot N_{i}\right)}{\lambda_{\mathrm{IF}}} \\ b_{r,\mathrm{IF}} = \dfrac{\sum_{i=1}^{n}\left(a_{i}\cdot\lambda_{i}\cdot b_{r,i}\right)}{\lambda_{\mathrm{IF}}} \\ \overline{b}_{\mathrm{IF}}^{s} = \dfrac{\sum_{i=1}^{n}\left(a_{i}\cdot\lambda_{i}\cdot\overline{b}_{i}^{s}\right)}{\lambda_{\mathrm{IF}}} \end{cases} \tag{3-25}$$

由于多频观测信息引入的 IFCB 会影响多频 PPP 的定位性能，因此需要额外考虑。根据已有相关研究，对于 GPS 的 Block IIF 以及 BDS-2 卫星，IFCB 量级较大且存在一定周期性，数据处理中不可忽略[5,6]。统一多频无电离层组合的待估参数向量如下：

$$X=\left[x,y,z,\tilde{t}_{r},T_{r}^{s},\lambda_{\mathrm{IF}}\overline{N}_{r,\mathrm{IF}}^{s}\right] \tag{3-26}$$

3.1.3 多个双频无电离层组合模型

在传统双频无电离层组合的基础上，保持接收机钟差和卫星钟差的重参化过程不变，依据噪声放大水平，选择其他较优的无电离层组合进行联立，可以得到多个双频无电离层组合观测模型：

$$\begin{cases} P_{r,\mathrm{IF}_{12}}^{s}=\rho_{r}^{s}+T_{r}^{s}+c\cdot\tilde{t}_{r_{12}}-c\cdot\tilde{t}^{s}+\zeta_{\mathrm{IF}_{12}}+e_{r,\mathrm{IF}_{12}}^{s} \\ L_{r,\mathrm{IF}_{12}}^{s}=\rho_{r}^{s}+T_{r}^{s}+c\cdot\tilde{t}_{r_{12}}-c\cdot\tilde{t}^{s}+\lambda_{\mathrm{IF}_{12}}\overline{N}_{r,\mathrm{IF}_{12}}^{s}+\varepsilon_{r,\mathrm{IF}_{12}}^{s} \\ P_{r,\mathrm{IF}_{1i}}^{s}=\rho_{r}^{s}+T_{r}^{s}+c\cdot\tilde{t}_{r_{12}}-c\cdot\tilde{t}^{s}+D_{r,\mathrm{IF}_{1i}}-D_{\mathrm{IF}_{1i}}^{s}+\zeta_{\mathrm{IF}_{1i}}+e_{r,\mathrm{IF}_{1i}}^{s} \\ L_{r,\mathrm{IF}_{1i}}^{s}=\rho_{r}^{s}+T_{r}^{s}+c\cdot\tilde{t}_{r_{12}}-c\cdot\tilde{t}^{s}+\lambda_{\mathrm{IF}_{1i}}\overline{N}_{r,\mathrm{IF}_{1i}}^{s}+\delta_{\mathrm{IF}_{1i}}+\varepsilon_{r,\mathrm{IF}_{1i}}^{s} \end{cases} \tag{3-27}$$

式中，$P_{r,\mathrm{IF}_{1i}}^{s}$ 和 $L_{r,\mathrm{IF}_{1i}}^{s}$ 分别为频率 1 和频率 i 对应的无电离层组合伪距观测值和载波

观测值；$D_{r,\mathrm{IF}_{1i}}$ 为接收机端 IFB 参数，本质为接收机端不同频率伪距硬件延迟的线性组合；$D^{s}_{\mathrm{IF}_{1i}}$ 为卫星端 DCB 改正；$\lambda_{\mathrm{IF}_{1i}}$ 为相应的无电离层组合波长；$\overline{N}^{s}_{r,\mathrm{IF}_{1i}}$ 为重参化的无电离层组合模糊度；$\zeta_{\mathrm{IF}_{1i}}$ 为伪距方程残余的硬件偏差，与 $\zeta_{\mathrm{IF}_{12}}$ 表达形式一致；$\delta_{\mathrm{IF}_{1i}}$ 为载波方程需额外考虑的 IFCB 改正；$e^{s}_{r,\mathrm{IF}_{1i}}$ 和 $\varepsilon^{s}_{r,\mathrm{IF}_{1i}}$ 分别为相应的无电离层组合伪距和载波观测值噪声。$P^{s}_{r,\mathrm{IF}_{1i}}, L^{s}_{r,\mathrm{IF}_{1i}}, D_{r,\mathrm{IF}_{1i}}, D^{s}_{\mathrm{IF}_{1i}}, \overline{N}^{s}_{r,\mathrm{IF}_{12}}$ 和 $\delta_{\mathrm{IF}_{1i}}$ 的具体表达式如下：

$$\begin{cases} P^{s}_{r,\mathrm{IF}_{1i}} = \alpha_{1i} \cdot P^{s}_{r,1} + \beta_{1i} \cdot P^{s}_{r,i} \\ L^{s}_{r,\mathrm{IF}_{1i}} = \alpha_{1i} \cdot L^{s}_{r,1} + \beta_{1i} \cdot L^{s}_{r,i} \end{cases} \tag{3-28}$$

$$D_{r,\mathrm{IF}_{1i}} = \beta_{1i} \cdot \mathrm{DCB}_{r,1i} - \beta_{12} \cdot \mathrm{DCB}_{r,12} \tag{3-29}$$

$$D^{s}_{\mathrm{IF}_{1i}} = \beta_{1i} \cdot \mathrm{DCB}^{s}_{1i} - \beta_{12} \cdot \mathrm{DCB}^{s}_{12} \tag{3-30}$$

$$\overline{N}^{s}_{r,\mathrm{IF}_{1i}} = \left(N^{s}_{r,\mathrm{IF}_{1i}} + b_{r,\mathrm{IF}_{1i}} - \overline{b}^{s}_{\mathrm{IF}_{1i}}\right) - \frac{d_{r,\mathrm{IF}_{1i}} - d^{s}_{\mathrm{IF}_{1i}}}{\lambda_{\mathrm{IF}_{1i}}} \tag{3-31}$$

$$\delta_{\mathrm{IF}_{1i}} = \left(\alpha_{12} \cdot \lambda_1 \cdot \tilde{b}^{s}_{1} + \beta_{12} \cdot \lambda_2 \cdot \tilde{b}^{s}_{2}\right) - \left(\alpha_{1i} \cdot \lambda_1 \cdot \tilde{b}^{s}_{1} + \beta_{1i} \cdot \lambda_i \cdot \tilde{b}^{s}_{i}\right) \tag{3-32}$$

式中，

$$\begin{cases} N^{s}_{r,\mathrm{IF}_{1i}} = \dfrac{\left(\alpha_{1i} \cdot \lambda_1 \cdot N_1 + \beta_{1i} \cdot \lambda_i \cdot N_i\right)}{\lambda_{\mathrm{IF}_{1i}}} \\ b_{r,\mathrm{IF}_{1i}} = \dfrac{\left(\alpha_{1i} \cdot \lambda_1 \cdot b_{r,1} + \beta_{1i} \cdot \lambda_i \cdot b_{r,i}\right)}{\lambda_{\mathrm{IF}_{1i}}} \\ \overline{b}^{s}_{\mathrm{IF}_{1i}} = \dfrac{\left(\alpha_{1i} \cdot \lambda_1 \cdot \overline{b}^{s}_{1} + \beta_{1i} \cdot \lambda_i \cdot \overline{b}^{s}_{i}\right)}{\lambda_{\mathrm{IF}_{1i}}} \end{cases} \tag{3-33}$$

由上述分析可知，对于新增加的双频无电离层组合，需要额外对新频率引入的硬件偏差进行处理，其中，伪距观测方程中卫星端的 DCB 可采用事后产品进行改正，接收机端的 IFB 参数与接收机相关，通常作为常数进行估计[7]；同样地，载波观测方程中也需要考虑 IFCB 的改正。多个双频无电离层组合模型的待估参数向量如下：

$$X = \left[x, y, z, \tilde{t}_{r_{12}}, T^{s}_{r}, D_{r,\mathrm{IF}_{1i}}, \lambda_{\mathrm{IF}_{12}} \overline{N}^{s}_{r,\mathrm{IF}_{12}}, \lambda_{\mathrm{IF}_{1i}} \overline{N}^{s}_{r,\mathrm{IF}_{1i}}\right] \tag{3-34}$$

3.1.4 基于原始观测值的非组合模型

虽然上述无电离层组合模型也可以处理多频数据，但是噪声放大了约 3 倍，且多频观测值的组合方式多种多样，难以实现多频函数模型的统一表达。此外，无电离层组合模型消除了电离层延迟，即忽略了电离层的时空特性，将其视作时变参数处理，有效信息受到损失。相比之下，非组合模型直接采用原始观测值，将电离层作为参数进行估计，噪声水平低，同时尽可能多地保留了观测信息，理论上可为任意频率构建统一的函数模型，在多频数据处理中优势较为明显，近年来逐步成为多频数据处理的标准模型。

类似地，仍然采用参数重整的思路建立基于原始观测值的非组合 PPP 模型。由于伪距硬件延迟与电离层参数强相关，在缺少外部电离层信息约束的情况下，二者无法分离，因此在式(3-6)的基础上，需要进一步对电离层与伪距硬件延迟重参化：

$$\tilde{I}_{r,1}^{s}=I_{r,1}^{s}-\beta_{12}\cdot\left(\mathrm{DCB}_{r,12}-\mathrm{DCB}_{12}^{s}\right)-\beta_{12}\cdot\left(\tilde{b}_{2}^{s}-\tilde{b}_{1}^{s}\right) \tag{3-35}$$

式中，$\tilde{I}_{r,1}^{s}$ 为重参化的电离层参数。

应用式(3-6)以及式(3-35)的重参化过程后，可以得到非组合观测模型：

$$\left\{\begin{array}{ccc}
P_{r,1}^{s} & = & \rho_{r}^{s}+T_{r}^{s}+c\cdot\tilde{t}_{r_{12}}-c\cdot\tilde{t}^{s}+\gamma_{1}\cdot\tilde{I}_{r,1}^{s}+\zeta_{1}+e_{r,1}^{s} \\
P_{r,2}^{s} & = & \rho_{r}^{s}+T_{r}^{s}+c\cdot\tilde{t}_{r_{12}}-c\cdot\tilde{t}^{s}+\gamma_{2}\cdot\tilde{I}_{r,1}^{s}+\zeta_{2}+e_{r,2}^{s} \\
\vdots & \vdots & \vdots \\
P_{r,i}^{s}+D_{i}^{s} & = & \rho_{r}^{s}+T_{r}^{s}+c\cdot\tilde{t}_{r_{12}}-c\cdot\tilde{t}^{s}+\gamma_{i}\cdot\tilde{I}_{r,1}^{s}+D_{r,i}+\zeta_{i}+e_{r,i}^{s} \\
L_{r,1}^{s} & = & \rho_{r}^{s}+T_{r}^{s}+c\cdot\tilde{t}_{r_{12}}-c\cdot\tilde{t}^{s}-\gamma_{1}\cdot\tilde{I}_{r,1}^{s}+\lambda_{1}\overline{N}_{r,1}^{s}+\varepsilon_{r,1}^{s} \\
L_{r,2}^{s} & = & \rho_{r}^{s}+T_{r}^{s}+c\cdot\tilde{t}_{r_{12}}-c\cdot\tilde{t}^{s}-\gamma_{2}\cdot\tilde{I}_{r,1}^{s}+\lambda_{2}\overline{N}_{r,2}^{s}+\varepsilon_{r,2}^{s} \\
\vdots & \vdots & \vdots \\
L_{r,i}^{s} & = & \rho_{r}^{s}+T_{r}^{s}+c\cdot\tilde{t}_{r_{12}}-c\cdot\tilde{t}^{s}-\gamma_{i}\cdot\tilde{I}_{r,1}^{s}+\lambda_{i}\overline{N}_{r,i}^{s}+\delta_{i}+\varepsilon_{r,i}^{s}
\end{array}\right. \tag{3-36}$$

式中，$D_{r,i}$ 和 D_{i}^{s} 分别为频率 i 的接收机端 IFB 与卫星端 DCB 改正；$\overline{N}_{r,i}^{s}$ 为浮点模糊度；ζ_{i} 为伪距方程残余的硬件偏差；δ_{i} 为载波方程需额外考虑的 IFCB 改正，本质为卫星端随时间变化相位硬件偏差 $\tilde{b}_{i}^{s}$ 的线性组合。$D_{r,i}$, D_{i}^{s} , $\overline{N}_{r,i}^{s}$, ζ_{i} 和 δ_{i} 的具体表达式如下：

$$D_{r,i}=\left(\gamma_{i}-1\right)\cdot\beta_{12}\cdot\mathrm{DCB}_{r,12}+\mathrm{DCB}_{r,1i} \tag{3-37}$$

$$D_{i}^{s}=\left(\gamma_{i}-1\right)\cdot\beta_{12}\cdot\mathrm{DCB}_{12}^{s}+\mathrm{DCB}_{1i}^{s} \tag{3-38}$$

$$\overline{N}_{r,i}^{s}=N_{r,i}^{s}+b_{r,i}-\overline{b}_{i}^{s}-\frac{d_{r,\mathrm{IF}_{12}}-d_{\mathrm{IF}_{12}}^{s}}{\lambda_{i}}-\frac{\gamma_{i}\cdot\beta_{12}\left(\mathrm{DCB}_{r,12}-\mathrm{DCB}_{12}^{s}\right)}{\lambda_{i}} \tag{3-39}$$

$$\zeta_i = \begin{cases} 2 \cdot \beta_{12} \cdot \tilde{b}_2^s + (\alpha_{12} - \beta_{12}) \cdot \tilde{b}_1^s & i = 1 \\ (\beta_{12} - \alpha_{12}) \cdot \tilde{b}_2^s + 2 \cdot \alpha_{12} \cdot \tilde{b}_1^s & i = 2 \\ (\gamma_i + 1) \cdot \beta_{12} \cdot \tilde{b}_2^s - (\gamma_2 + \gamma_i) \cdot \beta_{12} \cdot \tilde{b}_1^s & i \geqslant 3 \end{cases} \tag{3-40}$$

$$\delta_i = \alpha_{12} \cdot \left(1 - \frac{\gamma_i}{\gamma_2}\right) \cdot \tilde{b}_1^s - \beta_{12} \cdot (\gamma_i - 1) \cdot \tilde{b}_2^s - \tilde{b}_i^s \tag{3-41}$$

卫星端时变稳定的相位硬件延迟 $\bar{b}_i^s$ 被浮点模糊度吸收，而随时间变化的相位硬件延迟 $\tilde{b}_i^s$ 需以 IFCB 的形式进行改正。非组合 PPP 模型的待估参数向量如下：

$$X = \left[x, y, z, \tilde{t}_{r_{12}}, T_r^s, D_{r,i}, \tilde{I}_{r,1}^s, \bar{N}_{r,i}^s\right] \tag{3-42}$$

由上述分析可知，不论无电离层组合还是非组合模型，由于式(3-6)中重参化的卫星钟差包含了随时间变化的星端相位硬件延迟，因此在伪距观测方程中均引入了残余的硬件偏差 ζ ，考虑到伪距观测值的噪声以及多径远大于载波观测值，数据处理中设定的权重也远小于载波，因此，无需对这部分偏差进行额外的改正。

3.1.5　多系统组合 PPP 模型

上述的无电离层组合以及非组合模型中，待估接收机钟差为重参化后的接收机钟差，其中吸收了接收机端的伪距硬件偏差。对于多系统组合 PPP，由于不同系统在接收机端的通道时延存在差异，通常需要为每个系统估计一个接收机钟差，或者选定一个系统的接收机钟差作为基准，估计其余系统相对于基准的 ISB 参数。因此，多系统组合 PPP 模型的待估参数向量为：

$$X = \left[x, y, z, \underbrace{\tilde{t}_r^{S_1}, \tilde{t}_r^{S_2}, \cdots, \tilde{t}_r^{S_m}}_{\text{各系统接收机钟差}}, T_r^s, D_r, \tilde{I}_{r,1}^s, \overline{N}_r^s\right] \tag{3-43}$$

或者

$$X = \left[x, y, z, \underbrace{\tilde{t}_r^{S_1}, \mathrm{ISB}_r^{S_1S_2}, \cdots, \mathrm{ISB}_r^{S_1S_m}}_{\text{基准接收机钟差与系统间偏差}}, T_r^s, D_r, \tilde{I}_{r,1}^s, \overline{N}_r^s\right]$$

式中，上标 $S_i(i=1,2,\cdots,m)$ 表示不同的导航系统。PPP 中全部待估参数通常包括以下 6 种：①接收机三维位置；②接收机钟差(或系统间偏差)；③天顶对流层湿延迟；④接收机端 IFB；⑤重参化倾斜电离层延迟；⑥浮点模糊度。实际可根据不同的函数模型具体确定待估参数的类型。

目前，BDS-3 已完成全球组网，与 BDS-2 共同向用户提供服务，并保留了与 BDS-2 相同的 B1I/B3I 信号，GFZ(德国波茨坦地学研究中心)、武汉大学等分析中心在生成 BDS-2/BDS-3 卫星精密产品时均采用 B1I/B3I 双频观测值，且不估计 ISB 参数。而在接收机端，采用 B1I/B3I 观测数据进行 PPP 解算时，是否可将 BDS-2 与 BDS-3 当作一个系统是首先需要解决的问题。考虑到 BDS-2 覆盖亚太地区，而 BDS-3 服务全球的性质，可选择 BDS-3 的接收机钟差作为基准，估计 BDS-2 与 BDS-3 之间的 ISB，图 3.1 为测站 TOMP 与 MCHL 站点采用常数估计与白噪声估计两种策略解算得到的 BDS-2 与 BDS-3 ISB，其中 TOMP 与 MCHL 测站接收机类型分别为 SEPT PolaRx5 与 Trimble Alloy。由图可知，对同一个站点而言，采用不同的策略解算得到的 ISB 非常接近，单天的标准差小于 0.6ns，因此可采用常数估计或随机游走的策略对 ISB 进行估计[8,9]；对于不同的站点，由于接收机不同，ISB 存在明显的差异，其中 MCHL 站点的量级甚至超过 15ns。可见，在接收机层面，即使对于 BDS-2 与 BDS-3 的共同信号类型，仍然需要考虑 ISB 的影响，这可能是由于接收机对两代系统采用了不同的处理单元造成的。如图 3.2 所示，如果不考虑这一影响，对于伪距观测方程，残余的 ISB 会体现在验后残差中，考虑 ISB 前后残差的均值分别为 0.329m 和–0.081m，考虑 ISB 后，残差的标准差和 RMS 值分别由 2.539m 和 2.560m 减小为 1.338m 和 1.340m，而对于载波观测方程，这一偏差则会被各卫星的浮点模糊度吸收，考虑 ISB 前后对载波的验后残差几乎没有影响。此外，在全球多站数据联合平差的时候，不考虑 ISB 还会导致不同类型接收机之间解算结果不一致的问题。

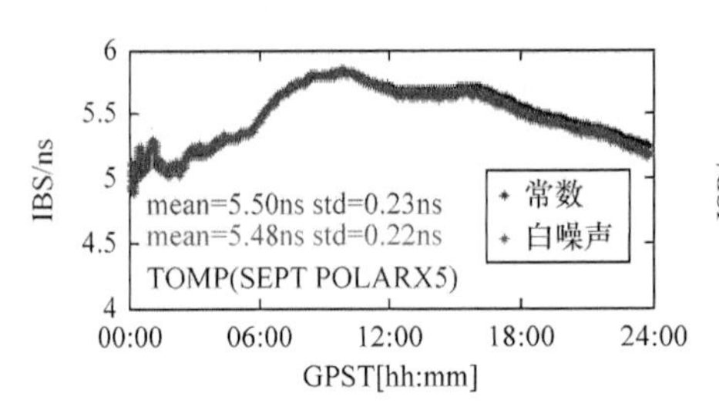

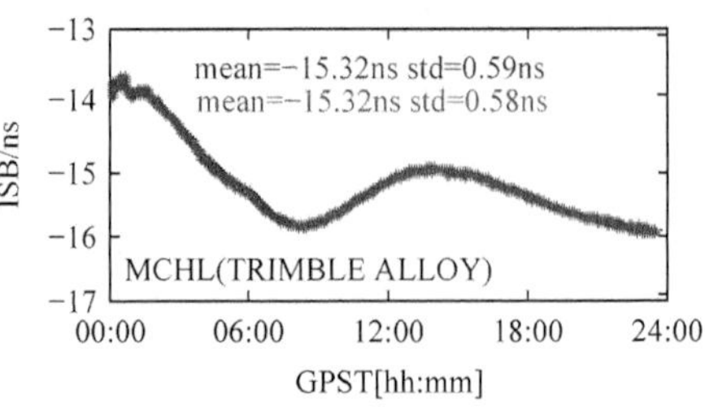

图 3.1 TOMP(左)与 MCHL(右)测站 BDS-2 与 BDS-3 系统间偏差(2020 年 DOY148)

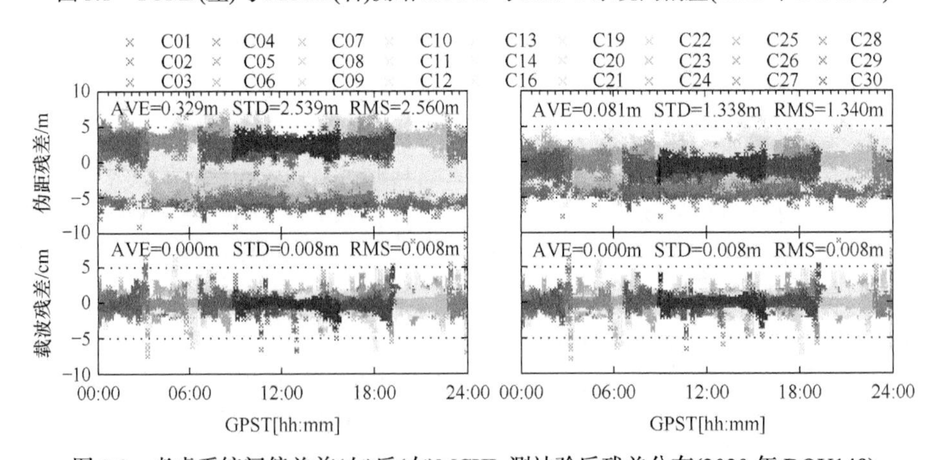

图 3.2 考虑系统间偏差前(左)后(右)MCHL 测站验后残差分布(2020 年 DOY148)

3.2　GNSS 精密单点定位随机模型

在得到 PPP 的函数模型后，还需要确定相应的随机模型才能进行 PPP 解算。随机模型描述了各观测值的精度及其之间的随机特性，较常用的主要有基于高度角和信噪比(信号强度)的定权方法，其中，信噪比可以体现观测数据的质量及其噪声水平，但由于信噪比观测值并非接收机必须输出的观测值，而卫星高度角可根据广播星历实时进行计算，因此基于高度角定权的方法应用更为广泛。目前，基于高度角的随机模型有多种形式，常用有以下三种：

(1) 正弦函数模型，该模型被 GAMIT 软件采用[10]：

$$\sigma_0=\sqrt{a^2+\frac{b^2}{\sin^2(E)}} \tag{3-44}$$

(2) 余弦函数模型，该模型被 Bernese 软件采用[11]：

$$\sigma_0=\sqrt{a^2+b^2\cos^2(E)} \tag{3-45}$$

(3) 指数函数模型[12]，具体表达式为：

$$\sigma_0=a+b\cdot\exp\left(-\frac{E}{E_0}\right) \tag{3-46}$$

式中，σ_0 为观测值的标准差；a 为与高度角无关的系数；b 为与高度角有关的系数；E_0 为参考高度角；E 为卫星高度角。后续章节的实验将采用式(3-44)所述高度角模型。

对非差原始观测值而言，式(3-1)中载波观测值的系数 a 与 b 的经验值通常为 0.003m，式(3-2)中伪距观测值相应的值通常为载波的 100 倍或更大。除了观测值本身的噪声水平外，还需要考虑外部轨道、钟差等改正信息的精度，以及不同系统之间的误差因子，进而原始观测值的噪声可以表示为：

$$\sigma^2=F^{\mathrm{S}}\cdot R_r\cdot\sigma_0^2+\sigma_{\mathrm{eph}}^2+\sigma_{\mathrm{bias}}^2 \tag{3-47}$$

式中，F^{S} 表示不同系统的误差因子；R_r 表示伪距与载波的误差比；σ_{eph} 表示轨道与钟差的精度；σ_{bias} 表示卫星 DCB 产品的精度。

基于不同类型观测值不相关以及相同类型不同频率观测值不相关的假设，对于某一卫星 s，可以得到非组合 PPP 的噪声阵：

$$R_{\mathrm{UC}}^s=\begin{bmatrix} R_{\mathrm{P}}^s & 0 \\ 0 & R_{\mathrm{L}}^s \end{bmatrix} \tag{3-48}$$

式中，R_{P}^{s} 和 R_{L}^{s} 分别表示卫星 s 伪距和载波观测方程的噪声阵，具体表达式为：

$$\begin{cases} R_{\mathrm{P}}^{s}=\operatorname{diag}\left[\sigma_{\mathrm{P},1}^{2} \quad \sigma_{\mathrm{P},2}^{2} \quad \cdots \quad \sigma_{\mathrm{P},i}^{2}\right] \\ R_{\mathrm{L}}^{s}=\operatorname{diag}\left[\sigma_{\mathrm{L},1}^{2} \quad \sigma_{\mathrm{L},2}^{2} \quad \cdots \quad \sigma_{\mathrm{L},i}^{2}\right] \end{cases} \tag{3-49}$$

式中，$\sigma_{\mathrm{P},i}$ 和 $\sigma_{\mathrm{L},i}$ 分别表示频率 i 伪距和载波观测值的标准差。

在确定原始观测值的噪声阵后，即可按照误差传播定律得到不同组合观测值的噪声阵：

$$\begin{cases} R_{\mathrm{LC}}^{s}=A \cdot R_{\mathrm{UC}}^{s} \cdot A^{\mathrm{T}} \\ A=\begin{bmatrix} A_{\mathrm{P}}^{s} & 0 \\ 0 & A_{\mathrm{L}}^{s} \end{bmatrix} \end{cases} \tag{3-50}$$

式中，A_{P}^{s} 和 A_{L}^{s} 分别为对应伪距和载波观测值的转换矩阵，通常伪距和载波观测值的组合系数相同，因此 $A_{\mathrm{P}}^{s}=A_{\mathrm{L}}^{s}$。

对于传统双频无电离层组合模型：

$$A_{\mathrm{P}}^{s}=A_{\mathrm{L}}^{s}=\left[\alpha_{12} \quad \beta_{12} \quad \cdots \quad 0\right] \tag{3-51}$$

对于统一的多频无电离层组合模型：

$$A_{\mathrm{P}}^{s}=A_{\mathrm{L}}^{s}=\left[a_{1} \quad a_{2} \quad \cdots \quad a_{i}\right] \tag{3-52}$$

对于多个双频无电离层组合模型：

$$A_{\mathrm{P}}^{s}=A_{\mathrm{L}}^{s}=\begin{bmatrix} \alpha_{12} & \beta_{12} & \cdots & 0 \\ \vdots & \vdots & \ddots & \vdots \\ \alpha_{1i} & 0 & \cdots & \beta_{1i} \end{bmatrix} \tag{3-53}$$

至此，可以得到某一卫星 s 不同 PPP 模型中的观测值噪声阵，非差 PPP 中不同卫星之间的观测值不相关，因此，进一步可将某一历元所有卫星观测值噪声阵写作：

$$R=\operatorname{diag}\left[R_{\mathrm{M}}^{1} \quad R_{\mathrm{M}}^{2} \quad \cdots \quad R_{\mathrm{M}}^{s}\right] \tag{3-54}$$

式中，下标 M 表示不同的模型，譬如非组合或无电离层组合。

3.3 参数估计策略

3.3.1 最小二乘估计

对 m 个观测向量 L，选择 n 个独立待估参数 X，建立线性观测方程有：

$$L = BX \tag{3-55}$$

式中，B 称为系数阵。对于非线性模型，采用泰勒展开转换为线性模型。由于观测误差的存在，上式常写为：

$$V = BX - L \tag{3-56}$$

式中，V 为观测向量的改正数。设观测向量 L 方差阵为 D，取权阵为 $P = D^{-1}$。观测误差改正数解算需满足最小二乘准则：

$$V^{\top} PV = \min \tag{3-57}$$

假设 $F = V^{\top} PV$，对函数 F 求偏导，则：

$$V^{\top} PV = \min \Leftrightarrow \frac{\partial F}{\partial X} = 2V^{\top} P(-B) = 0 \tag{3-58}$$

转置可得：

$$B^{\top} PV = B^{\top} P(L - BX) = 0 \tag{3-59}$$

由此解算得到式(3-59)的最小二乘解算结果为：

$$\hat{X} = (B^{\top} PB)^{-1} B^{\top} PL \tag{3-60}$$

估计参数精度可表示为：

$$\hat{\sigma}_0 = \sqrt{\frac{V^{\top} PV}{m-n}} \quad (m > n) \tag{3-61}$$

$$D(\hat{X}) = \hat{\sigma}_0{}^2 (B^{\top} PB)^{-1} \tag{3-62}$$

式中，n 为待估参数个数；$\hat{\sigma}_0$ 为验后单位权中误差。

最小二乘估计联合处理所有有用的观测值，使得 $\hat{X}$ 待估参数的全局最优(一致性、无偏性和有效性)，但受到待估参数维数影响，当待估参数数量较大时，高维求逆困难，一般应用于事后解算。

3.3.2　卡尔曼滤波估计

PPP 参数估计本质上为非线性方程的求解问题，实际数据处理中，通常采用测站概略坐标对观测方程进行线性化，从而转化为线性方程的求解问题。常用的算法有序贯最小二乘法和扩展卡尔曼滤波法，其中，卡尔曼滤波算法仅需保存前一历元的状态估值和方差-协方差矩阵，而无须保存全部历史观测信息，解算效率高，此外，卡尔曼滤波可引入随机游走的概念描述大气误差的时变特性，更适用于 PPP 实时解算，同时易于编程实现[13]。因此，后续章节实验也基于卡尔曼滤波算法进行。卡尔曼滤波实质上是一个不断预测与更新的过程，首先，基于系统的状态方程对前一历元的状态估值与方差-协方差阵进行一步预测，然后结合当前历元的观测信息，采用一步预测值计算滤波增益及新息，进而对一步预测值进行修正，得到当前历元的状态估值与方差-协方差信息[14]。鉴于非组合 PPP 模型是一种统一的多频数据处理模型，更具有通用性，因此，本节主要介绍卡尔曼滤波在非组合 PPP 中的应用。

1. 状态及方差-协方差一步预测

对于初始历元，由于不存在前一历元的状态信息，因此需要提前给定状态参数及其方差-协方差阵的初值，也可以将给定的初值理解为第 0 个历元；对于后续历元，则直接采用前一历元滤波得到的结果。多频非组合 PPP 的待估参数通常包括测站坐标、接收机钟差、对流层延迟、接收机 IFB、倾斜电离层延迟以及浮点模糊度 6 种，表 3.2 给出了每种待估参数的初值及其方差的设置方法，由于初始方差-协方差阵通常为对角阵，因此只考虑对角线元素。

表 3.2　非组合 PPP 状态参数及方差初值的设定

待估参数类型	状态初值 $\hat{X}_0$	方差初值 P_0
测站坐标	采用伪距单点定位的估值	100^2m^2
接收机钟差	采用伪距单点定位的估值	100^2m^2
天顶湿延迟	0.15m	0.3^2m^2
接收机 IFB	10^{-6}m	30^2m^2
倾斜电离层延迟	双频伪距作差反算得到	60^2m^2
浮点模糊度	伪距与载波观测值作差	1000^2m^2

基于给定的初值或前一历元的滤波结果，由状态转移矩阵计算状态参数及其方差-协方差阵的一步预测值：

$$\begin{cases} X_{k,k-1} = \Phi_{k,k-1} \cdot \hat{X}_{k-1} \\ P_{k,k-1} = \Phi_{k,k-1} \cdot P_{k-1} \cdot \Phi_{k,k-1}^{\top} + Q_{k-1} \end{cases} \tag{3-63}$$

式中，$\hat{X}_{k-1}$ 和 P_{k-1} 为前一历元的状态估值与方差-协方差矩阵，对于初始历元，其取值为 $\hat{X}_0$ 和 P_0；$X_{k,k-1}$ 与 $P_{k,k-1}$ 为状态参数与方差-协方差阵的一步预测值；$\Phi_{k,k-1}$ 为系统状态转移矩阵；Q_{k-1} 为系统过程噪声阵。根据 6 种待估参数的类型，可进一步将 $\Phi_{k,k-1}$ 和 Q_{k-1} 写成如下形式：

$$\begin{cases} \Phi_{k,k-1} = \text{diag}[\Phi_{\text{pos}} \quad \Phi_{\text{clk}} \quad \Phi_{\text{zwd}} \quad \Phi_{\text{ifb}} \quad \Phi_{\text{ion}} \quad \Phi_{\text{amb}}] \\ Q_{k-1} = \text{diag}[Q_{\text{pos}} \quad Q_{\text{clk}} \quad Q_{\text{zwd}} \quad Q_{\text{ifb}} \quad Q_{\text{ion}} \quad Q_{\text{amb}}] \end{cases} \tag{3-64}$$

状态转移矩阵与过程噪声阵的取值通常与 PPP 的解算模式相关，表 3.3 和表 3.4

分别给出了静态模式和低动态模式下 $\Phi_{k,k-1}$ 和 Q_{k-1} 的取值方法。

表 3.3　静态(static)模式下状态转移矩阵与系统噪声阵的取值

待估参数	$\Phi_{k,k-1}$	Q_{k-1}	状态参数重新初始化
测站坐标	I	0	无须
接收机钟差	0	100^2m^2	每个历元均需初始化
天顶湿延迟	I	$10^{-8}\text{m}^2/\text{s}$	无须
接收机频间偏差	I	0	接收机重启时
倾斜电离层延迟	I	$10^{-4}\text{m}^2/\text{s}$	中断较长时间
浮点模糊度	I	0	发生周跳或中断较长时间

表 3.4　低动态(kinematic)模式下状态转移矩阵与系统噪声阵的取值

待估参数	$\Phi_{k,k-1}$	Q_{k-1}	状态参数重新初始化
测站坐标	0	100^2m^2	每个历元均需初始化
接收机钟差	0	100^2m^2	每个历元均需初始化
天顶湿延迟	I	$10^{-7}\text{m}^2/\text{s}$	无须
接收机频间偏差	I	0	接收机重启时
倾斜电离层延迟	I	$10^{-4}\text{m}^2/\text{s}$	中断较长时间
浮点模糊度	I	0	发生周跳或中断较长时间

2. 滤波增益与新息

结合一步预测值与非组合 PPP 的观测模型，可按以下公式计算卡尔曼滤波增益 K_k 与新息向量 V_k：

$$K_k = P_{k,k-1} \cdot H_k^{\top} \cdot \left(H_k \cdot P_{k,k-1} \cdot H_k^{\top} + R_k\right)^{-1} \tag{3-65}$$

$$V_k = L_k - H_k \cdot X_{k,k-1} \tag{3-66}$$

式中，H_k 为非组合 PPP 模型的设计矩阵；L_k 为当前历元的观测值；R_k 为观测值噪声阵，通过前一节随机模型确定。

3. 一步预测的更新

通过卡尔曼增益与新息向量对一步预测值进行修正，得到当前历元的状态参数估值 $\hat{X}_k$ 与方差-协方差矩阵 P_k：

$$\hat{X}_k = X_{k,k-1} + K_k \cdot V_k \tag{3-67}$$

$$P_k = \left(I - K_k \cdot H_k\right) \cdot P_{k,k-1} \tag{3-68}$$

在实际数据处理中，为了提高数值稳定性，确保协方差矩阵非负定性，通常将式(3-68)改写成如下形式：

$$P_k = \left(I - K_k \cdot H_k\right) \cdot P_{k,k-1} \cdot \left(I - K_k \cdot H_k\right)^{\top} + K_k \cdot R_k \cdot K_k^{\top} \tag{3-69}$$

后续历元，重复上述三步迭代计算即可。

3.3.3 抗差卡尔曼滤波

抗差卡尔曼滤波算法的基本思路是根据验后标准化残差的大小，迭代调整异常观测值的权矩阵，剔除或削弱其影响，其核心在于等价权函数的构造。目前有多种权函数可供选择，包括丹麦法、Huber 法以及 IGG 系列等价权函数[15]。后续章节采用的 IGG III 方案确定等价权 $\overline{p}_i$ 的公式如下：

$$\overline{p}_i = \begin{cases} p_i, & \left|\tilde{v}_i\right| \leqslant k_0 \\ p_i \dfrac{k_0}{\left|\tilde{v}_i\right|}\left(\dfrac{k_1 - \left|\tilde{v}_i\right|}{k_1 - k_0}\right)^2, & k_0 < \left|\tilde{v}_i\right| \leqslant k_1 \\ 0, & \left|\tilde{v}_i\right| > k_1 \end{cases} \tag{3-70}$$

式中，p_i 为观测值 l_i 的先验权值，可由观测值的噪声阵求逆得到；$\tilde{v}_i$ 为标准化残差；k_0 和 k_1 为阈值，一般取 $k_0 = 1.0 \sim 1.5$，$k_1 = 2.0 \sim 3.0$。权函数的调整通常需要多次迭代进行，为了避免粗差转移而影响正常观测值的权重，每次迭代仅对残差最大的观测值使用等价权。

参 考 文 献

[1] Montenbruck O, Hugentobler U, Dach R, et al. Apparent clock variations of the Block IIF-1 (SVN62) GPS satellite[J]. GPS Solutions, 2012, 16(3): 303-313.

[2] Pan L, Zhang X, Guo F, et al. GPS inter-frequency clock bias estimation for both uncombined and ionospheric-free combined triple-frequency precise point positioning[J]. Journal of Geodesy, 2019, 93(4): 473-487.

[3] Schmid R, Steigenberger P, Gendt G, et al. Generation of a consistent absolute phase-center correction model for GPS receiver and satellite antennas[J]. Journal of Geodesy, 2007, 81(12): 781-798.

[4] Wu J T, Wu S C, Hajj G A, et al. Effects of antenna orientation on GPS carrier phase[J]. Manuscripta Geodaetica, 1993, 18(2): 91-98.

[5] Pan L, Zhang X, Li X, et al. Characteristics of inter-frequency clock bias for Block IIF satellites and its effect on triple-frequency GPS precise point positioning[J]. GPS Solutions, 2017, 21(2): 811-822.

[6] Xia Y, Pan S, Zhao Q, et al. Characteristics and modelling of BDS satellite inter-frequency clock bias for triple-frequency PPP[J]. Survey Review, 2020, 52(370): 38-48.

[7] Guo F, Zhang X, Wang J, et al. Modeling and assessment of triple-frequency BDS precise point positioning[J]. Journal of Geodesy, 2016, 90(11): 1223-1235.
[8] Zhou F, Dong D, Li P, et al. Influence of stochastic modeling for inter-system biases on multi-GNSS undifferenced and uncombined precise point positioning[J]. GPS Solutions, 2019, 23(3): 1-13.
[9] Liu X, Jiang W, Chen H, et al. An analysis of inter-system biases in BDS/GPS precise point positioning[J]. GPS Solutions, 2019, 23(4): 1-14.
[10] King R W, Bock Y. Documentation for the GAMIT GPS Analysis Software [R]. Massachusetts Institute of Technology, 1999, Cambridge Mass.
[11] Hugentobler U, Schaer S, Fridez P. Bernese GPS Software Version 4.2 [R]. Astronomical Institute, University of Bern, 2001.
[12] Eueler H J, Goad C C. On optimal filtering of GPS dual frequency observations without using orbit information[J]. Bulletin Geodesique, 1991, 65(2): 130-143.
[13] 杨元喜. 自适应动态导航定位[M]. 北京: 测绘出版社, 2006.
[14] 秦永元，张洪越，汪叔华. 卡尔曼滤波与组合导航原理[M]. 西安：西北工业大学出版社，2007.
[15] 杨元喜. 相关观测抗差估计[M]. 抗差估计论文集. 北京: 测绘出版社, 1992.

第 4 章　精密单点定位系统误差处理

PPP 为单点绝对定位，无法通过站间单差的方法消除或削弱卫星端以及大气相关误差，需要精确对厘米级以上误差项进行改正或估计，才能实现高精度定位、授时应用。从误差源的角度看，误差通常可分为三类：与卫星有关的误差、与信号传播有关的误差以及与接收机有关的误差。

4.1　与卫星有关的误差

4.1.1　星历误差

星历误差包括轨道误差和卫星钟差，轨道误差指通过星历计算得到的卫星位置与真实卫星位置之间的差异[1]，卫星钟差指星载原子钟的钟面时与 GNSS 系统时之间的差异，通常包括钟差、频偏、频漂。对于事后 PPP，通常采用 IGS 各分析中心发布的精密轨道和钟差产品，其中轨道标称精度优于 2.5cm，钟差的精度普遍优于 0.1ns，表 4.1 为截至 2020 年 6 月可用的多系统事后精密产品。其中法国空间研究中心(Centre National d’Etudes Spatiales，CNES)发布的 GRG 精密钟差产品中的 GPS 和 Galileo 为整数钟，包含了窄巷 FCB，可直接用于 PPP 模糊度固定。从表中可以看出，精密轨道和钟差通常以固定采样间隔给出，实际使用时，对于精密轨道，需采用高阶多项式进行插值，常用内插算法有拉格朗日法、切比雪夫多项式法、牛顿-内维尔插值法等，此外，插值过程需要考虑地球自转引起的坐标系旋转问题；对于精密钟差，一般采用简单的线性内插即可。

表 4.1　IGS MGEX 精密轨道和钟差产品概述(截至 2020 年 6 月)

机构名称	ID	卫星导航系统	轨道/钟差采样间隔
CNES/CLS	GRG0MGXFIN	GPS+GLO+GAL	15min/30s
CODE	COD0MGXFIN	GPS+GLO+GAL+BDS2+QZS	15min/30s
GFZ	GFZ0MGXRAP	GPS+GLO+GAL+BDS2+QZS	15min/30s
IAC	IAC0MGXFIN	GPS+GLO+GAL+BDS2+BDS3+QZS	5min/30s
JAXA	JAX0MGXFIN	GPS+GLO+QZS	5min/30s
SHAO	SHA0MGXRAP	GPS+GLO+GAL+BDS2	15min/5min
TUM	TUM0MGXRAP	GAL+BDS2+QZS	5min/5min
Wuhan Univ.	WUM0MGXFIN	GPS+GLO+GAL+BDS2+BDS3+QZS	15min/30s

对于实时 PPP 而言，常规的广播星历精度仅为米级，无法满足厘米级的精度需求，因此，需要实时接收状态空间表示(State Space Representation，SSR)形式的轨道和钟差改正数[2,3]，对广播星历计算得到的卫星位置和钟差进行修正，改正数主要包括以下内容，

$$\Delta_{\mathrm{SSR}}(t_0)=(\mathrm{IODE},\delta\mathrm{O}_r,\delta\mathrm{O}_a,\delta\mathrm{O}_c,\delta\dot{\mathrm{O}}_r,\delta\dot{\mathrm{O}}_a,\delta\dot{\mathrm{O}}_c,C_0,C_1,C_2) \tag{4-1}$$

式中，t_0 为参考时刻；IODE 为数据龄期，用于匹配一致的广播星历，由于 BDS 星历不存在该字段，不同分析中心通常采用自定义算法进行匹配；$\delta\mathrm{O}_r$、$\delta\mathrm{O}_a$、$\delta\mathrm{O}_c$ 分别为径向、切向和法向的卫星位置改正数；$\delta\dot{\mathrm{O}}_r$、$\delta\dot{\mathrm{O}}_a$、$\delta\dot{\mathrm{O}}_c$ 分别为径向、切向和法向的卫星位置改正数的变化率；C_0、C_1、C_2 分别为拟合卫星钟差多项式的系数。

需要注意的是，SSR 中轨道改正数是以卫星轨道坐标系为参考的，修正广播星历卫星位置时需要提前转换至地固坐标系。对于给定时刻 t，轨道的改正方法为：

$$\delta\mathrm{O}=\begin{bmatrix}\delta_r\\ \delta_a\\ \delta_c\end{bmatrix}=\begin{bmatrix}\delta\mathrm{O}_r\\ \delta\mathrm{O}_a\\ \delta\mathrm{O}_c\end{bmatrix}+\begin{bmatrix}\delta\dot{\mathrm{O}}_r\\ \delta\dot{\mathrm{O}}_a\\ \delta\dot{\mathrm{O}}_c\end{bmatrix}\cdot(t-t_0) \tag{4-2}$$

$$\begin{cases}e_a=\dfrac{v_b^s(t)}{\left|v_b^s(t)\right|}\\ e_c=\dfrac{r_b^s(t)\times v_b^s(t)}{\left|r_b^s(t)\times v_b^s(t)\right|}\\ e_r=e_a\times e_c\end{cases} \tag{4-3}$$

$$r^s(t)=r_b^s(t)+\left(e_r,e_a,e_c\right)\cdot\delta\mathrm{O} \tag{4-4}$$

式中，$\delta\mathrm{O}$ 为 t 时刻径、切、法向的轨道改正数；$r_b^s(t)$ 为 t 时刻由广播星历计算得到的卫星位置；$r_b^s(t)$ 为 t 时刻卫星的绝对速度，可采用位置微分法计算；e_a、e_c、e_r 为轨道坐标系到地固坐标系的旋转矩阵中相应的切向、法向和径向单位向量；$r^s(t)$ 为修正后的卫星位置。为了减小服务端与用户端在坐标系转换矩阵计算中引入的偏差，CNES 目前提供与钟差采样间隔一致的卫星姿态四元数信息 (q_0,q_1,q_2,q_3)，并以 ORBEX 文件格式存储，用于实现轨道坐标系与地固坐标系的相互转换。

$$\begin{cases}e_r=\left[2\cdot(q_1\cdot q_3-q_0\cdot q_2)\ \ 2\cdot(q_2\cdot q_3+q_0\cdot q_1)\ \ q_0^2-q_1^2-q_2^2+q_3^2\right]^{\mathrm{T}}\\ e_a=\left[q_0^2+q_1^2-q_2^2-q_3^2\ \ 2\cdot(q_1\cdot q_2-q_0\cdot q_3)\ \ 2\cdot(q_1\cdot q_3+q_0\cdot q_2)\right]^{\mathrm{T}}\\ e_c=\left[2\cdot(q_1\cdot q_2+q_0\cdot q_3)\ \ q_0^2-q_1^2+q_2^2-q_3^2\ \ 2\cdot(q_2\cdot q_3-q_0\cdot q_1)\right]^{\mathrm{T}}\end{cases} \tag{4-5}$$

相应地，t 时刻钟差的改正方法为：

$$\delta C = C_0 + C_1(t - t_0) + C_2(t - t_0)^2 \tag{4-6}$$

$$t^s(t) = t_b^s(t) + \frac{\delta C}{c} \tag{4-7}$$

式中，δC 为由二次多项式计算得到的钟差改正数；$t_b^s(t)$ 为广播星历计算得到的卫星钟差；$t^s(t)$ 为修正后的卫星钟差。

4.1.2 相对论效应

相对论效应是指由于卫星和接收机所处的状态，即运动速度和重力位不同而引起的卫星钟和接收机钟之间产生相对钟误差现象。相对论效应可分为常量影响和周期性变化影响两部分。

GPS 系统的基础频率 f_0 为 10.23MHz，GPS 卫星和接收机上的所有时钟都是基于该频点工作。由于相对论效应，卫星钟频率与基础频率之间的差异称为卫星钟频率偏移，大小约为 0.00455Hz。常量影响可以在卫星发射之前通过修改卫星钟的设定修复，即卫星钟频率调低 0.00455Hz，调整后的频率为 10.22999999545MHz。

相对论效应的常量影响计算是基于卫星轨道为圆形的假设条件，而实际 GNSS 卫星轨道近似为椭圆形，因此常量外存在一个周期性的变化部分。相对论效应的周期性变化可以用以下公式进行改正：

$$\delta_{\mathrm{rel}} = -\frac{2\sqrt{\mathrm{GM} \cdot a}}{c^2} \cdot e \cdot \sin(E) = -\frac{2 \cdot v^s \cdot r^s}{c^2} \tag{4-8}$$

式中，GM 为地球引力常数；a 为轨道长半轴；e 为轨道偏心率；E 为偏近点角；v^s 和 r^s 分别为卫星速度和位置。

因为 IGS 等分析中心使用式(4-8)的后半部分计算卫星钟差产品[4]，为了保证算法的自洽性，因此使用精密产品需要按照相同的方式改正相对论效应。

4.1.3 卫星差分码偏差

差分码偏差(DCB)为不同信道伪距观测值之间的通道时延之差[5]。由于精密钟差的基准通常基于某两个频率消电离层组合(譬如 GPS 的 P1/P2，Galileo L1X/L5X 或 L1C/L5Q)，当采用与钟差基准不同的伪距观测值时，需要改正不同码观测值之间的差异。相关的改正方法通常有两种，一种是采用高精度的后处理 DCB 产品，另一种是采用广播星历实时播发的时间群延迟(Timing Group Delay，TGD)或广播群延迟(Broadcast Group Delay，BGD)参数。TGD(或 BGD)通常与某一特定类型的

DCB 存在转换关系，二者均可以对伪距的偏差进行补偿，但并不完全等价，主要体现在基准的选取与参数的更新频率两方面[5]。传统的 DCB(P1C1、P1P2、P2C2) 主要针对 GPS 和 GLONASS 的双频 C/A 码和 P 码，随着多模多频的发展，可供使用的观测值和相应的 DCB 类型也相应增加。卫星 DCB 通常在数天内具有较好的稳定性，可通过 CODE、DLR、CAS 等机构发布的产品进行改正，表 4.2 列出了 CAS 提供的多系统 DCB 产品。

表 4.2　CAS 发布的 MGEX DCB 类型

导航系统	DCB 类型
GPS	C1C-C1W, C2C-C2W, C2W-C2S, C2W-C2L, C2W-C2X, C1C-C2W, C1C-C5Q, C1C-C5X, C1W-C2W
GLONASS	C1C-C1P, C2C-C2P, C1C-C2C, C1C-C2P, C1P-C2P
Galileo BDS-2	C1C-C5Q, C1C-C6C, C1C-C7Q, C1C-C8Q, C1X-C5X, C1X-C7X, C1X-C8X, C2I-C7I, C2I-C6I
BDS-3	C1X-C5X, C1P-C5P, C1D-C5D, C1X-C6I, C1P-C6I, C1D-C6I, C2I-C6I, C1X-C7Z, C1X-C8X
QZSS	C1C-C1X, C1C-C2L, C1C-C5X, C1C-C5Q, C1X-C2X, C1X-C5X

通过多频观测信息获取增益的前提是妥善地处理各项偏差，为此下文进一步分析 DCB 对多频标准单点定位(Standard Point Positioning，SPP)与 PPP 的影响。

4.1.3.1　DCB 对多频 SPP 的影响

选取 2017 年连续 7 天(DOY001～007)5 个 MGEX 站观测数据进行实验，分别为 JFNG、KARR、MRO1、CUT0 和 PERT，接收机类型为 Trimble Net R9，能够同时捕获 BDS-2、GPS、Galileo 三个系统的三频信号，其中，BDS-2 三个频点伪距观测值均为 I 通道，GPS L1、L2 和 L5 三个频点伪距观测值分别为 C、W 和 X 通道，Galileo 三个频点伪距观测值均为 X 通道。根据表 4.3 中给出的系数构造三频无电离层组合伪距单点定位模型，同时，根据不同系统广播星历卫星钟差的基准推导相应的 DCB 改正项，为方便比较，表中同时给出了 BDS-2 双频组合对应的 DCB 改正。实验中，采用与观测值类型相匹配的 DCB 进行改正，DCB 产品由中科院测地所提供。其中 BDS-2 采用 2I/6I 和 2I/7I 类型 DCB 改正，GPS 采用 1C/2W 和 1C/5X 类型 DCB 改正，Galileo 采用 1X/5X 和 1X/7X 类型 DCB 改正。以 IGS 提供的周解坐标为参考真值，从验后残差分布与定位精度两方面评估 DCB 对标准伪距单点定位的影响。

表 4.3　BDS-2/GPS/Galileo 三频 SPP 系数及 DCB 改正项

系统	观测值组合	组合系数			DCB 改正项
BDS-2	B1I/B2I	2.487	−1.487	0	$D_{B_1B_3}+\frac{f_{B_2}^2}{f_{B_1}^2-f_{B_2}^2}\cdot D_{B_1B_2}$

续表

系统	观测值组合	组合系数			DCB 改正项
BDS-2	B1I/B2I/B3I	2.566	−1.229	−0.337	$(a_1+a_2)\cdot D_{B_1B_3}-a_2\cdot D_{B_1B_2}$
GPS	L1/L2/L5	2.327	−0.360	−0.967	$\left(a_1+a_3-\dfrac{f_{L_1}^2}{f_{L_1}^2-f_{L_2}^2}\right)\cdot D_{L_1L_2}-a_3\cdot D_{L_1L_5}$
Galileo	E1/E5a/E5b	2.315	−0.836	−0.479	$\left(a_1+a_3-\dfrac{f_{E_1}^2}{f_{E_1}^2-f_{E_{5a}}^2}\right)\cdot D_{E_1E_{5a}}-a_3\cdot D_{E_1E_{5b}}$

理想的观测值残差呈白噪声分布，方程中残余的 DCB 等系统偏差会造成残差值较大且分布离散，图 4.1 为 PERT 测站 DCB 改正前后连续 7d 的伪距单点定位各系统验后残差的频率分布图，由图可知，DCB 改正后，残差的分布更集中，峰值增大，经过统计，BDS-2、GPS、Galileo 验后残差的标准差分别由 4.433m、3.140m 和 2.645m 减小为 1.140m、1.065m 和 0.763m，减小了 74.3%、66.1%和 71.2%。

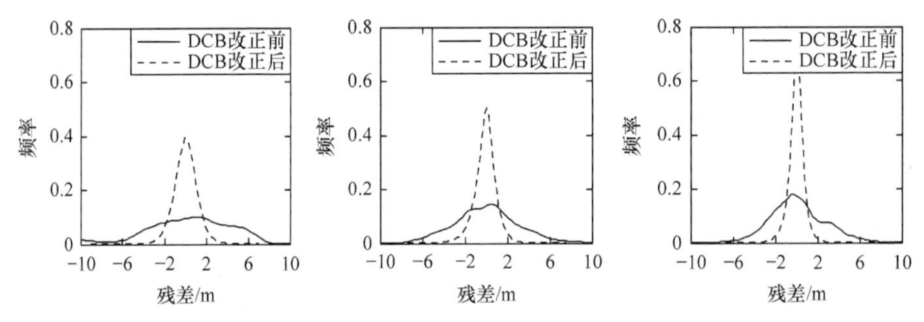

图 4.1　PERT 测站 DCB 改正前后 BDS-2(左)、GPS(中)、Galileo(右)残差分布

图 4.2～图 4.5 分别给出了 DCB 改正前后，PERT 测站连续 7d 的伪距单点定位平面和高程误差分布图，由图可知，不论单系统还是多系统组合，DCB 改正前，平面定位误差存在明显的系统偏差，分布较散，且高程方向波动剧烈，幅度超过

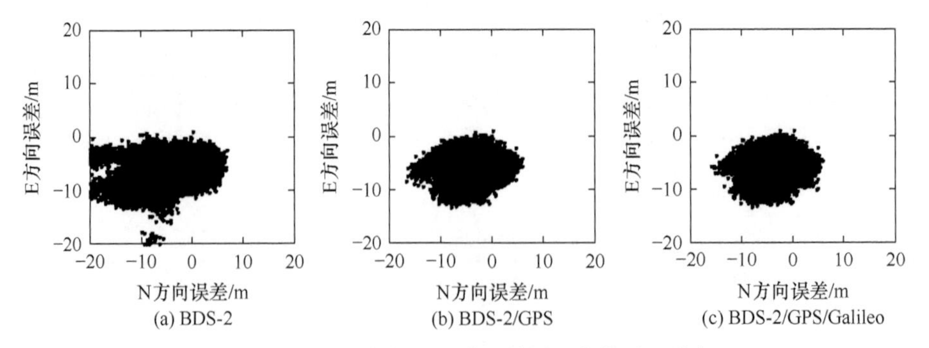

图 4.2　PERT 测站 DCB 改正前平面定位误差分布

20m，而经 DCB 改正后，各方向误差在 0 附近波动，分布更为集中，高程方向误差大多维持在 10m 之内，精度得到明显提高，其中，单 BDS-2 在 N、E、U 三个方向的统计精度由(7.268m，7.434m，14.325m)提高为(1.785m，1.073m，3.975m)，分别提高了 75.4%、85.6%和 72.2%。

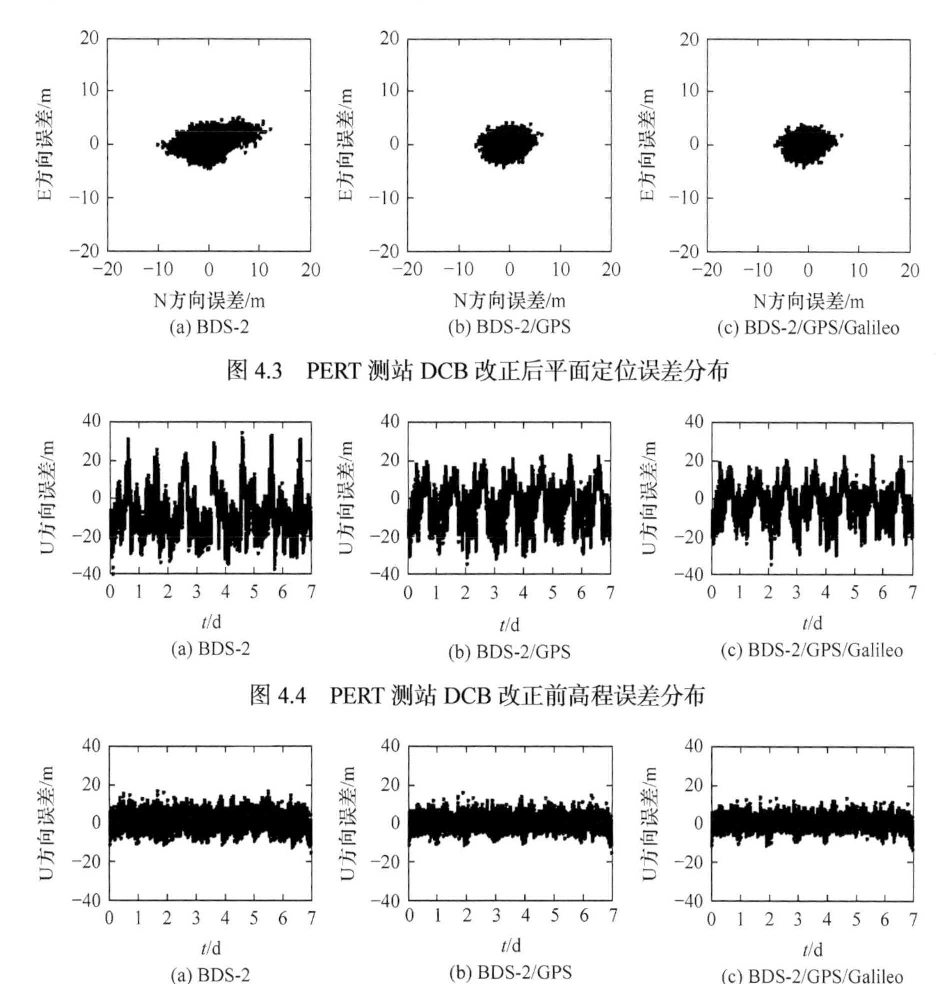

图 4.3　PERT 测站 DCB 改正后平面定位误差分布

图 4.4　PERT 测站 DCB 改正前高程误差分布

图 4.5　PERT 测站 DCB 改正后高程误差分布

图 4.6 是对 5 个测站连续 7d 定位结果的精度统计。考虑 DCB 改正后，单 BDS-2 三频 SPP 的定位精度由(7.268m，7.434m，14.325m)提高为(1.785m，1.073m，3.975m)，分别提高了 75.4%、85.6%和 72.2%。同时，在均考虑 DCB 改正的情况下，单 BDS-2 双频与三频 SPP 定位精度相当。与单 BDS-2 三频 SPP 相比，BDS-2/GPS 和 BDS-2/GPS/Galileo 组合的精度均有不同程度提高，双系统组合的定位精度为(1.254m，0.946m，3.284m)，分别提高了 29.7%、11.9%和 17.4%，三

系统组合的定位精度为(1.160m，0.882m，3.055m)，分别提高了 35.0%、17.9%和 23.1%。总体而言，多系统组合定位性能最优。

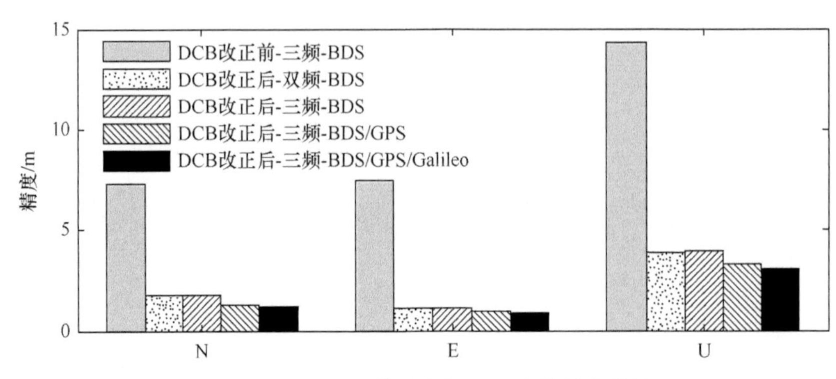

图 4.6　DCB 改正前后多频 SPP 定位精度统计

4.1.3.2　DCB 对多频非组合 PPP 的影响

进一步以 BDS-2/BDS-3 多频非组合 PPP 为例，图 4.7 给出了 DCB 改正前后 N、E、U 方向定位误差序列，由图可知，在收敛阶段，伪距观测值对结果影响较大，添加 DCB 改正可明显改善 PPP 收敛性能，而当模糊度等待估参数收敛之后，定位结果主要取决于权重更大的载波观测值，改正 DCB 与否对结果几乎没有影响。

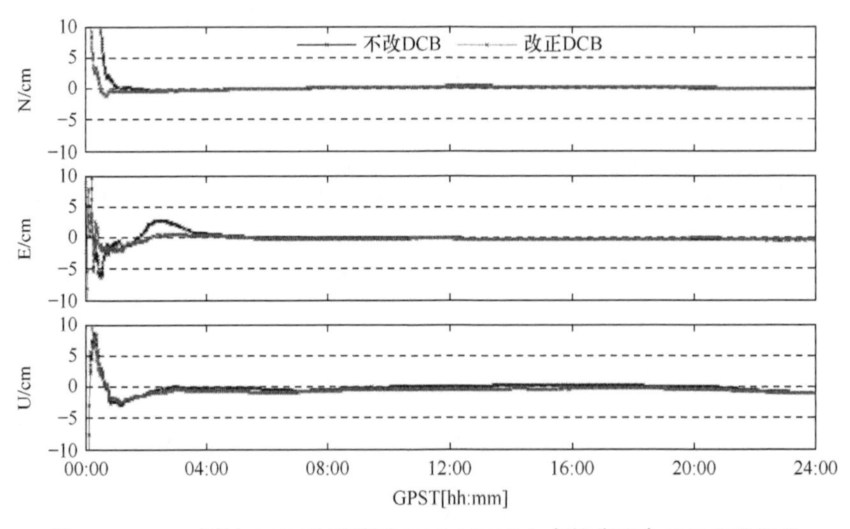

图 4.7　TOMP 测站 DCB 改正前后 BDS-2/BDS-3 多频非组合 PPP 定位误差

进一步，图 4.8 给出了 DCB 改正前后 BDS-3 卫星 B2a 频点的验后残差分布，在伪距与载波联合定位过程中，由于伪距观测值的权重较小，即使不考虑 DCB

改正，也不会对载波残差的分布产生明显影响，而对于伪距观测方程，随着滤波的进行，残余的 DCB 会体现在验后残差中，DCB 改正前后残差均值分别为 0.363m 和−0.012m，考虑 DCB 改正后，残差分布更接近均值为 0 的白噪声，标准差和 RMS 值分别由 1.285m 和 1.336m 减小为 0.216m 和 0.216m。

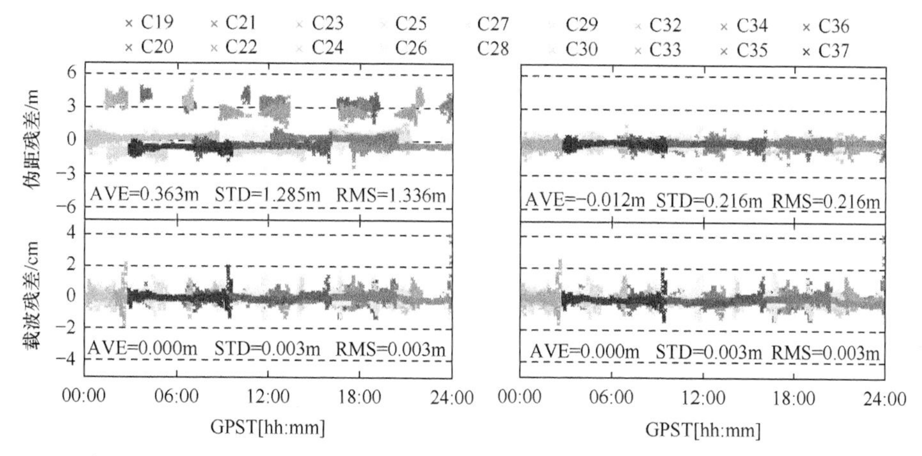

图 4.8　TOMP 测站 DCB 改正前(左)后(右)BDS-3 卫星 B2a 频点验后残差分布

4.1.4　频间钟差

精密钟差通常以某一无电离层组合观测量为基准，其中吸收了对应观测值频间偏差随时间变化的部分，因此，由不同无电离层组合观测量得到的卫星钟差具有不一致性[6]。在多频 PPP 中，为了避免同时估计和使用多套钟差产品，需要对多频信号的 IFCB 进行改正，从而消除不同钟差产品间的不一致性。根据已有文献，GPS Block IIF 和 BDS-2 卫星的 IFCB 的量级较大，不可忽略[7,8]，其余卫星尚未发现明显的 IFCB，有关 IFCB 的特性分析具体在第 5 章进行介绍。

4.1.5　BDS-2 星端伪距偏差

不同于 GPS 和 Galileo，BDS-2 伪距观测值除观测噪声外，在卫星端还存在与高度角相关的系统性偏差，即星端伪距多径[9,10]，其主要与卫星高度角和频率相关，而与方位角、观测条件以及接收机类型等因素无关。基于上述规律，Wanninger 和 Beer 通过 MGEX 跟踪网多天的数据，建立了 IGSO 和 MEO 卫星的星端多径分段改正模型[10]，其节点参数如表 4.4 所示。李盼验证了该模型可显著改善非差宽巷 FCB 的稳定性以及 BDS-2 动态 PPP 的定位精度[11]。此外，针对 GEO 卫星无法建立与高度角相关的多径模型，李昕等[12]指出可采用小波变换的方法一定程度削弱 GEO 卫星的多径。

表 4.4 BDS-2 星端伪距多路径分段线性改正模型节点参数

Elevation/(°)		0	10	20	30	40	50	60	70	80	90
IGSO	B1	−0.55	−0.40	−0.34	−0.23	−0.15	−0.04	0.09	0.19	0.27	0.35
	B2	−0.71	−0.36	−0.33	−0.19	−0.14	−0.03	0.08	0.17	0.24	0.33
	B3	−0.27	−0.23	−0.21	−0.15	−0.11	−0.04	0.05	0.14	0.19	0.32
MEO	B1	−0.47	−0.38	−0.32	−0.23	−0.11	0.06	0.34	0.69	0.97	1.05
	B2	−0.40	−0.31	−0.26	−0.18	−0.06	0.09	0.28	0.48	0.64	0.69
	B3	−0.22	−0.15	−0.13	−0.10	−0.04	0.05	0.14	0.27	0.36	0.47

4.1.6 GLONASS 伪距 IFB

与 BDS、GPS 等系统不同，GLONASS 采用了频分多址(Frequency Division Multiple Access，FDMA)的信号体制，每颗卫星采用不同的频率，导致接收机端每颗卫星的通道时延存在差异，在定位解算中，无法通过共同的重参化接收机钟差参数完全吸收，残余的伪距硬件偏差即伪距 IFB。这一偏差通常与接收机和天线类型、固件版本等相关，与 GLONASS 载波 IFB 不同，伪距 IFB 量级可达数米，且并不全部满足与频率号呈线性变化的规律，因此，难以用统一的模型描述其变化。针对此偏差，目前主要有两种处理方法：一种是忽略伪距 IFB，通过降低伪距观测值权重的影响削弱其对定位的影响，而方程中残余的 IFB 则会体现在验后残差中；另一种则是采用线性、二次多项式等函数对其建模和估计，从而不同程度地削弱 IFB 的影响[13]。Zhou 等[14]在对 GLONASS 伪距 IFB 估计策略的研究中指出，为每颗卫星单独估计一个 IFB 参数的方案最优。

4.1.7 卫星端天线改正

卫星端天线改正主要包括两部分：①卫星 PCO/PCV 改正；②天线相位缠绕。GNSS 观测值是基于相位中心的，而动力学定轨得到的卫星精密轨道是基于质心的，因此需要进行 PCO/PCV 改正。此外，由于 GNSS 导航信号为右旋极化的电磁波，卫星天线绕中心轴的旋转会影响载波观测值的大小，量级最大可达一周，这一影响即为相位缠绕[15]。在静态条件下，接收机天线的指向是固定的，而动态条件下，接收机天线的变化对所有可见卫星是一致的，其产生的接收机相位缠绕误差可以归入接收机钟差。因此实际数据处理中，只需考虑卫星的天线相位缠绕效应改正。

目前 IGS、ESA、武汉大学等多家机构都提供卫星 PCO/PCV 改正，其中 PCO 改正数以无电离层组合形式给出，且以星固坐标系为参考，使用时需要将其转换至地固坐标系；PCV 的改正根据卫星的天顶角进行线性内插即可。需要注意的是，在精密产品生成过程中，不同的分析中心可能采用不同的天线改正参数，譬如在

GPS 周 2072 周之前武汉大学提供的 WUM 产品采用自己估计的 BDS 天线改正，因此，在 PPP 数据处理中，也需采用相一致的改正策略。

卫星相位缠绕通常采用以下模型改正：

$$\delta\phi = \mathrm{sign}(\zeta)\cos^{-1}(\vec{D}' \cdot \vec{D} / |\vec{D}'||\vec{D}|) \tag{4-9}$$

式中，ζ、$\vec{D}'$、$\vec{D}$ 的具体表达式如下：

$$\begin{aligned} &\zeta = \bar{k} \cdot (\vec{D}' \times \vec{D}) \\ &\vec{D}' = \bar{x}' - \bar{k}(\bar{k} \cdot \bar{x}') - \bar{k} \times \bar{y}' \\ &\vec{D} = \bar{x} - \bar{k}(\bar{k} \cdot \bar{x}) + \bar{k} \times \bar{y} \end{aligned} \tag{4-10}$$

式中，$\bar{k}$ 为卫星指向接收机的单位向量；$\bar{x}'$ 和 $\bar{y}'$ 为站心地平坐标系 X 轴和 Y 轴对应的单位向量；$\bar{x}$ 和 $\bar{y}$ 为星固坐标系 X 轴和 Y 轴对应的单位向量，有关星固系的确定具体在下一小节详述。

4.1.8　卫星姿态建模

对于 GNSS 精密定轨以及 PPP 应用，卫星姿态是极为关键的信息，会直接影响太阳光压、卫星 PCO 以及相位缠绕三项误差改正[16]。导航卫星在大部分时段会维持名义姿态，依据 IGS 处理规范，其定义如下：①为保障地面的信号接收强度，Z 轴指向地心方向；②Y 轴与太阳、地球、卫星所构成的平面垂直；③X 轴垂直于 Y 轴和 Z 轴构成右手系，同时正 X 轴指向太阳方向(图 4.9)。该坐标系仅取决于太阳-卫星-地球的几何结构，而与卫星的速度和轨道面无关，名义姿态坐标轴单位向量 e_x、e_y、e_z 可由以下公式确定[17]：

$$e_z = -\frac{r}{|r|} \tag{4-11}$$

$$e_y = \frac{e_\odot \times r}{|e_\odot \times r|} \tag{4-12}$$

$$e_x = e_y \times e_z \tag{4-13}$$

式中，r 为地心指向卫星方向的单位向量；$e_\odot$ 为卫星指向太阳方向的单位向量。

随着卫星的运动，X 轴需要以一定的航向角速率绕 Z 轴旋转，以维持名义姿态。当太阳角 β 较小且卫星运行至正午或子夜(轨道角 $\mu \approx 180°$ 或 $0°$)附近时，卫星姿态在短时间内会发生接近 180°的翻转，由于硬件自身的最大偏航角速率无法满足维持名义姿态所需的速率，从而造成偏航姿态异常[18,19]。此时，若依然采用名义姿态，则可能造成分米级的测距误差[20]，显著降低定轨的精度和 PPP 的定位性能，因此，需要采用合理的模型确定卫星的实际偏航角 ψ，即卫星速度与 X 轴之间的夹角。不同类型 GNSS 卫星的偏航模型略有差异，其中涉及的主要姿态

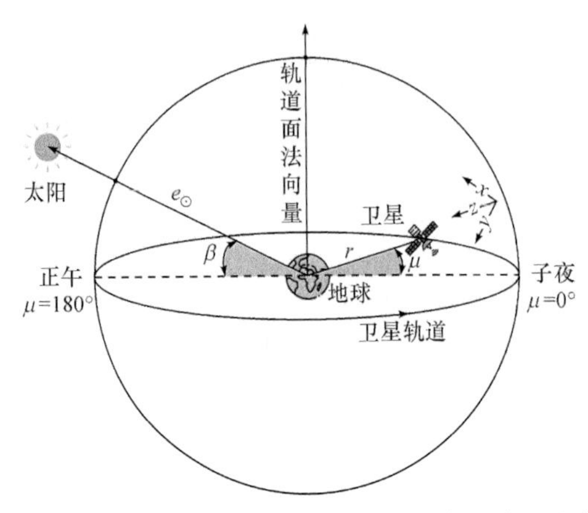

图 4.9　卫星名义姿态与太阳-地球-卫星位置关系示意图

调整模式有正午机动、地影(或子夜)机动、后地影恢复、连续偏航、零偏等[21]，表 4.5～表 4.9 对当前四大导航星座的偏航姿态模型进行了简单的总结，同时，为了更直观地了解不同偏航模型，图 4.10～图 4.19 也分别给出了不同类型卫星在姿态异常期间偏航角名义值与模型值之间的对比曲线。考虑到 BDS 系统 GEO 卫星的偏航姿态较为简单，始终保持零偏，即ψ=0°，因此，仅列出了 IGSO 和 MEO 卫星的姿态控制模型。对于 GPS Block II/IIA 卫星，由于后地影恢复期的姿态不确定性较大，在定位解算中通常会剔除该时段数据，目前，该类型的卫星已经全部退役。除采用适当的偏航模型外，也可采用与精密产品对应的 ORBEX 姿态四元数信息文件，提高服务端与用户端在姿态异常时段的解算一致性。

表 4.5　GPS 卫星偏航姿态模型总结

卫星类型	偏航姿态类型		
GPS	正午机动	地影(或子夜)机动	后地影恢复
Block II/IIA	当硬件最大角速率$\dot{\psi}_{max}$ (0.08～0.20°/s)无法维持名义姿态时，以最大偏航角速率$\dot{\psi}_{max}$旋转，直到实际偏航角与名义偏航角相等(图 4.10 右)[22]	从进入地影区开始，一直以最大角速率$\dot{\psi}_{max}$旋转，直至驶出地影区(图 4.10 左)	以最大角速率$\dot{\psi}_{max}$旋转，直至实际偏航角恢复至与名义偏航角相等(图 4.10 左)
Block IIR	与 Block II/IIA 相同($\dot{\psi}_{max}$=0.20°/s)(图 4.11 右)	子夜机动：与正午机动类似(图 4.11 左)	不适用
Block IIF	与 Block II/IIA 相同($\dot{\psi}_{max}$=0.11°/s)(图 4.12 右)[23,24]	当硬件最大角速率$\dot{\psi}_{max}$无法维持名义姿态时，以平均角速率$\bar{\psi}$旋转，直至地影机动结束。$\bar{\psi}$可通过地影机动始末的名义偏航角变化量除以地影机动持续时间计算得到(图 4.12 左)	不适用
Block III	与 Block IIR 类似[25]	子夜机动：与正午机动类似	不适用

表 4.6　GLONASS 卫星偏航姿态模型总结

卫星类型	偏航姿态类型	
GLONASS	正午机动	地影机动
GLONASS-M GLONASS-K1	为保证子午时刻偏航角刚好为 90°，在名义角速率尚未超过最大角速率 $\dot{\psi}_{max}$ =0.25°/s 时，提前以最大角速率 $\dot{\psi}_{max}$ 旋转，直至子午机动结束(图 4.13 右)[26]	进入地影区即以最大角速率 $\dot{\psi}_{max}$ 旋转，直至实际偏航角达到驶出地影区时的预期名义偏航角，然后停止旋转并保持该角度直至驶出地影区(图 4.13 左)

表 4.7　Galileo 卫星偏航姿态模型总结

卫星类型	偏航姿态类型	
Galileo	正午机动	地影机动
Galileo-IOV	连续偏航模式，偏航角由以下公式确定：$\psi=\arctan2\left(\frac{S_y}{\sqrt{1-S_z^2}},\frac{S_x}{\sqrt{1-S_z^2}}\right)$，式中，$S_x$、$S_y$、$S_z$ 为太阳单位向量，具体可参考 Galileo 官方公布的姿态控制模型(https://www.gsc-europa.eu/support-to-developers/galileo-satellite-metadata)(图 4.14 右)	连续偏航模式，与正午机动机制一样(图 4.14 左)
Galileo-FOC	连续偏航模式，偏航角由以下公式确定：$\psi(t)=\arctan2\left(s(t)\cdot n(t),s(t)\cdot r(t)\times n(t)\right)$，式中，$s(t)$、$r(t)$、$n(t)$ 分别为 J2000 惯性系下卫星位置、轨道面法向、太阳位置的单位向量，具体可参考 Galileo 官方公布的姿态控制模型(https://www.gsc-europa.eu/support-to-developers/galileo-satellite-metadata)(图 4.15 右)[19]	连续偏航模式，与正午机动机制一样(图 4.15 左)

表 4.8　BDS-2 卫星偏航姿态模型总结

卫星类型	偏航姿态类型	
BDS-2	动偏/零偏切换	备注
IGSO/MEO	当太阳角 $\lvert\beta\rvert\geqslant\beta_0$ (或 $\lvert\beta\rvert<\beta_0$)时，由零偏切换为动偏(或动偏切换为零偏)，式中 β_0 约为 4°。为了避免偏航角出现较大的跳变，通常在轨道角接近 90°时切换(图 4.16)[27]	部分卫星(C06、C13、C14、C16)已经不再采用动/零偏切换的姿态控制模式，而是采用与 Galileo 和 BDS-3 类似的连续偏航模式(图 4.17)[28-30]

表 4.9 BDS-3 卫星偏航姿态模型总结

<table>
<tr><td>卫星类型</td><td colspan="2">偏航姿态类型</td></tr>
<tr><td>BDS-3</td><td>正午机动</td><td>地影机动</td></tr>
<tr><td>IGSO 以及 MEO-CAST</td><td>连续偏航模式，官方未公布具体模型。Dilssner 采用反向 PPP 技术，拟合出以下模型：
$\begin{cases}\psi = \arctan 2(-\tan\beta_d, \sin\eta) \\ \beta_d = \beta + f\cdot(\mathrm{SIGN}(\beta_0,\beta)-\beta)\end{cases}$，式中，$\beta_0$ 为 2.8°；
$f = \begin{cases}\dfrac{1}{1+d\cdot\sin^4\eta} & \beta_0 \leqslant |\beta| \\ 0 & \beta_0 > |\beta|\end{cases}$，$d$ 为无量纲的常数，取值为 80000；SIGN(•) 为符号函数(图 4.18 右)[28]</td><td>连续偏航模式，与正午机动机制一样(图 4.18 左)</td></tr>
<tr><td>MEO-SECM</td><td>连续偏航模式，偏航角由以下公式确定：
$\psi = \begin{cases}\arctan 2(-\tan\beta, \sin\mu) & |\beta| > \beta_0 \\ \arctan 2(-\tan\beta_0, \sin\mu) & 0 \leqslant \beta \leqslant \beta_0 \\ \arctan 2(\tan\beta_0, \sin\mu) & 0 \geqslant \beta \geqslant -\beta_0\end{cases}$，式中，
β_0 =3°，μ 为从远日点起算的轨道角(图 4.19 右)[30]</td><td>连续偏航模式，与正午机动机制一样(图 4.19 左)</td></tr>
</table>

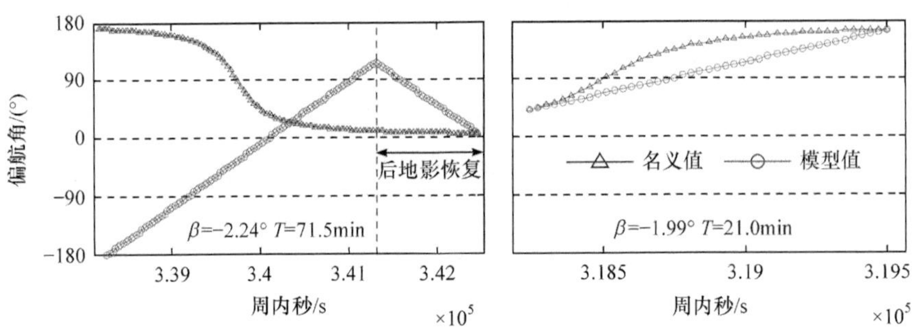

图 4.10 Block IIA 卫星 G10 地影机动(左)与正午机动(右)(2013 年 DOY296)

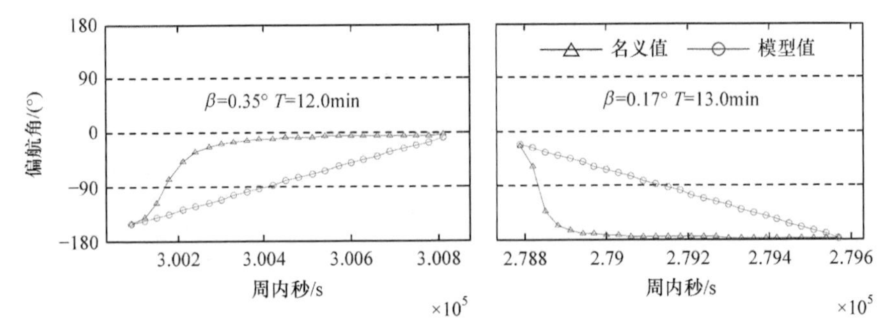

图 4.11 Block IIR 卫星 G07 子夜机动(左)与正午机动(右)(2016 年 DOY181)

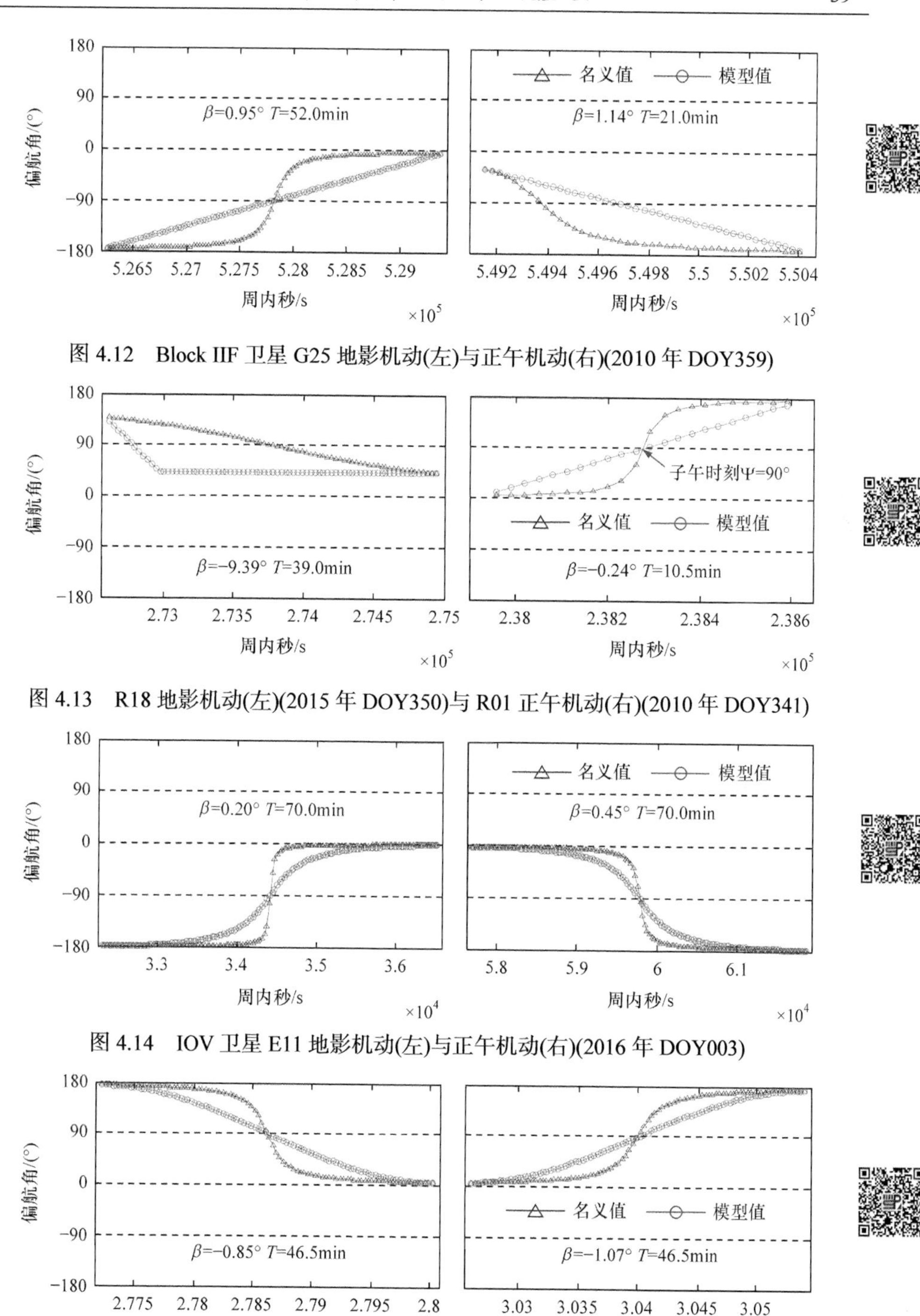

图 4.12　Block IIF 卫星 G25 地影机动(左)与正午机动(右)(2010 年 DOY359)

图 4.13　R18 地影机动(左)(2015 年 DOY350)与 R01 正午机动(右)(2010 年 DOY341)

图 4.14　IOV 卫星 E11 地影机动(左)与正午机动(右)(2016 年 DOY003)

图 4.15　FOC 卫星 E22 地影机动(左)与正午机动(右)(2017 年 DOY172)

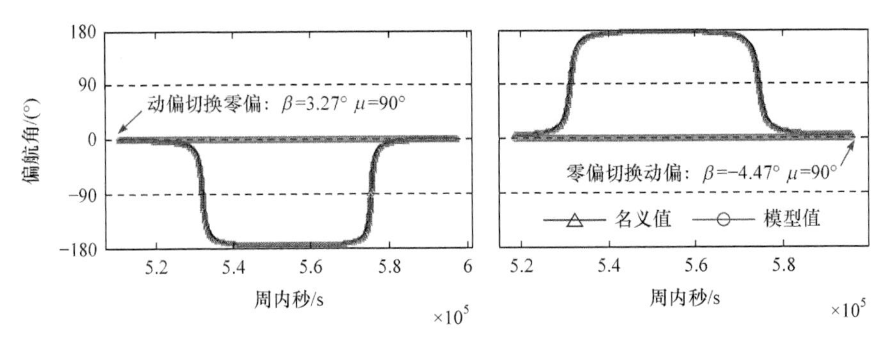

图 4.16　C06 动偏转零偏(左)(2013 年 DOY284)与零偏转动偏(右)(2013 年 DOY292)

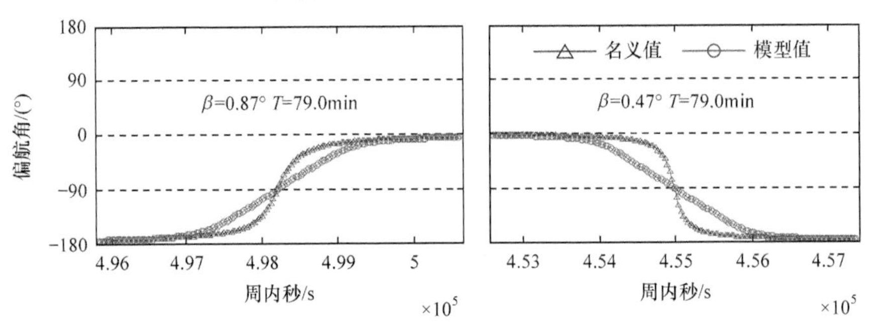

图 4.17　C13 卫星连续偏航模式地影机动(左)与正午机动(右)(2016 年 DOY358)

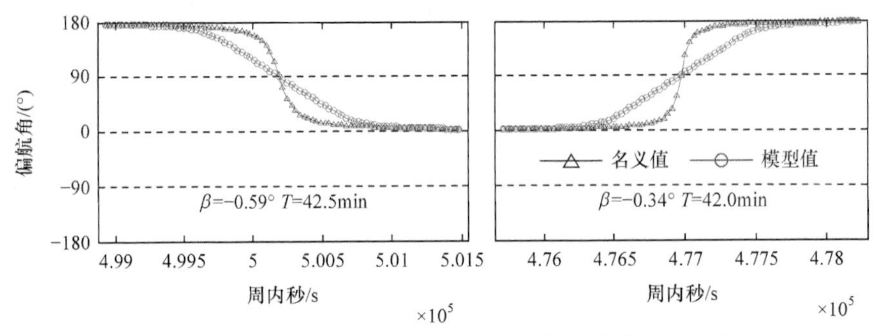

图 4.18　MEO-CAST 卫星 C21 地影机动(左)与正午机动(右)(2020 年 DOY227)

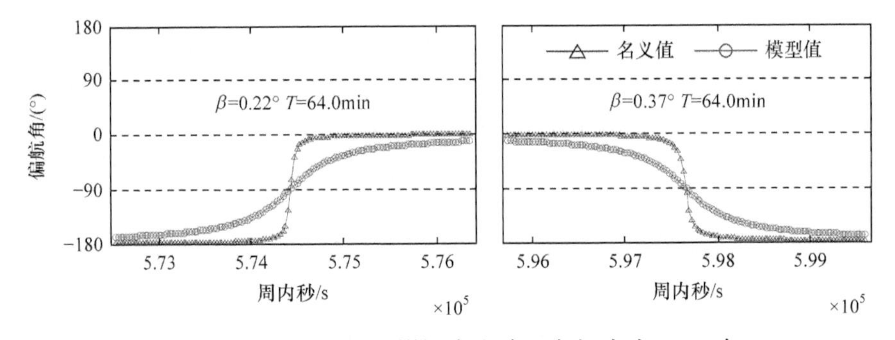

图 4.19　MEO-SECM 卫星 C29 地影机动(左)与正午机动(右)(2020 年 DOY284)

4.1.8.1　姿态异常对相位缠绕的影响

分析卫星姿态异常对 PPP 的影响，BDS-3 的 24 颗 MEO 卫星分别由中国空间技术研究院(China Academy of Space Technology，CAST)与上海微小卫星工程中心(Shanghai Engineering Center for Microsatellites，SECM)研发。图 4.20 和图 4.21 分别给出了 2020 年 DOY227 CAST-C21 和 DOY284 SECM-C29 卫星姿态对相位缠绕改正以及验后残差的影响。可以发现，在正午(或地影)机动时段，卫星偏航角发生近 180°翻转，实际偏航角与名义偏航角最大可相差约 60°，直接影响了相位

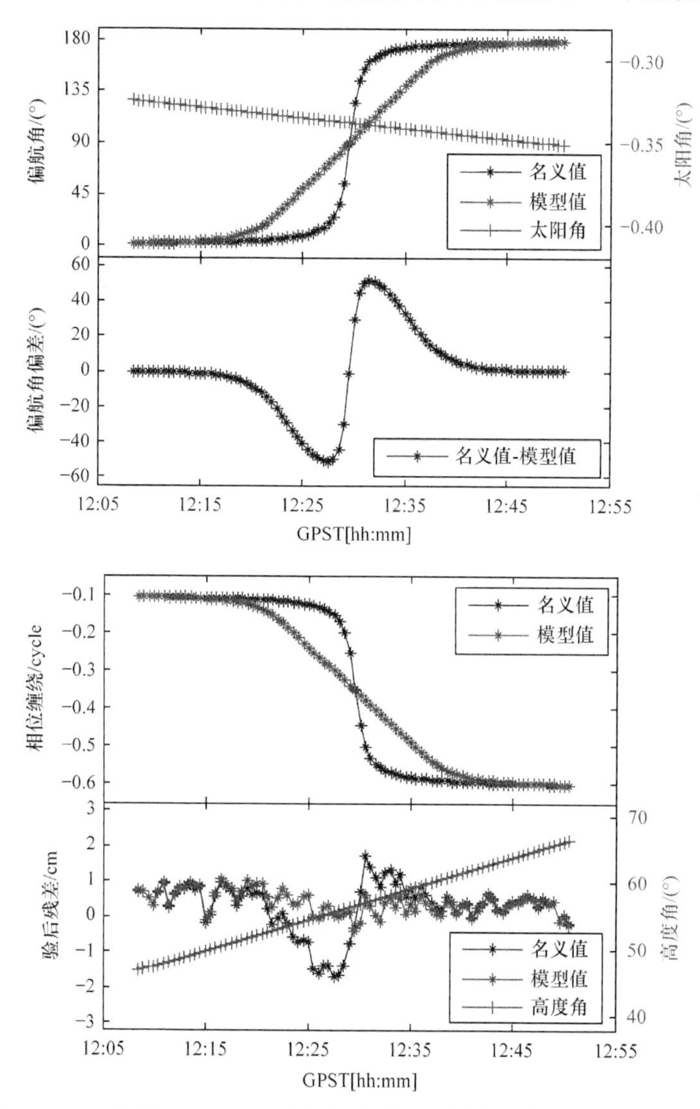

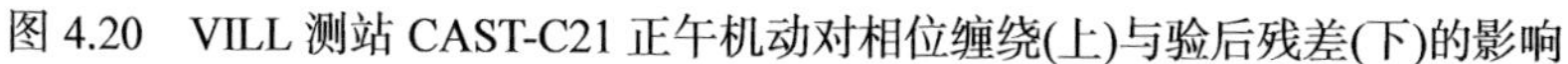
图 4.20　VILL 测站 CAST-C21 正午机动对相位缠绕(上)与验后残差(下)的影响

缠绕改正值，并最终体现在验后残差中，当采用适当的偏航模型后，偏航角实现较为平缓的过渡，系统性偏差得以消除，残差分布更合理。

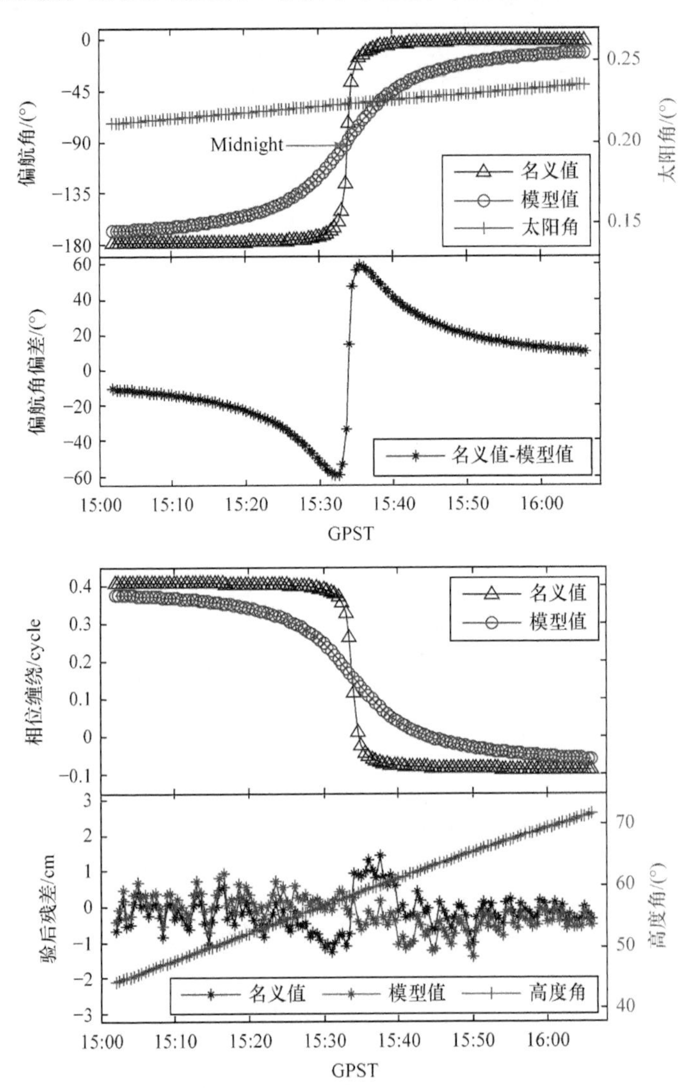

图 4.21　JFNG 测站 SECM-C29 地影机动对相位缠绕(上)与验后残差(下)的影响

4.1.8.2　姿态异常对 PPP 定位的影响

以 JFNG 测站 2020 年 DOY284 17:00～23:00 时段数据为例，该时段内多颗卫星相继出现姿态异常情况，具体如表 4.10 所示。图 4.22 进一步给出了该时段单 BDS-3 动态 PPP 的定位偏差，该时段平均可视卫星数约 9.2 颗，与不考虑姿态异常的解算结果相比，采用适当的偏航模型可明显改善 PPP 的收敛性能，并一定程度提高定位精度。通过对收敛 1h 后的结果进行统计可得，采用合适的偏航模型可将该站点动态 PPP 在 N、E、U 方向的定位精度由(4.4cm，9.5cm，11.2cm)提高为(1.3cm，3.2cm，6.6cm)，分别提高了 70.5%、66.3%和 41.1%。

表 4.10　BDS-3 各卫星姿态异常情况汇总(2020 DOY284 17:00～23:00)

PRN	类型	时段	PRN	类型	时段
C28	正午机动	17:00:00～17:39:30	C30	正午机动	19:50:00～20:54:00
C35	地影机动	17:00:00～17:41:00	C34	地影机动	19:53:00～20:57:00
C27	正午机动	18:13:00～19:16:30	C43	地影机动	21:26:30～22:30:30
C44	地影机动	18:14:00～19:18:00	C29	正午机动	21:29:00～22:33:00

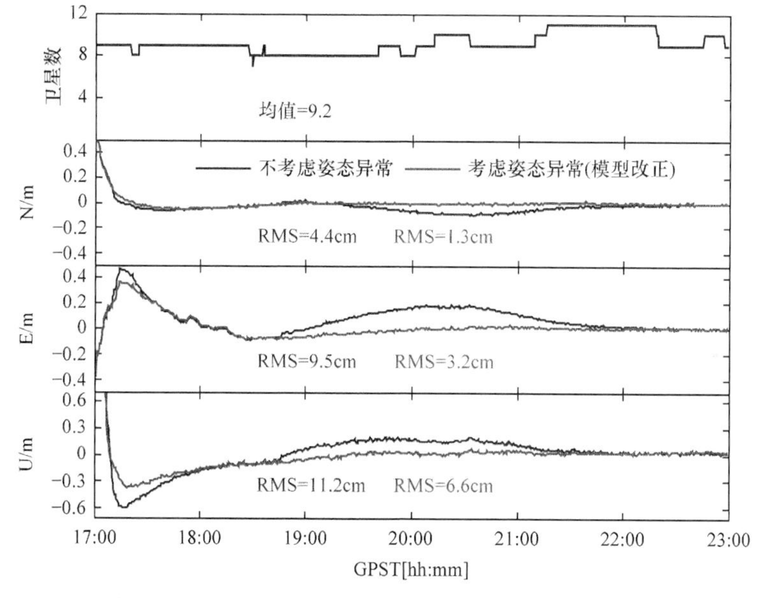

图 4.22　姿态异常对 JFNG 测站单 BDS-3 动态 PPP 的影响(2020 DOY284 17:00～23:00)

4.2　与信号传播有关的误差

4.2.1　对流层延迟

一般认为高度 50km 以下的中性大气层为对流层，GNSS 信号穿过对流层时会发生折射，由此造成的信号延迟即为对流层延迟。对于 GNSS 载波频段，对流层属于非弥散介质，即不同频率的信号所产生的对流层延迟是一致的。对流层延迟的大小与测站的位置、温度、湿度和大气压有关，其中天顶方向约为 2～3m，低高度角情况可达约 20m。在 GNSS 数据处理中，通常采用投影函数将天顶对流层延迟映射到各卫星传播路径上，同时，将对流层分为干延迟和湿延迟，其中干延迟约占对流层总量的 80%～90%，可由 GPT[31]、UNB3[32]等先验模型精确改正，湿延迟由于其特性较为复杂，难以精确模型化，通常作为待估参数进行估计：

$$T_r^s = M_{r,\text{zhd}}^s \cdot T_{r,\text{zhd}}^s + M_{r,\text{zwd}}^s \cdot T_{r,\text{zwd}}^s \tag{4-14}$$

式中，$T_{r,\text{zhd}}^s$ 和 $T_{r,\text{zwd}}^s$ 分别为天顶干延迟和湿延迟；$M_{r,\text{zhd}}^s$ 和 $M_{r,\text{zwd}}^s$ 分别为对应的投影函数。常用的投影函数有 Niell 投影函数(Niell Mapping Function，NMF)[33]、全球投影函数(Global Mapping Function，GMF)[34]以及维也纳投影函数(Vienna Mapping Function，VMF)[35]。以上三种映射函数的表达形式一致，不同点在于确定模型系数的方法不同，其模型如下：

$$M_i(E) = \frac{1+\cfrac{a_i}{1+\cfrac{b_i}{1+c_i}}}{\sin E+\cfrac{a_i}{\sin E+\cfrac{b_i}{\sin E+c_i}}} \tag{4-15}$$

式中，$M_i(E)$ 表示对流层映射函数，E 为测站处卫星的高度角，a_i、b_i、c_i 为映射函数系数，下标 i 分别对应对流层干延迟和湿延迟映射函数。

4.2.2　电离层延迟

电离层延迟与电子密度和频率相关，其中一阶项延迟与频率平方成反比，约占电离层总量的 99%。非差数据处理中，双频/多频用户可采用无电离层组合模型消除一阶项延迟，也可采用非组合 PPP 模型，通过参数重整将电离层作为待估参数进行估计；单频用户通常采用经验模型改正，如克罗布歇模型[36]，也可利用电离层延迟对载波和伪距观测值的影响具有大小相同、符号相反的性质，采用 UofC 模型消除电离层延迟[37]。此外，也可通过合适的重参化，实现基于单频观测值的电离层与 DCB 联合估计[38]。

4.2.3　地球自转改正

地固坐标系为非惯性系，在信号传播过程中，地固坐标系旋转导致信号发射与接收时刻的框架不一致，从而影响站星距离的计算，该项误差也叫塞格纳克效应。假定卫星坐标为(X^s, Y^s, Z^s)，接收机坐标为(X_r, Y_r, Z_r)，则等效距离改正可由以下公式计算：

$$\Delta D_\omega = \frac{\omega}{c} \cdot \left(Y^s \cdot (X_r - X^s) - X^s \cdot (Y_r - Y^s) \right) \tag{4-16}$$

式中，ω 为地球自转角速度。

4.2.4　多路径效应

多路径效应指信号在传播过程中受建筑物、水面等反射而到达接收机，并与直射信号产生干涉，造成观测值偏离真值的现象。可通过合理选址、配置扼流圈天线等手段一定程度削弱多径效应，但无法完全消除。就数据处理层面而言，基于卫星轨道的周期特性，多径的削弱方法主要有半天球模型[39,40]和恒星日滤波[41]，主要适用于静态或动态模式下周围环境相对固定的场景，对于复杂场景的多径效应尚无有效的处理方法。此外，近年来也有部分学者开始采用载噪比对多径进行探测和抑制[42-44]。

4.3　与接收机有关的误差

4.3.1　接收机钟差

接收机的内部时钟标称时间与卫星导航定位系统时之间的差异称为接收机钟差。受限于接收机的成本，接收机端通常配备价格低廉的石英钟，稳定性差，时变特性无明显规律，在 PPP 中通常作为白噪声进行估计。此外，对于大地测量型接收机，还存在多种类型的毫秒级钟跳现象，可能对周跳探测产生影响，造成滤波的频繁初始化。

钟跳的频次与数值大小主要取决于接收机内部时钟的稳定性、接收机生产厂商的钟差控制技术等因素，毫秒级接收机钟跳并非固定为周期性插入±1ms 改正，其数值有时可达数十毫秒，并且相同类型的接收机也存在多种不同的钟跳表现形式(表 4.11)。钟跳引起的观测值阶跃主要分为两类：伪距阶跃、载波相位连续；伪距和载波相位同时阶跃。对于第一类钟跳，MW 组合法易将其错误标记为周跳，导致当前历元所有卫星模糊度重新初始化；GF 组合法不受此影响，但是钟跳将严重影响位置等参数的估计；对于第二类钟跳，钟跳引起的系统性偏差将被接收机钟差吸收，不会影响后续的定位解算[45]，因此，有必要对第一类钟跳进行探测与修复。实际数据处理中，可在观测值域对其进行探测，并通过反向修复法对载波观测值进行调整，保证其与伪距的基准一致[46,47]。

表 4.11　2015 年 DOY173 部分 IGS 测站钟跳探测结果

测站名	接收机型号	钟跳频次	钟跳数值/ms
INEG	TRIMBLE 5700	23	58
ISTA	ASHTECH Z-XII3	9	9
ZWE2	SEPT POLARX2	5	5×19=95
MARN	SEPT POLARX2	58	58

限于篇幅，挑选具有代表性的 ISTA 和 MARN 测站分析钟跳对精密单点定位的影响。图 4.23 和图 4.24 给出了 ISTA 和 MARN 测站的精密单点定位的定位误差图，dn1、de1、du1 表示钟跳修复前的测站定位误差；dn2、de2、du2 分别表示钟跳修复后的测站定位误差，为便于比较，钟跳修复前的定位误差曲线在 Y 轴上平移了 0.2m。

通过 ISTA 测站定位误差图，可以发现钟跳修复与否对最终定位结果的影响较小。主要是因为在静态精密单点定位中，接收机位置的过程噪声设置为零，在发生钟跳且不修复的情况下，位置参数通过状态转移矩阵得到了有效传递。尤其是当精密单点定位收敛后，位置参数较为准确，观测方程对位置参数的影响被削弱，因此使用状态方程在短期内仍能保持定位精度。

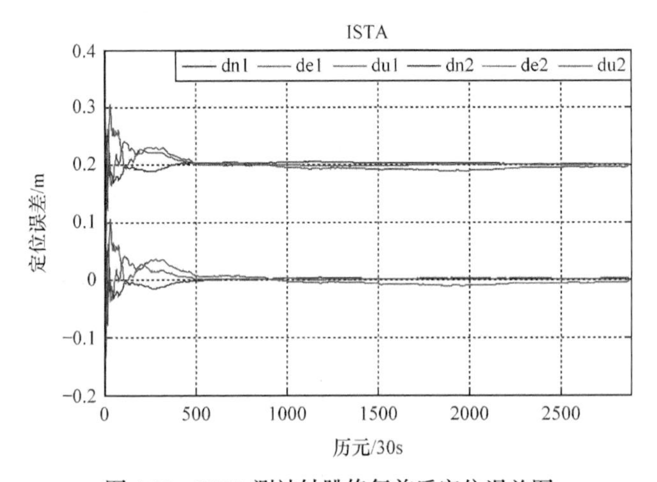

图 4.23 ISTA 测站钟跳修复前后定位误差图

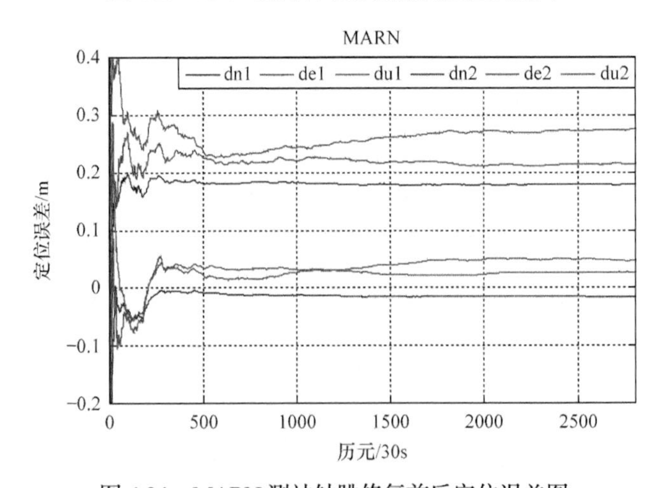

图 4.24 MARN 测站钟跳修复前后定位误差图

然而对于MARN站，因为其一天内钟跳频数高达58次，钟跳次数频繁明显影响了其定位结果。在精密单点定位尚未收敛期间(15min)发生钟跳，不进行钟跳修复导致测站的定位结果发生较大波动。因此，在静态精密单点定位过程中，对钟跳进行探测并修复，对于定位结果的稳定性和收敛有重要意义。

4.3.2　地球潮汐改正

潮汐改正主要包括地球固体潮、地球海洋潮和地球极潮三部分。

4.3.2.1　固体潮

摄动天体(太阳、月球)对弹性地球的引力作用，使地球表面产生周期性的涨落，称为地球固体潮现象。它使地球在地心与摄动天体的连线方向拉长，与连线垂直方向上趋于扁平。固体潮现象使测站的实际坐标随时间作周期性变化，测站垂直方向位移最大可达80cm[1]。

因为固体潮而引起的测站水平和垂直方向的位移可以用n维m阶含有Love数和Shida数的球谐函数来表示。测站位移向量$\Delta\vec{r}^{\top}=\left|\Delta x \quad \Delta y \quad \Delta z\right|$具体如下式所示：

$$\begin{aligned}\Delta\vec{r}=&\sum_{j=2}^{3}\frac{\mathrm{GM}_j}{\mathrm{GM}}\frac{r^4}{R_j^3}\left\{\left[3l_2(\hat{R}_j\cdot\hat{r})\right]\hat{R}_j+\left[3\left(\frac{h_2}{2}-l_2\right)(\hat{R}_j\cdot\hat{r})^2-\frac{h_2}{2}\right]\hat{r}\right\}\\&+[-0.025m\cdot\sin\phi\cdot\cos\phi\cdot\sin(\theta_g+\lambda)]\cdot\hat{r}\end{aligned}\tag{4-17}$$

式中，GM、GM_j表示地球、月亮(j=2)和太阳(j=3)的引力参数；r表示测站在地心参考框架中的坐标向量，$\hat{r}$表示相应的单位矢量；R_j表示月亮(j=2)和太阳(j=3)在地心参考框架中的坐标向量，$\hat{R}$是相应的单位矢量；l_2,h_2表示2阶Love数和Shida数(0.69，0.085)；ϕ,λ表示测站的纬度和经度；θ_g表示格林尼治平恒星时。

固体潮改正在径向可达30cm，在水平方向可达5cm，它包括与纬度有关的长期偏移和主要由日周期和半日周期组成的周期项。24小时的静态平滑处理可以消除大部分周期项的影响，但是在中纬度地区径向可达12cm的长期项不能通过这种方法消除。在精密单点定位中如果不利用上式进行改正，将产生径向达12.5cm和北方向5cm的系统性误差[4]。

4.3.2.2　海洋潮

在某些海岸区域海水负荷效应可以达到10cm[48]。海水负荷误差大多只影响靠近海岸的测站，大多数内陆测站的海水负荷误差小于1cm。海水负荷修正一般在GNSS数据处理中不予考虑，因为其计算较为复杂，且建模精度不高。但是对于精密单点定位，必须考虑海水负荷效应。

海水负荷误差的计算取决于选用的海洋潮汐模型。由于相关波浪的幅度和相位只与计算点位置相关，计算可以大大简化，通常只考虑 11 个潮汐成分。潮汐成分分别为：半日波浪 M_2、S_2、K_2、N_2，日波浪 O_1、K_1、P_1、Q_1，以及长周期波浪 M_f、M_m、M_{sa}。IERS 标准中海水负荷误差矢量为：

$$\Delta\rho_j = \sum_{i=1}^{11} f_i \cdot \text{amp}_j(i) \cdot \cos[\arg(i,t) - \text{phase}_j(i)] \tag{4-18}$$

$$\arg(i,t) = \omega_i t + \chi_i + \mu_i \tag{4-19}$$

式中，$j=1,2,3$ 表示径向、西向和南向的误差；$\text{amp}_j(i)$、$\text{phase}_j(i)$ 分别表示点的第 i 个波的第 j 个分量的幅度和相位；$\arg(i,t)$ 是计算时间 t 的第 i 个波浪的幅角；ω_i 是第 i 个波浪的角速度；χ_i 是时间 0 点的天文幅角；f_i、μ_i 分别表示第 i 个波的比例因子和相位角偏差，与月球升交点有关。

4.3.2.3 极潮

由于极移的存在，地球瞬时自转轴在地球表面的位置是缓慢变化的，导致地球的重力场发生细微变化，由此引起地球表面的弹性响应称为极潮。极潮对测站位置的影响可达厘米量级，可以通过 IERS Conventions 提供的模型精确改正[49]。

4.3.3 接收机端天线改正

GNSS 观测值量测的距离是卫星天线相位中心到接收机天线相位中心之间的距离，通常接收机天线相位中心与天线的几何中心不一致(天线参考点)，会随着卫星信号的方位和高度角而变化，而且频率不同其变化不一样，因此需要对接收机进行天线相位中心改正。与卫星端类似，接收机端天线改正也包括 PCO/PCV 改正和相位缠绕两部分。其中，PCO/PCV 改正一般采用 IGS 发布的天线文件进行改正，PCO 改正直接投影到站星连线方向，PCV 改正可根据高度角和方位角内插，但目前相关参数仅支持 GPS 和 GLONASS 双频，对于其他系统或频率，考虑到改正信息与频率紧密相关，通常可采用相近频率的参数进行代替，具体的代替方法需与精密产品的处理策略保持一致。对于相位缠绕改正，静态模式天线指向一般固定不动，通常不需考虑此项误差；而动态模式下，一般认为该项误差被接收机钟差吸收[50]。

参 考 文 献

[1] 魏子卿, 葛茂荣. GPS 相对定位的数字模型[M]. 北京: 测绘出版社, 1998.

[2] RTCA/DO-229C. Minimum operational performance standards for global positioning system/wide

area augmentation system airborne equipment[S]. RTCA Inc, 2001

[3] RTCM Standard 10403.2. Differential GNSS (Global Navigation Satellite Systems) Services-version 3[S]. 2013

[4] Kouba J, Héroux P. Precise point positioning using IGS orbit and clock products [J]. GPS Solutions, 2001, 5(2): 12-28.

[5] 王宁波, 袁运斌, 张宝成,等. GPS 民用广播星历中 ISC 参数精度分析及其对导航定位的影响[J]. 测绘学报, 2016, 45(8): 919-928.

[6] Montenbruck O, Hugentobler U, Dach R, et al. Apparent clock variations of the Block IIF-1 (SVN62) GPS satellite[J]. GPS Solutions, 2012, 16(3): 303-313.

[7] Pan L, Zhang X, Li X, et al. Characteristics of inter-frequency clock bias for Block IIF satellites and its effect on triple-frequency GPS precise point positioning[J]. GPS Solutions, 2017, 21(2): 811-822.

[8] Xia Y, Pan S, Zhao Q, et al. Characteristics and modelling of BDS satellite inter-frequency clock bias for triple-frequency PPP[J]. Survey Review, 2020, 52(370): 38-48.

[9] Hauschild A E, Montenbruck O, Sleewaegen J, et al. Characterization of compass M-1 signals[J]. GPS Solutions, 2012,16(1): 117-126.

[10] Wanninger L, Beer S. BeiDou satellite-induced code pseudorange variations: Diagnosis and therapy[J]. GPS Solutions, 2015, 19(4): 639-648.

[11] 李盼. GNSS 精密单点定位模糊度快速固定技术和方法研究[D]. 武汉: 武汉大学, 2016.

[12] 李昕, 袁勇强, 张柯柯,等. 联合 GEO/IGSO/MEO 的北斗 PPP 模糊度固定方法与试验分析[J]. 测绘学报, 2018, 47(3): 324-331.

[13] 周锋. 多系统 GNSS 非差非组合精密单点定位相关理论和方法研究[D]. 上海: 华东师范大学, 2018.

[14] Zhou F, Dong D, Ge M, et al. Simultaneous estimation of GLONASS pseudorange inter-frequency biases in precise point positioning using undifferenced and uncombined observations[J]. GPS Solutions, 2018, 22(1): 19.

[15] Wu J T, Wu S C, Hajj G A, et al. Effects of antenna orientation on GPS carrier phase[J]. Manuscripta Geodaetica, 1993, 18(2): 91-98.

[16] Bar-Sever Y E. A new model for GPS yaw attitude[J]. Journal of Geodesy, 1996, 70(11): 714-723.

[17] Montenbruck O, Schmid R, Mercier F, et al. GNSS satellite geometry and attitude models[J]. Advances in Space Research, 2015, 56(6): 1015-1029.

[18] 范曹明,王胜利,欧吉坤. GPS/BDS 卫星姿态异常对 PPP 相位缠绕的影响及其改正模型[J].测绘学报, 2016, 45(10): 1165-1170+1209.

[19] 刘天骏, 王坚, 曹新运, 等. GPS/GALILEO 偏航姿态异常对动态 PPP 的影响及其改正模型[J]. 测绘学报, 2018, 47(12): 1599-1608.

[20] Bar-Sever Y E, Bertiger W I, Davis E A S, et al. Fixing the GPS bad attitude-modeling GPS satellite yaw during eclipse seasons[J]. Journal of the Institute of Navigation, 1996, 43(1): 25-40.

[21] Li X, Hu X, Guo R, et al. Orbit and positioning accuracy for new generation BeiDou satellites

during the Earth eclipsing period[J]. The Journal of Navigation, 2018, 71(5): 1069-1087.

[22] Kouba J. A simplified yaw-attitude model for eclipsing GPS satellites[J]. GPS Solutions, 2009, 13(1): 1-12.

[23] Dilssner F. GPS IIF-1 satellite antenna phase center and attitude modeling[J]. Inside GNSS, 2010, 5(6): 59-64.

[24] Dilssner F, Springer T, Enderle W. GPS IIF yaw attitude control during eclipse season[C]//AGU Fall Meeting Abstracts, 2011, 2011: G54A-04.

[25] Steigenberger P, Thoelert S, Montenbruck O. GPS III Vespucci: Results of half a year in orbit[J]. Advances in Space Research, 2020, 66(12): 2773-2785.

[26] Dilssner F, Springer T, Gienger G, et al. The GLONASS-M satellite yaw-attitude model[J]. Advances in Space Research, 2011, 47(1): 160-171.

[27] Dai X, Ge M, Lou Y, et al. Estimating the yaw-attitude of BDS IGSO and MEO satellites[J]. Journal of Geodesy, 2015, 89(10): 1005-1018.

[28] Dilssner F. A note on the yaw attitude modeling of BeiDou IGSO-6[R]. 2018.

[29] Dilssner F, Läufer G, Springer T, et al. The BeiDou Attitude Model for Continuous Yawing MEO and IGSO Spacecraft[J]. Presentation, EGU General Assembly, 2018.

[30] Wang C, Guo J, Zhao Q, et al. Yaw attitude modeling for BeiDou I06 and BeiDou-3 satellites[J]. GPS Solutions, 2018, 22(4): 1-10.

[31] Böhm J, Möller G, Schindelegger M, et al. Development of an improved empirical model for slant delays in the troposphere (GPT2w)[J]. GPS Solutions, 2015, 19(3): 433-441.

[32] Leandro R F, Langley R B, Santos M C. UNB3m_pack: A neutral atmosphere delay package for radiometric space techniques[J]. GPS Solutions, 2008, 12(1): 65-70.

[33] Niell A E. Global mapping functions for the atmosphere delay at radio wavelengths[J]. Journal of Geophysical Research: Solid Earth, 1996, 101(B2): 3227-3246.

[34] Böhm J, Niell A, Tregoning P, et al. Global mapping function (GMF): A new empirical mapping function based on numerical weather model data[J]. Geophysical Research Letters, 2006, 33(7). DOI:10.1029/2005GL025546.

[35] Kouba J. Implementation and testing of the gridded Vienna Mapping Function 1 (VMF1)[J]. Journal of Geodesy, 2008, 82(4-5): 193-205.

[36] Klobuchar J A. Ionospheric time-delay algorithm for single-frequency GPS users[J]. IEEE Transactions on Aerospace and Electronic Systems, 1987 (3): 325-331.

[37] Cai C. Precise point positioning using dual-frequency GPS and GLONASS measurements [D]. Calgary: University of Calgary, 2009.

[38] Zhang B, Teunissen P J G, Yuan Y, et al. Joint estimation of vertical total electron content (VTEC) and satellite differential code biases (SDCBs) using low-cost receivers[J]. Journal of Geodesy, 2018, 92(4): 401-413.

[39] Dong D, Wang M, Chen W, et al. Mitigation of multipath effect in GNSS short baseline positioning by the multipath hemispherical map[J]. Journal of Geodesy, 2016, 90(3): 255-262.

[40] Zheng K, Zhang X, Li P, et al. Multipath extraction and mitigation for high-rate multi-GNSS precise point positioning[J]. Journal of Geodesy, 2019, 93(10): 2037-2051.

[41] Choi K, Bilich A, Larson K M, et al. Modified sidereal filtering: Implications for high - rate GPS positioning[J]. Geophysical Research Letters, 2004, 31(22): 178-198.

[42] Strode P R R, Groves P D. GNSS multipath detection using three-frequency signal-to-noise measurements[J]. GPS Solutions, 2016, 20(3): 399-412.

[43] Xia Y, Pan S, Meng X, et al. Robust statistical detection of GNSS multipath using inter-frequency C/N0 differences[J]. Remote Sensing, 2020, 12(20): 3388.

[44] Wen H, Pan S, Gao W, et al. Real-time single-frequency GPS/BDS code multipath mitigation method based on C/N0 normalization[J]. Measurement, 2020, 164: 108075.

[45] 靳晓东. 基于整数钟固定解的 GPS/BDS 组合精密单点定位研究[D]. 南京：东南大学，2016.

[46] 郭斐. GPS 精密单点定位质量控制与分析的相关理论和方法研究[D]. 武汉：武汉大学，2013.

[47] Guo F, Zhang X. Real-time clock jump compensation for precise point positioning[J]. GPS Solutions, 2014, 18(1): 41-50.

[48] Andersen O B. Ocean tides in the northern North Atlantic and adjacent seas from ERS 1 altimetry [J]. Journal of Geophysical Research: Oceans (1978–2012), 1994, 99(C11): 22557-22573.

[49] Petit G, Luzum B. IERS conventions (2010)[R]. Bureau International Des Poids Et Mesures Sevres (France), 2010.

[50] Kouba J. A guide to using International GNSS Service (IGS) products[R]. Natural Resources Canada, 2009.

第 5 章　精密单点定位钟差估计方法

GNSS 观测量是以卫星和接收机的钟频信号为基准获得，卫星钟差会对用户定位精度造成重要影响，常规基于广播星历的钟差精度为 ns 级，无法满足厘米级的定位精度需求，因此实时高采样率精密钟差估计成为保障 PPP 性能的关键。为此，本章首先对精密钟差估计模型进行介绍；此外，考虑到实时产品的不确定性和滞后性问题，介绍一种基于广播星历的综合误差补偿策略；最后，针对在钟差估计过程中，多频观测信息引入的频间钟差偏差(IFCB)问题，介绍了相应偏差的估计、建模与改正方法。

5.1　精密卫星钟差估计模型

5.1.1　基于非差模型的精密卫星钟差估计

在精密卫星钟差估计中，一般采用某两个频率(譬如 GPS L1/L2，Galileo E1/E5a)的无电离层组合观测值，对于某一测站 r 和卫星 s，在历元 t_i 的观测方程如下：

$$\begin{cases} P_{r,\mathrm{IF}}^{s}(i)/c-\rho_{r}^{s}(i)/c=t_{r}(i)-t^{s}(i)+M_{r,\mathrm{w}}^{s}(i)\cdot T_{r,\mathrm{w}}/c+e_{r,\mathrm{IF}}^{s}(i) \\ L_{r,\mathrm{IF}}^{s}(i)/c-\rho_{r}^{s}(i)/c=t_{r}(i)-t^{s}(i)+M_{r,\mathrm{w}}^{s}(i)\cdot T_{r,\mathrm{w}}/c+\lambda_{\mathrm{IF}}\cdot \bar{N}_{r,\mathrm{IF}}^{s}(i)/c+\varepsilon_{r,\mathrm{IF}}^{s}(i) \end{cases} \tag{5-1}$$

式中，下标 IF 表示各 GNSS 系统特定的无电离层组合，其余符号含义与前述章节相同。顾及天顶对流层干延迟可由先验模型精确改正，因此式(5-1)中仅考虑天顶对流层湿延迟。

直接以式(5-1)为观测方程求解卫星钟差参数，法方程是奇异的，为了能够求解钟差参数，必须引入一个基准钟，求解其他接收机钟和卫星钟相对于该基准钟的钟差。只要保证基准钟的钟差精度优于 10^{-6}s，相对钟差和绝对钟差对用户定位结果是等价的，即相对钟差的系统性偏差在用户定位模型中可完全被用户接收机钟差吸收，不影响用户的定位结果[1]。目前各 IGS 分析中心通常利用跟踪站的外接原子钟，在计算卫星钟差时选择其中的某个原子频标并将其固定。

进一步，对于参考基准站 R 与非参考基准站 r，式(5-1)可分别表示为如下形式：

$$\begin{cases} P_{R,\mathrm{IF}}^{s}(i)/c-\rho_{R}^{s}(i)/c=-\tilde{t}^{s}(i)+M_{R,\mathrm{w}}^{s}(i)\cdot T_{R,\mathrm{w}}/c+e_{R,\mathrm{IF}}^{s}(i) \\ L_{R,\mathrm{IF}}^{s}(i)/c-\rho_{R}^{s}(i)/c=-\tilde{t}^{s}(i)+M_{R,\mathrm{w}}^{s}(i)\cdot T_{R,\mathrm{w}}/c+\lambda_{\mathrm{IF}}\cdot \bar{N}_{R,\mathrm{IF}}^{s}(i)/c+\varepsilon_{R,\mathrm{IF}}^{s}(i) \end{cases} \tag{5-2}$$

$$\begin{cases} P_{r,\mathrm{IF}}^{s}(i)/c-\rho_{r}^{s}(i)/c=\tilde{t}_{r}(i)-\tilde{t}^{s}(i)+M_{r,\mathrm{w}}^{s}(i)\cdot T_{r,\mathrm{w}}/c+e_{r,\mathrm{IF}}^{s}(i) \\ L_{r,\mathrm{IF}}^{s}(i)/c-\rho_{r}^{s}(i)/c=\tilde{t}_{r}(i)-\tilde{t}^{s}(i)+M_{r,\mathrm{w}}^{s}(i)\cdot T_{r,\mathrm{w}}/c+\lambda_{\mathrm{IF}}\cdot \bar{N}_{r,\mathrm{IF}}^{s}(i)/c+\varepsilon_{r,\mathrm{IF}}^{s}(i) \end{cases} \tag{5-3}$$

式中，

$$\begin{cases}\tilde{t}^{s}(i)=t^{s}(i)-t_{R}(i)\\ \tilde{t}_{r}(i)=t_{r}(i)-t_{R}(i)\end{cases} \tag{5-4}$$

采用上述非差模型进行钟差估计时，需同时顾及相位缠绕、地球潮汐等各项误差改正，且模型待估参数较多，因此处理速度较慢，一般适合于采样间隔 5 分钟或更长的卫星钟差产品生成。

5.1.2　基于星间单差模型的精密卫星钟差估计

考虑到一般 GNSS 测站未配备外接原子频标，其内置的石英钟的精度在 100ns 量级，如果以其中某个测站为基准钟，则基于非差模型解算的卫星钟差与实际钟差相差很大，历元间会出现较大量级的抖动，无法进行实际应用。为此，本小节介绍基于星间单差模式的精密卫星钟差估计模型，即选择某一卫星钟作为基准钟，对式(5-1)进行星间单差，消除接收机钟差，估计基于参考卫星的相对卫星钟差，即：

$$\begin{cases}P_{r,\mathrm{IF}}^{Ss}(i)/c-\rho_{r}^{Ss}(i)/c=-t^{Ss}(i)+M_{r,\mathrm{w}}^{Ss}(i)\cdot T_{r,\mathrm{w}}/c+e_{r,\mathrm{IF}}^{Ss}(i)\\ L_{r,\mathrm{IF}}^{Ss}(i)/c-\rho_{r}^{Ss}(i)/c=-t^{Ss}(i)+M_{r,\mathrm{w}}^{Ss}(i)\cdot T_{r,\mathrm{w}}/c+\lambda_{\mathrm{IF}}\cdot\bar{N}_{r,\mathrm{IF}}^{Ss}(i)/c+\varepsilon_{r,\mathrm{IF}}^{Ss}(i)\end{cases} \tag{5-5}$$

式中，S 表示参考卫星，对于区域参考站网中的共视卫星，一般选取高度角最高的卫星作为基准钟；$t^{Ss}(i)=t^{s}(i)-t^{S}(i)$ 表示相对卫星钟差。对于测站 r 同步跟踪的 n 个非参考卫星，观测方程可表示为：

$$\begin{bmatrix}P_{r,\mathrm{IF}}^{S1}(i)/c-\rho_{r}^{S1}(i)/c\\ P_{r,\mathrm{IF}}^{S2}(i)/c-\rho_{r}^{S2}(i)/c\\ \vdots\\ P_{r,\mathrm{IF}}^{Sn}(i)/c-\rho_{r}^{Sn}(i)/c\\ L_{r,\mathrm{IF}}^{S1}(i)/c-\rho_{r}^{S1}(i)/c\\ L_{r,\mathrm{IF}}^{S2}(i)/c-\rho_{r}^{S2}(i)/c\\ \vdots\\ L_{r,\mathrm{IF}}^{Sn}(i)/c-\rho_{r}^{Sn}(i)/c\end{bmatrix}=\begin{bmatrix}-1&0&\cdots&0\\0&-1&\cdots&0\\ \vdots&\vdots&&\vdots\\0&0&\cdots&-1\\-1&0&\cdots&0\\0&-1&\cdots&0\\ \vdots&\vdots&&\vdots\\0&0&\cdots&-1\end{bmatrix}\cdot\begin{bmatrix}\tilde{t}^{S1}(i)\\ \tilde{t}^{S2}(i)\\ \vdots\\ \tilde{t}^{Sn}(i)\end{bmatrix}+\begin{bmatrix}M_{r,\mathrm{w}}^{S1}(i)/c\\ M_{r,\mathrm{w}}^{S2}(i)/c\\ \vdots\\ M_{r,\mathrm{w}}^{Sn}(i)/c\\ M_{r,\mathrm{w}}^{S1}(i)/c\\ M_{r,\mathrm{w}}^{S2}(i)/c\\ \vdots\\ M_{r,\mathrm{w}}^{Sn}(i)/c\end{bmatrix}\begin{bmatrix}T_{r,\mathrm{w}}\end{bmatrix}$$

$$+\begin{bmatrix}0&0&\cdots&0\\0&0&\cdots&0\\ \vdots&\vdots&&\vdots\\0&0&\cdots&0\\ \lambda_{\mathrm{IF}}/c&0&\cdots&0\\0&\lambda_{\mathrm{IF}}/c&\cdots&0\\ \vdots&\vdots&&\vdots\\0&0&\cdots&\lambda_{\mathrm{IF}}/c\end{bmatrix}\begin{bmatrix}\bar{N}_{r,\mathrm{IF}}^{S1}(i)\\ \bar{N}_{r,\mathrm{IF}}^{S2}(i)\\ \vdots\\ \bar{N}_{r,\mathrm{IF}}^{Sn}(i)\end{bmatrix} \tag{5-6}$$

理论上，可基于式(5-6)联合多参考站的同步观测数据进行解算，不过，考虑到设计矩阵中天顶对流层湿延迟参数对应的系数 $M_{r,\mathrm{w}}^{Sn}(i)$ 是与卫星高度角和方位角有关的映射函数，当各参考站间距较近时，不同参考站对同一卫星的映射函数近似相等，使得卫星钟差与对流层参数强相关，求解不稳定，故上述星间单差模型采用单参考站解算模式进行。基于该模型可得到绝对卫星钟差、无电离层组合模糊度浮点解以及天顶对流层延迟。由于无电离层组合模糊度本身不具备整数特性，而随浮点解模糊度实时估计得到绝对卫星钟差，可能会吸收部分模糊度参数影响，使得绝对卫星钟差产生一定的系统偏差，但这部分偏差同样可在流动站定位模型中被模糊度参数吸收，而不影响用户定位精度。

5.1.3 基于组合差分模型的精密卫星钟差估计

不论基于非差还是星间单差的钟差估计模型，均需要估计各卫星的模糊度参数，随着参考站数目的增加，待估参数个数会以一定比例增长，特别是对于高采样率情形，运算负荷较大，给实时精密钟差估计带来了挑战。此外，模糊度参数往往需要一定的时间收敛，才能保证钟差估计的精度，且信号一旦发生周跳或失锁，往往需要重新收敛。为此，在星间单差模型的基础上，本小节进一步研究基于星间与历元间差分相融合的钟差估计模型[2]，即将实时卫星钟差估计分为两部分：首先，利用星间单差模型估计较低采样率(如 30s 或 5min)的卫星钟差(简称绝对钟差)；然后，在此基础上利用历元间差分模式估计历元间高采样率(如 1s 或 5s)相对卫星钟差(简称相对钟差)。

基于前文介绍的星间单差模型，在相邻历元间作差消除模糊度参数，可得如下观测方程：

$$L_{r,\mathrm{IF}}^{Ss}(i,i+1)/c-\rho_r^{Ss}(i,i+1)/c=-t^{Ss}(i,i+1)+M_{r,\mathrm{w}}^{Ss}(i,i+1)\cdot T_{r,\mathrm{w}}/c \tag{5-7}$$

式中，

$$\begin{cases}L_{r,\mathrm{IF}}^{Ss}(i,i+1)=L_{r,\mathrm{IF}}^{Ss}(i+1)-L_{r,\mathrm{IF}}^{Ss}(i)\\ \rho_{r,\mathrm{IF}}^{Ss}(i,i+1)=\rho_{r,\mathrm{IF}}^{Ss}(i+1)-\rho_{r,\mathrm{IF}}^{Ss}(i)\\ t^{Ss}(i,i+1)=t^{Ss}(i+1)-t^{Ss}(i)\\ M_{r,\mathrm{w}}^{Ss}(i,i+1)=M_{r,\mathrm{w}}^{Ss}(i+1)-M_{r,\mathrm{w}}^{Ss}(i)\end{cases} \tag{5-8}$$

从上式可以看出，模糊度参数已被消除，进一步对同步跟踪的 n 个非参考卫星的观测方程进行整合，可得：

$$\begin{bmatrix}L_{r,\mathrm{IF}}^{S1}(i,i+1)/c-\rho_r^{S1}(i,i+1)/c\\ \vdots\\ L_{r,\mathrm{IF}}^{Sn}(i,i+1)/c-\rho_r^{Sn}(i,i+1)/c\end{bmatrix}=\begin{bmatrix}-1&&\\&\ddots&\\&&-1\end{bmatrix}\cdot\begin{bmatrix}\tilde{t}^{S1}(i,i+1)\\ \vdots\\ \tilde{t}^{Sn}(i,i+1)\end{bmatrix}+\begin{bmatrix}M_{r,\mathrm{w}}^{S1}(i,i+1)/c\\ \vdots\\ M_{r,\mathrm{w}}^{Sn}(i,i+1)/c\end{bmatrix}\cdot\left[T_{r,\mathrm{w}}\right] \tag{5-9}$$

对于网络中的 m 个参考站，根据每个参考站估计得到的绝对钟差(基于星间单差的卫星钟差) $\tilde{t}^{Ss}(i)$，以及相对钟差(历元间相对卫星钟差) $\tilde{t}^{Ss}(i,i+1)$，分别通过加权平均可得到最终的钟差估计值 $\overline{t}^{Ss}(i)$ 和 $\overline{t}^{Ss}(i,i+1)$：

$$\begin{cases}\overline{t}^{Ss}(i)=\dfrac{1}{n}\cdot\displaystyle\sum_{k=1}^{n}\left(p_k\cdot\overline{t}_k^{Ss}(i)\right)\\ \overline{t}^{Ss}(i,i+1)=\dfrac{1}{n}\cdot\displaystyle\sum_{k=1}^{n}\left(p_k\cdot\overline{t}_k^{Ss}(i,i+1)\right)\end{cases}\tag{5-10}$$

式中，p_k 为不同站点钟差值对应的权值，可根据高度角确定。

对于任意时间段 $t_0 \sim t_n$，其中绝对钟差估计采样率为 $t_m - t_0$，则该时间段的任意时刻的最终钟差估计值可由式(5-11)计算：

$$\left.\begin{array}{l}\hat{t}(t_0)=\overline{t}^{s}(t_0)\\ \hat{t}(t_1)=\hat{t}(t_0)+\overline{t}(t_0,t_1)\\ \hat{t}(t_2)=\hat{t}(t_1)+\overline{t}(t_1,t_2)\\ \quad\vdots\qquad\quad\vdots\\ \hat{t}(t_{m-1})=\hat{t}(t_{m-2})+\overline{t}(t_{m-2},t_{m-1})\end{array}\right\}\text{间隔}(t_m-t_0)$$

$$\begin{array}{l}\hat{t}(t_m)=\overline{t}(t_m)\\ \hat{t}(t_{m+1})=\hat{t}(t_m)+\overline{t}(t_m,t_{m+1})\\ \quad\vdots\qquad\quad\vdots\\ \hat{t}(t_n)=\begin{cases}\hat{t}(t_{n-1})+\overline{t}(t_{n-1},t_n), & \dfrac{t_n}{t_m}\neq\text{整数}\\ \overline{t}(t_n), & \dfrac{t_n}{t_m}=\text{整数}\end{cases}\end{array}\tag{5-11}$$

式中，$\hat{t}(t_i)$ ($i=0,1,2,\cdots,n$)为 t_i 历元的最终精密卫星钟差估计值。

上述基于组合差分模型的实时精密卫星钟差估计流程如图 5.1 所示。

5.1.4　卫星钟差估计实验分析

5.1.4.1　基于星间单差的绝对卫星钟差估计实验

选择重庆市国土资源 GNSS 网(CQCORS)进行实验，站点分布如图 5.2，包括南川(NACH)、南岸(NAAN)等共 25 个连续运行参考站，各参考站均配备天宝接收机，天线类型为 TRM55971，数据采样率为 15s，数据采集时间 2010 年 11 月 10 日 00:00:00～23:59:45。实验采用基于星间单差的钟差估计模型，由 Kalman 滤波算法逐历元估计各卫星钟差，滤波过程中，天顶对流层延迟采用随机游走模式

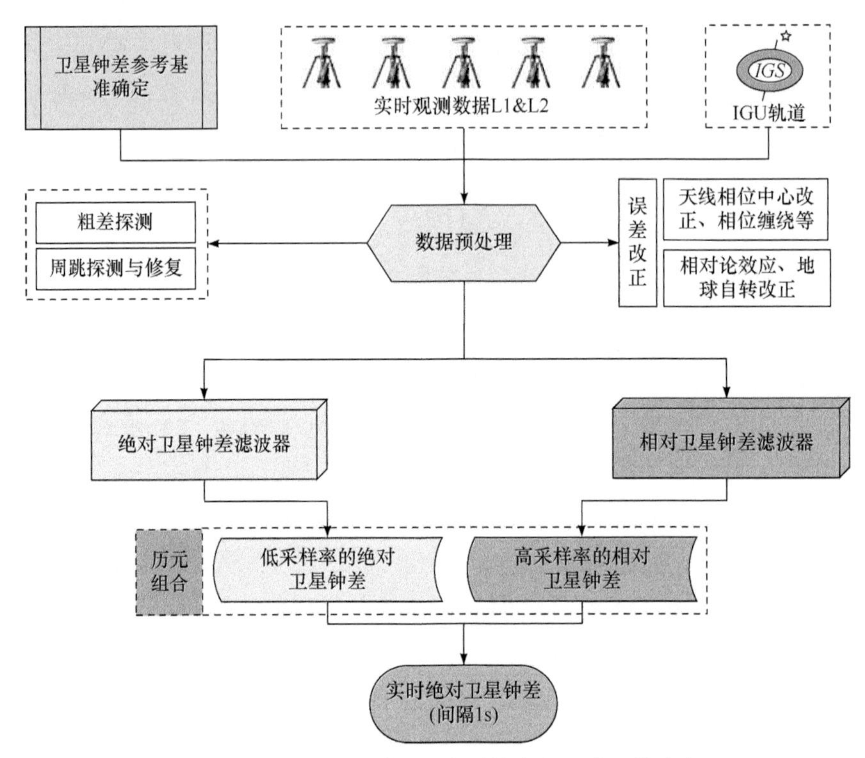

图 5.1　基于组合差分模型的实时精密卫星钟差估计流程

估计，模糊度参数以常数估计，卫星钟差则以白噪声形式估计。后续将从以下两方面对绝对卫星钟差估计结果进行评估：①与 IGS 最终产品的一致性分析；②不同区域参考站网对钟差估计的影响。

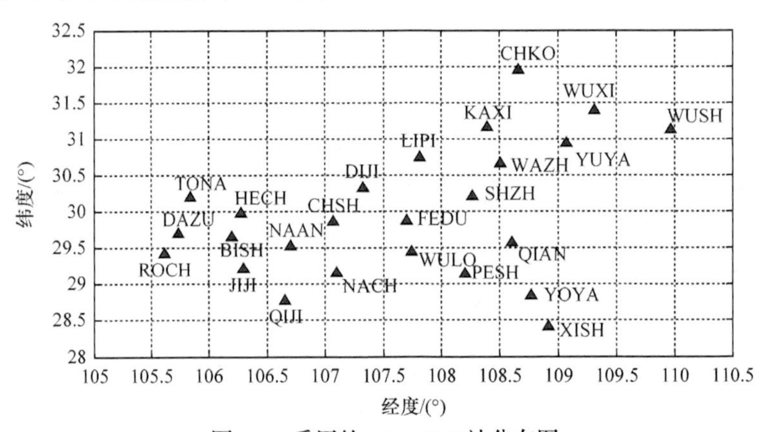

图 5.2　采用的 CQCORS 站分布图

1. 绝对卫星钟差与 IGS 最终产品一致性分析

绝对卫星钟差估计采用星间单差模型，在估计过程中选择某一参考卫星钟作为基准钟，由于与 IGS 分析中心所选基准钟不同，因此二者存在一定系统性偏差，该偏差在定位中被模糊度吸收，不影响最终定位结果。在分析二者一致性时，为了避免该系统偏差的影响，可采用二次差的方法[3,4]：对于实验估计得到的绝对卫星钟差和 IGS 产品，首先选取共同参考卫星(可与星间单差模型选择的参考卫星不同)，计算其他卫星相对于参考卫星钟差的一次差，消除基准钟的影响；然后，在相同卫星对的钟差一次差之间作二次差，并按式(5-12)计算实时精密卫星钟差的 RMS 值，以此评估二者之间的一致性。

$$\mathrm{RMS}=\sqrt{\frac{\sum_{i=1}^{n}(\Delta_i-\overline{\Delta})(\Delta_i-\overline{\Delta})}{n}} \tag{5-12}$$

式中，Δ_i 为比较节点的二次差值；$\overline{\Delta}$ 为均值。

为了便于比较分析，将解算结果以 1 小时为间隔分别进行统计，图 5.3 为实验时段内卫星数变化示意图，为便于和 IGS 最终产品进行比较，绝对钟差估值以 30s 间隔输出，图 5.4～图 5.8 为绝对卫星钟差估值与 IGS 最终产品的较差，由于篇幅有限每组仅给出 4 颗卫星的钟差比较结果。从图 5.4～图 5.8 可以看出，基于星间单差模型估计得到的精密卫星钟差与 IGS 最终产品之间的差值主要在正负 0.2ns 内波动，部分卫星存在一些跳变现象，主要与卫星升降以及相应模糊度重新收敛有关。

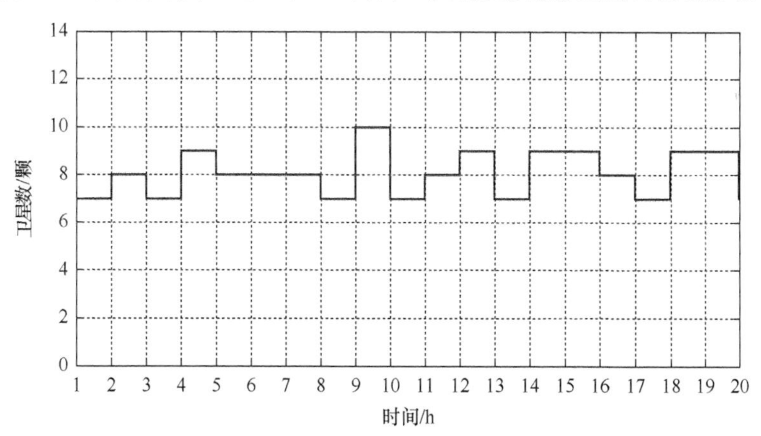

图 5.3　实验时间内卫星数变化图

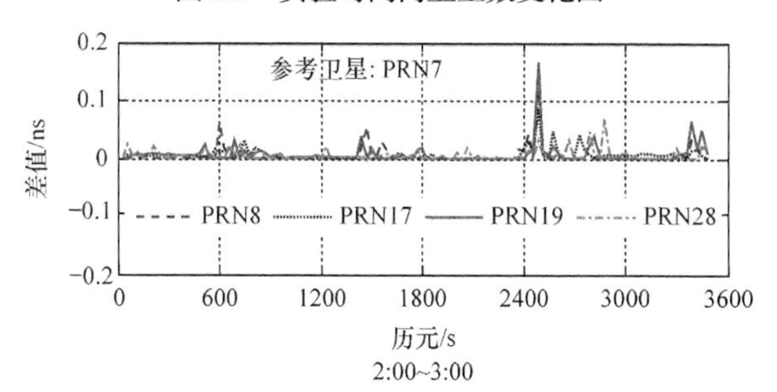

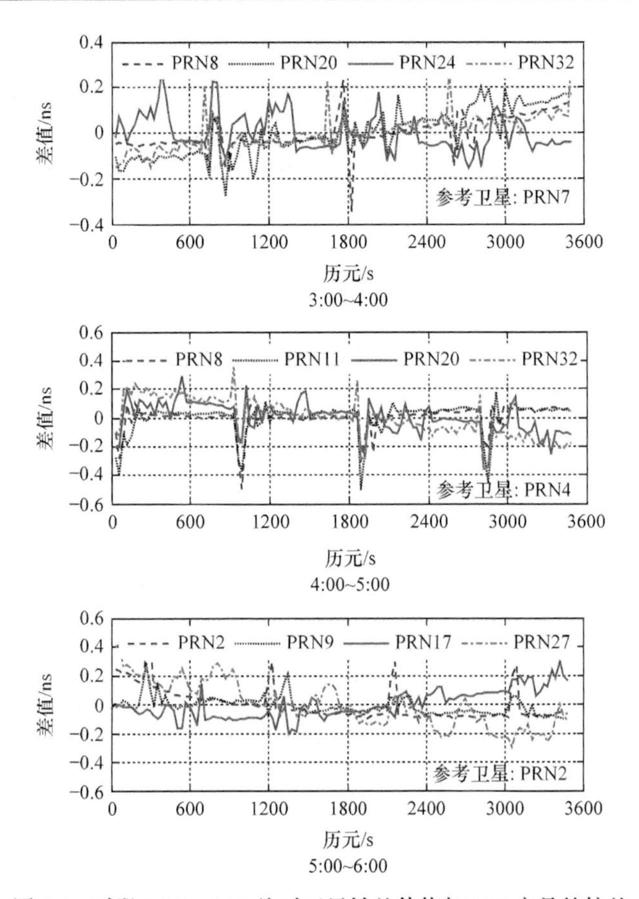

图 5.4　时段 2:00～6:00 绝对卫星钟差估值与 IGS 产品的较差

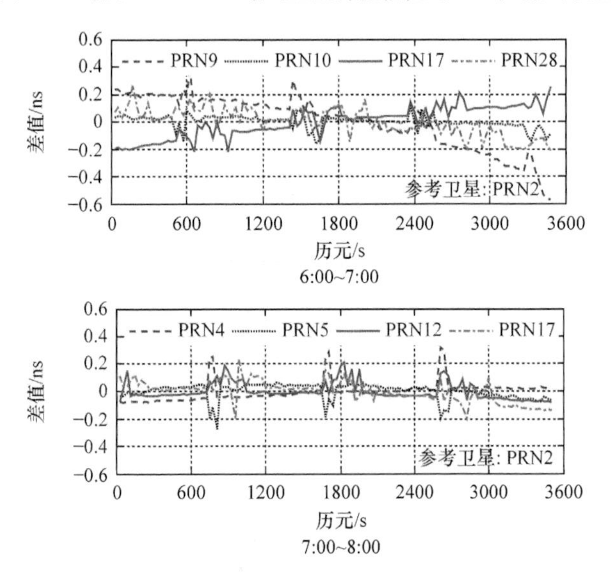

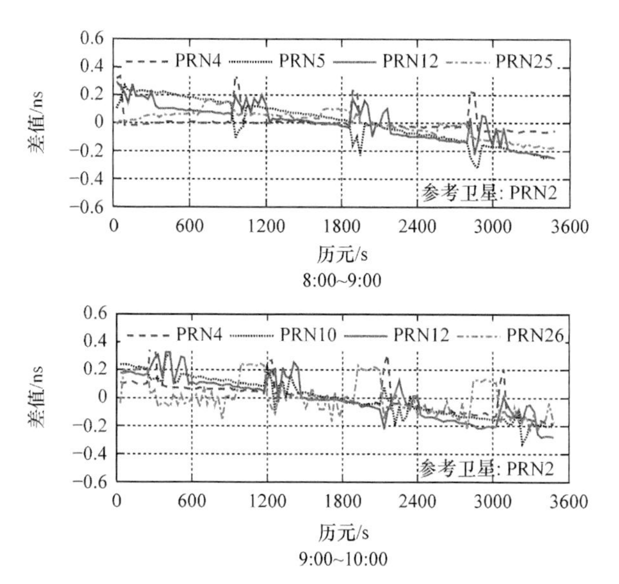

图 5.5　时段 6:00～10:00 绝对卫星钟差估值与 IGS 产品的较差

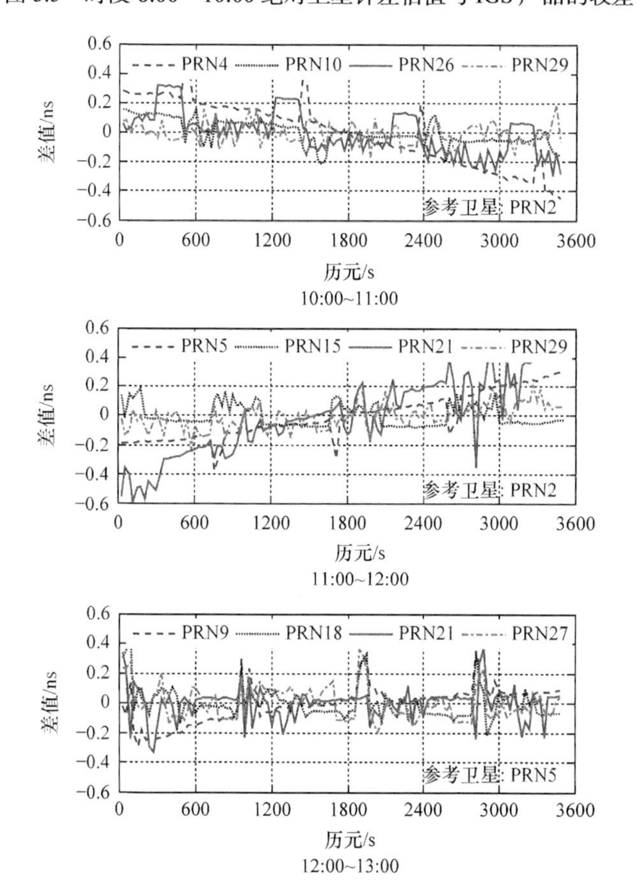

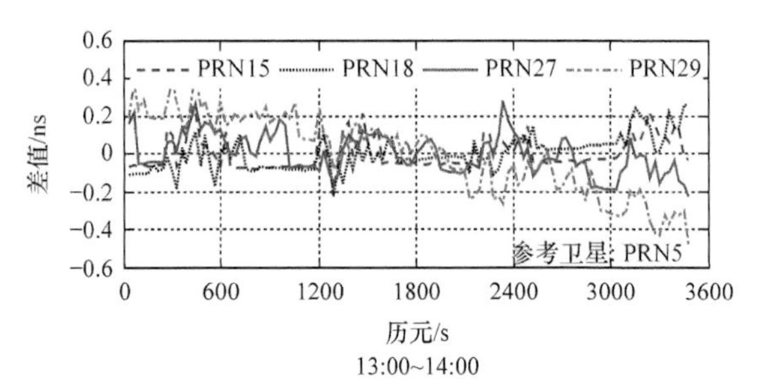

图 5.6　时段 10:00～14:00 绝对卫星钟差估值与 IGS 产品的较差

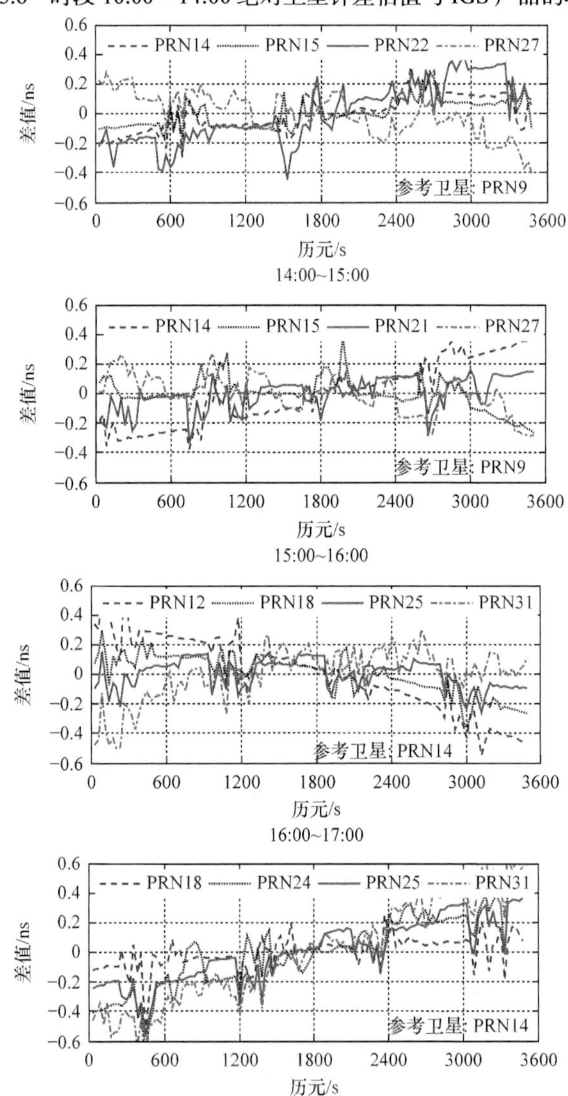

图 5.7　时段 14:00～18:00 绝对卫星钟差估值与 IGS 产品的较差

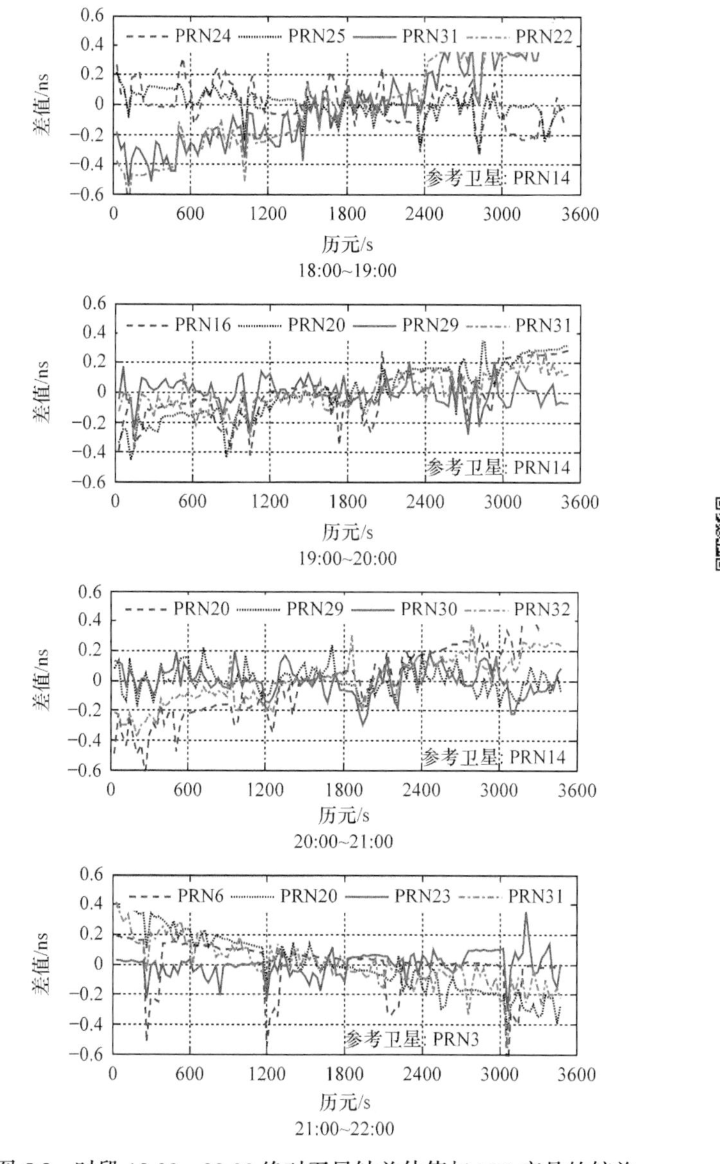

图 5.8　时段 18:00～22:00 绝对卫星钟差估值与 IGS 产品的较差

图 5.9 进一步展示了各时段不同卫星钟差估值与 IGS 最终产品之间的 RMS 分布，可以发现，利用区域参考站网采用星间单差模型估计得到的绝对卫星钟差与 IGS 产品之间有较好的一致性，各卫星 RMS 值基本都在 0.2ns 之内波动，平均中误差为 0.15ns，考虑到 IGS 提供的最终产品钟差精度一般优于 0.1ns，因此，实验中基于区域参考站网解算得到的实时卫星钟差产品，其精度与国际 IGS 各分析中心估计的卫星钟差精度基本相当。

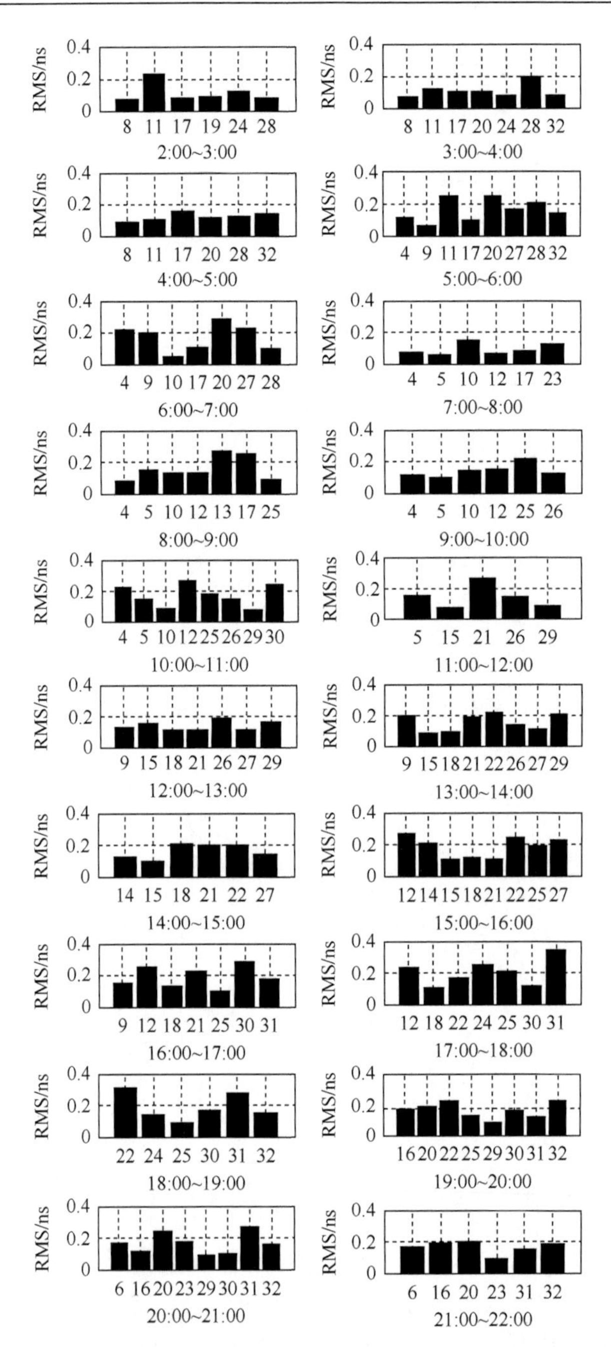

图 5.9　区域参考站网估计的绝对卫星钟差与 IGS 最终精密钟差作差 RMS 比较

2. 不同区域参考站网对钟差估计的影响

同样基于重庆市国土资源 GNSS 网，分别选择两种网形的参考站网，如图 5.10

所示的区域 A 和区域 B，进行绝对卫星钟差估计。结合图 5.9，根据平均中误差的统计结果，分别以平均中误差最大(0.20ns)、中等(0.11ns)、最小(0.09ns)的 3 个时段为例，对不同区域参考站网的钟差估计结果进行对比，如图 5.11 所示。

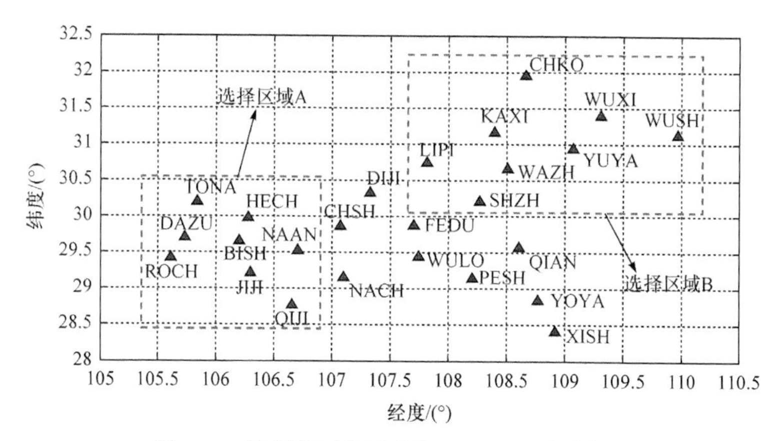

图 5.10　选用的两种网形的 CQCORS 站分布图

从图 5.11 中可以看出，不论各时段平均中误差是大还是小，不同区域参考站网(区域 A 和区域 B)解算得到的绝对卫星钟差的精度大致相当，且与整网估计的结果一致，可见各时段的钟差解算结果与参考站网形无关，一定程度上说明基于区域参考站网的绝对卫星钟差估计方法具有较好的适应性。

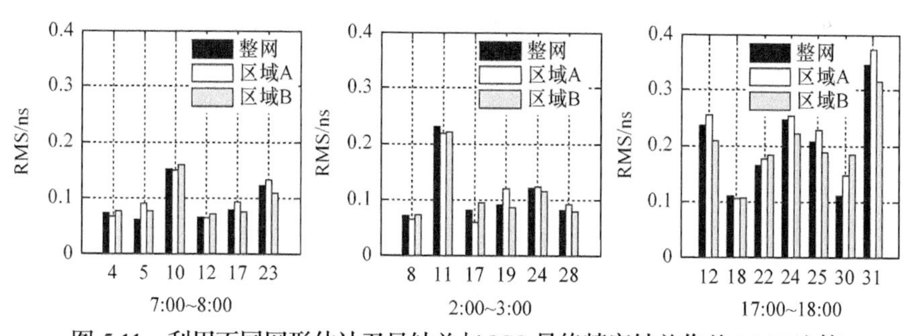

图 5.11　利用不同网形估计卫星钟差与 IGS 最终精密钟差作差 RMS 比较

5.1.4.2　基于历元间差分的相对卫星钟差估计实验

采用上述 CQCORS 参考站网，本节在星间单差模型基础上，利用历元间差分模式估计历元间高采样率(如 1s 或 5s)相对卫星钟差。同样从两方面对钟差估计结果进行评估：①比较估计的相对钟差与 IGS 最终钟差产品的一致性；②分析估计的相对钟差与绝对钟差的一致性。

1. 相对卫星钟差与 IGS 最终产品的一致性

为分析相对卫星钟差估计的精度，以 IGS 最终精密钟差的历元间差值

$\Delta t_{\text{IGS}}(i,i+1)$ 为基准，对历元间差分估计得到的相对钟差进行评估，采用下式计算对应 RMS 值：

$$\text{RMS}=\sqrt{\frac{\sum_{i=1}^{n}[\overline{t}(i,i+1)-\Delta t_{\text{IGS}}(i,i+1)]^2}{n}} \tag{5-13}$$

统计结果如图 5.12 所示，可以看出，不同时段各卫星的互差值 RMS 均优于 0.2ns；同时与图 5.9 进行对比也可看出，二者在时间序列上也较为一致，譬如在时间段 7:00～8:00，两种卫星钟差与 IGS 最终精密钟差互差的 RMS 值都较小，而在时间段 17:00～18:00 和 20:00～21:00，两者的 RMS 值都较大。对所有时间段结果进行统计，平均中误差为 0.1ns，其精度与 IGS 各分析中心估计的卫星钟差精度基本相当。

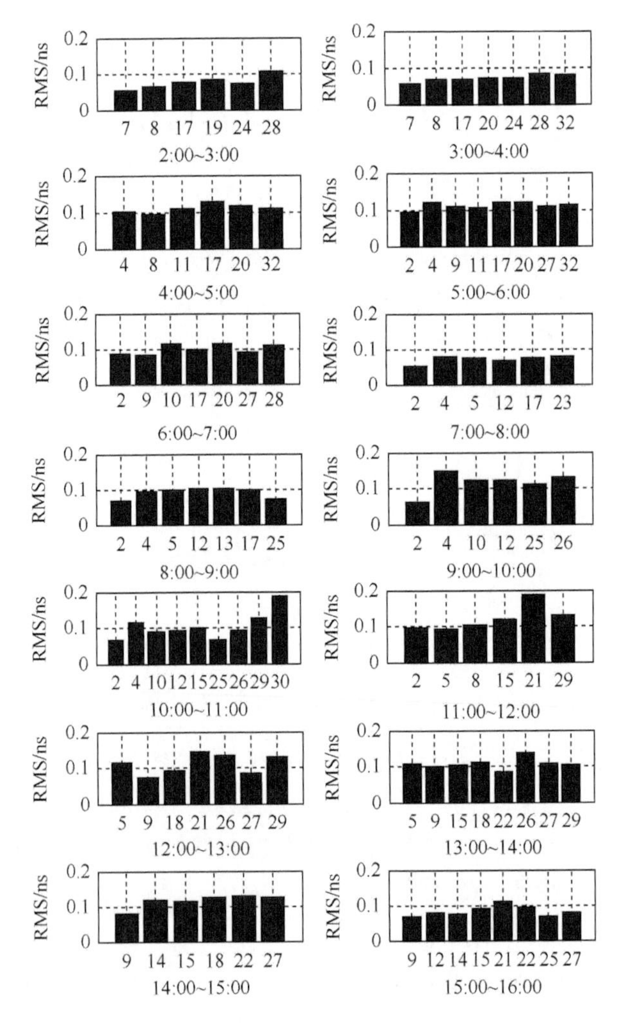

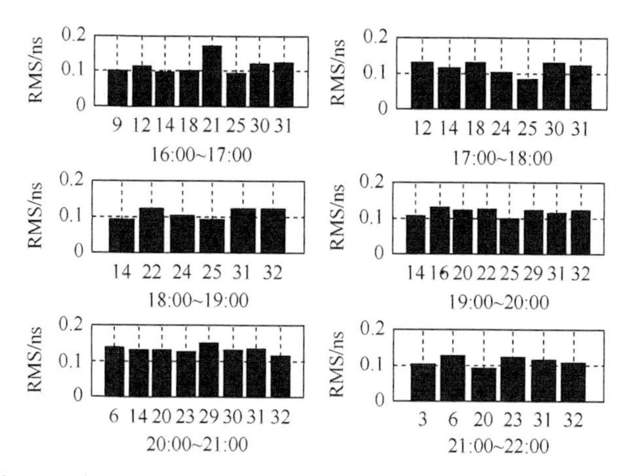

图 5.12　相对卫星钟差估值与 IGS 最终精密钟差作差 RMS 比较

2. 相对卫星钟差与绝对卫星钟差的一致性分析

进一步分析相对钟差与绝对钟差的一致性，将星间单差模型估计得到的绝对卫星钟差作历元间差值，并与历元间差分模型估计得到的相对钟差进行比较。同样根据绝对卫星钟差估值平均误差值的大小，以时段 7:00～8:00、2:00～3:00 以及 17:00～18:00(对应的平均中误差分别是 0.09ns、0.11ns、0.20ns)为例进行说明，图 5.13 给出了二者互差值的时间序列，可以看出，无论是对于平均中误差较大的时间段还是较小的时间段，相对钟差估值与绝对卫星钟差历元间差值的互差基本

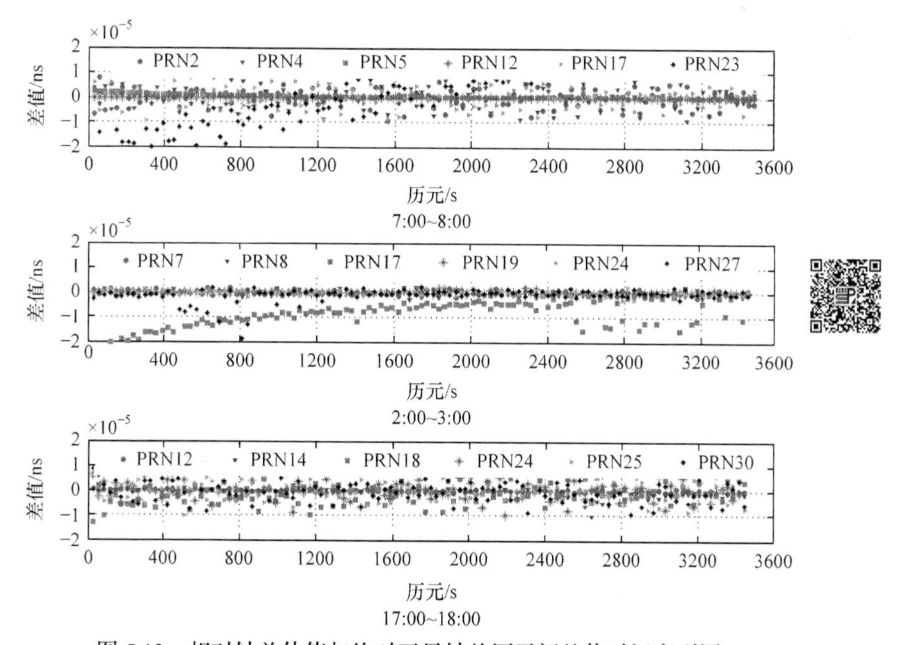

图 5.13　相对钟差估值与绝对卫星钟差历元间差值时间序列图

在 $\pm 2\times 10^{-5}$ ns 范围内波动，表明相对卫星钟差估值与绝对卫星钟差历元间差值有着极好的耦合性，两者基本一致，故可认为相对卫星钟差等同于绝对卫星钟差历元间差值。在实时估计过程，通过估计相对卫星钟差，避免绝对卫星钟差估计过程需要估计大量模糊度等相关的参数，简化了实时计算量，而且精度基本不损失，同时也说明通过两者的组合可实时地准确估计卫星钟差。

综合上述绝对卫星钟差估计实验与相对卫星钟差估计实验，验证了基于星间和历元间差分相融合的实时卫星钟差估计策略的可行性，其钟差估计精度与 IGS 分析中心的产品精度基本相当，同时也充分考虑了实时性要求，简化了卫星钟差计算的复杂性。

5.2　基于广播星历的实时轨道钟差综合补偿方法

通过前述钟差估计模型可得到较高采样率的卫星钟差，实际应用中，其一般通过网络播放给用户，由于时间延迟或是网络中断等问题，可能会造成用户无法获得最新的卫星钟差改正数，实时精密产品通常具有一定的滞后性和不确定性，这极大地影响了 PPP 定位的连续稳定性。尽管卫星轨道改正具有较高的时域相关性，但卫星钟差随时间变化较快，其时域相关性较弱，对于厘米级定位而言，使用不同步卫星钟差进行定位一般只能维持少数几秒钟。当实时精密产品中断数十秒至数分钟时，用户终端定位的实时性和可靠性将难以保障。因此，有必要建立一套不完全依赖于实时精密钟差、轨道的增强服务体系，在实时数据流中断的情况下保障用户的持续可靠定位，提高 PPP 定位的连续性与可靠性[5]。

5.2.1　单站综合误差计算方法

在一定的范围(300km)内，轨道误差和钟差具有一定耦合性，因此可将二者合并为一项综合误差进行提取[6]。以单个基准站为例，对于接收机 $r=1,2,\cdots,i$ 和卫星 $s=1,2,\cdots,j$ ，在某一历元 t_0 ，无电离层组合的重参化载波相位观测方程为：

$$L_{r,\mathrm{IF}}^{s}(t_0)=\rho_r^s(t_0)+c\cdot\tilde{t}_r(t_0)-c\cdot\tilde{t}^s(t_0)+T_r^s(t_0)+\lambda_{\mathrm{IF}}\cdot N_{r,\mathrm{IF}}^{s}(t_0)+b_r(t_0)-b^s(t_0) \tag{5-14}$$

在浮点解的基础上，选择高度角较高(不低于 45°)的卫星作为参考卫星，对星间单差模糊度进行固定，为了简化描述，此处假设 1 号星为参考星，即 $s=1$ ，基准站的坐标精确已知，一旦模糊度成功固定，每个卫星的高精度倾斜对流层延迟可以通过式(5-15)进行提取：

$$\tilde{T}_r^s(t_0)=L_{r,\mathrm{IF}}^{s}(t_0)-\left(\rho_r^s(t_0)+c\cdot\tilde{t}_r(t_0)-c\cdot\tilde{t}^s(t_0)+\lambda_{\mathrm{IF}}\cdot\nabla N_{r,\mathrm{IF}}^{1s}(t_0)-b^s(t_0)\right) \tag{5-15}$$

式中，$\nabla N_{r,\mathrm{IF}}^{1s}$ 为固定的星间单差模糊度，对于参考星而言，其单差模糊度为 0，通过上式提取的倾斜对流层延迟是有偏的，其中包含了参考星的非差模糊度

$N_{r,\mathrm{IF}}^{1}(t_0)$ 以及接收机端的 FCB，即：

$$\tilde{T}_r^s(t_0)=T_r^s(t_0)+\lambda_{\mathrm{IF}}\cdot N_{r,\mathrm{IF}}^{1}(t_0)+b_r(t_0) \tag{5-16}$$

当实时轨道和钟差改正数存在时延或中断时，在当前历元 t_1（$t_1=t_0+dt$），采用广播星历计算综合误差的公式如下：

$$\Delta O_r^s(t_1)=L_{r,\mathrm{IF}}^s(t_1)-\left(\tilde{\rho}_r^s(t_1)+\tilde{T}_r^s(t_1)+\lambda_{\mathrm{IF}}\cdot\nabla B_{r,\mathrm{IF}}^{1s}(t_1)-b^s(t_1)\right) \tag{5-17}$$

式中，$\tilde{\rho}$ 表示采用广播星历计算的站星距，由式(5-17)可知，通过改正倾斜对流层延迟、单差模糊度以及卫星 FCB，可以得到包括轨道误差、卫星钟差以及接收机钟差在内的综合误差，具体表达式如下：

$$\Delta O_r^s(t_1)=\Delta\rho_r^s(t_1)+c\cdot\tilde{t}_r(t_1)-c\cdot\tilde{t}^s(t_1) \tag{5-18}$$

式中，$\Delta\rho$ 表示轨道误差在视线方向的投影。

考虑到模糊度在无周跳弧段为常数项，对流层和卫星 FCB 随时间变化缓慢，可以进行短时预报，因此，在无周跳的连续弧段，可以认为：

$$\begin{cases}\nabla N_{r,\mathrm{IF}}^{1s}(t_1)=\nabla N_{r,\mathrm{IF}}^{1s}(t_0)\\ b^s(t_1)\approx b^s(t_0)\\ \tilde{T}_r^s(t_1)=\tilde{T}_r^s(t_0)+\Delta\tilde{T}_r^s(dt)\end{cases} \tag{5-19}$$

式中，$\Delta\tilde{T}_r^s(dt)$ 表示在 dt 间隔内对流层延迟变化量，可采用合适模型进行短时预报，且该变化量是影响综合误差精度的主要因素。将式(5-19)代入式(5-17)，即可得到单个基准站 r 在历元 t_1 的综合误差。与直接对轨道误差和钟差进行预测不同，该方法是在模糊度固定的基础上，利用对流层的缓慢时变特性来提取包括轨道误差和钟差在内的综合误差改正数。

5.2.2　多站综合误差加权

在得到单个基准站的综合误差后，为了提高其精度和可靠性，通过区域多个基准站进行加权，具体如下：

$$\Delta O^s(t_1)=\sum_{i=1}^{n}a_i\cdot\Delta O_i^s(t_1) \tag{5-20}$$

式中，n 为加权所使用的基准站数目，在 Delaunay 三角网中，基准站数目通常为 3；a_i 表示加权系数，可采用反距离加权方法确定，即满足如下关系式：

$$\begin{cases}\sum_{i=1}^{n}a_i=1\\ a_i=\dfrac{1/d_i}{\sum_{i=1}^{n}(1/d_i)}\end{cases} \tag{5-21}$$

式中，d_i 为用户到基准站 i 的距离。

将加权后的综合误差播发给用户，当分析中心的实时数据流滞后或中断时，用户仍然可以基于广播星历，采用区域参考站生成的综合误差对轨道误差和钟差进行补偿，实现持续高精度增强定位。通过式(5-20)生成的综合误差实际上包含了各基准站加权的接收机钟差值。在用户端，接收机相关的误差对所有卫星影响一致，可等效地认为被接收机钟差吸收。此外，对于基准站和用户，卫星钟差的影响一致，且在一定的范围(300km)内，轨道误差在视线方向的投影也基本相同[7,8]，因此可用该综合误差对用户观测方程进行持续增强。需要说明的是，在此过程中，若有新卫星升起，由于基准站服务端无法生成相应的综合误差改正，因此新升起卫星不参与滤波解算。

5.2.3 综合误差提取与验证分析

选择两组不同规模的美国国家大地测量局(National Geodetic Survey，NGS)基准站网进行实验，具体信息见表 5.1，采集时间为 2020 年 DOY118，采样率为 5s。站点分布如图 5.14 所示，其中三角形表示基准站，实心圆为用户站。基于这两组数据，后续将分别从 4 个方面进行分析：①倾斜对流层短时预测精度；②综合误差提取精度；③基于综合误差改正的仿动态定位性能分析；④基于综合误差改正的无人机动态定位性能分析。数据处理中，截止高度角设为 10°，采用正弦函数随机模型，天顶方向伪距和载波的精度分别为 0.3m 和 0.003m；对于基准站，坐标可固定为参考真值，采用 CNES 提供的精密产品，而对于用户站，坐标则以白噪声模式进行估计，且采用广播星历附加综合误差改正的方式消除轨道和钟差；在模糊度固定过程中，根据连续跟踪次数和高度角选择合适的子集，进行部分模糊度固定，并同时结合 ratio 和 bootstrapping 成功率对模糊度固定成功与否进行判定，相应阈值分别为 3.0 和 0.999。

表 5.1 两组 NGS 基准站网基本信息

序号	基准站数目	流动站数目	平均间距/km
Ⅰ	12	24	150
Ⅱ	3	13	356

5.2.3.1 对流层短时预测精度分析

式(5-17)中，在无周跳的连续弧段，模糊度为常数，且卫星端的 FCB 随时间缓慢变化，可直接采用之前历元的结果，因此综合误差的精度主要取决于有偏的对流层延迟，特别是在实时精密产品中断或滞后时间较长的情况下。图 5.15 给出了 TXCU 测站 G15 号卫星的倾斜对流层延迟变化曲线，可以发现，曲线存在 2 处突

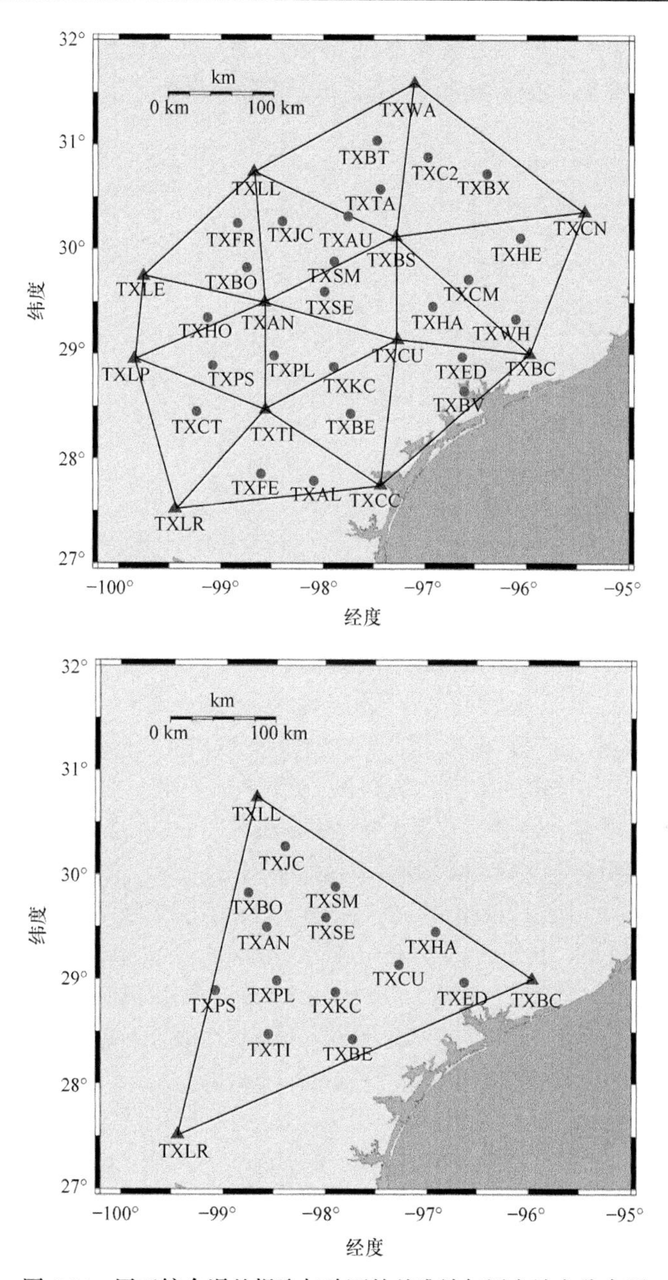

图 5.14　用于综合误差提取与验证的基准站与用户站点分布图

变，这是由于参考卫星交替造成的，这样的基准变换不会影响综合误差的精度和用户的定位结果。从图 5.15 中的两幅子图可以发现，在高度角较高时，对流层随时间变化缓慢，在连续的 12 个历元(1min)内，均值和标准差分别为 5.431m 和 0.005m；而当卫星高度角较低时，在相同的时间间隔内，对流层的变化量接近 0.4m，同时也可以发现其变化趋势近似满足线性关系。因此，对于低高度角卫星，如果不考虑对流层随时间的变化而直接采用之前历元的值，无疑会影响后续提取的综合误差精度。

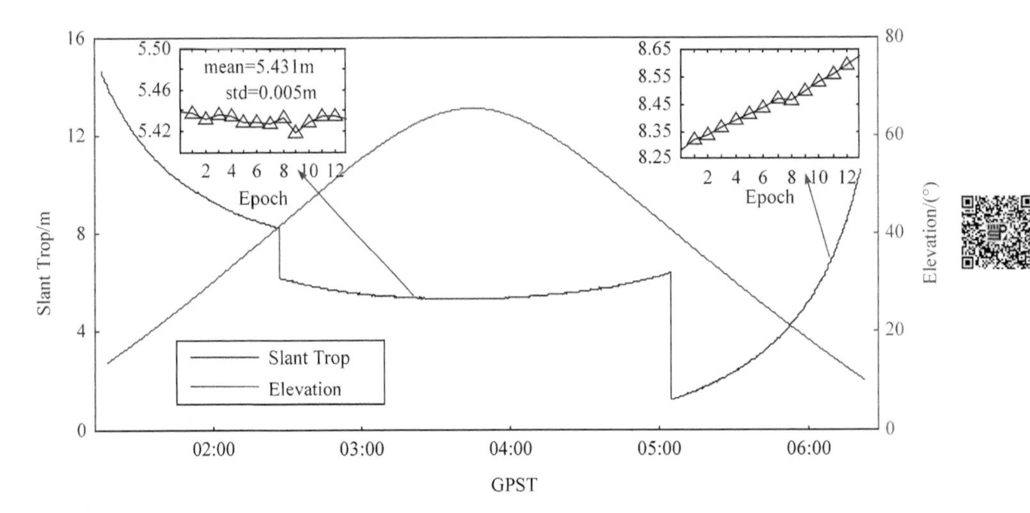

图 5.15　TXCU 测站 G15 号卫星有偏倾斜对流层延迟与高度角变化曲线

基于上述分析，采用线性外推模型(Linear Extrapolation Model，LEM)对倾斜对流层进行短时预测。首先，采用之前两个历元的有偏对流层延迟计算其平均变化率，这两个历元可以是相邻历元，也可以存在一定的时间间隔，如果发生参考星变化，则需要先统一参考星；然后，基于该变化率在短时间内进行对流层线性外推。限于篇幅，图 5.16 给出了采用 LEM 前后，对应 5s、10s、15s、30s、45s 和 60s 时延(从上至下)情况下的对流层外推结果。经过统计，不采用 LEM，不同时延情况下误差的均值分别为 0.1cm、0.2cm、0.3cm、0.6cm、0.8cm 和 1.1cm，相应的标准差分别为 1.0cm、1.7cm、2.4cm、4.4cm、6.4cm 和 8.5cm；采用 LEM 后，在 5～30s 时延的情况下，均值几乎为 0，对应于 45s 和 60s 时延，均值分别为 0.1cm 和 0.2cm，5～60s 时延对应的标准差分别为 1.0cm、1.2cm、1.5cm、1.9cm、2.1cm 和 2.3cm。采用 LEM 后，对流层误差分布更接近于白噪声，10～60s 时延对应的标准差分别减小了 29.4%、37.5%、56.8%、67.2%和 72.9%，时延越大，采用 LEM 后的改善幅度越明显。此外，还可以发现 LEM 主要对低高度角和较大时延情形的对流层精度改善明显，而当高度角较高或时延较小时，即使不采用 LEM，对流层也可保持较高的精度。

以基准站网 I 为例，图 5.17 给出了全部 12 个基准站对流层预测误差的均值与标准差，可以发现，不论是否采用 LEM，标准差均随时延增大而变大；不采用 LEM，对流层误差的均值逐渐偏离 0 值，5～60s 时延对应的均值分别为 0.1cm、0.2cm、0.3cm、0.6cm、0.8cm 和 1.1cm，标准差分别为 1.0cm、1.7cm、2.3cm、4.3cm、6.3cm 和 8.3cm；采用 LEM 后，不同时延对流层误差的均值更接近 0，在

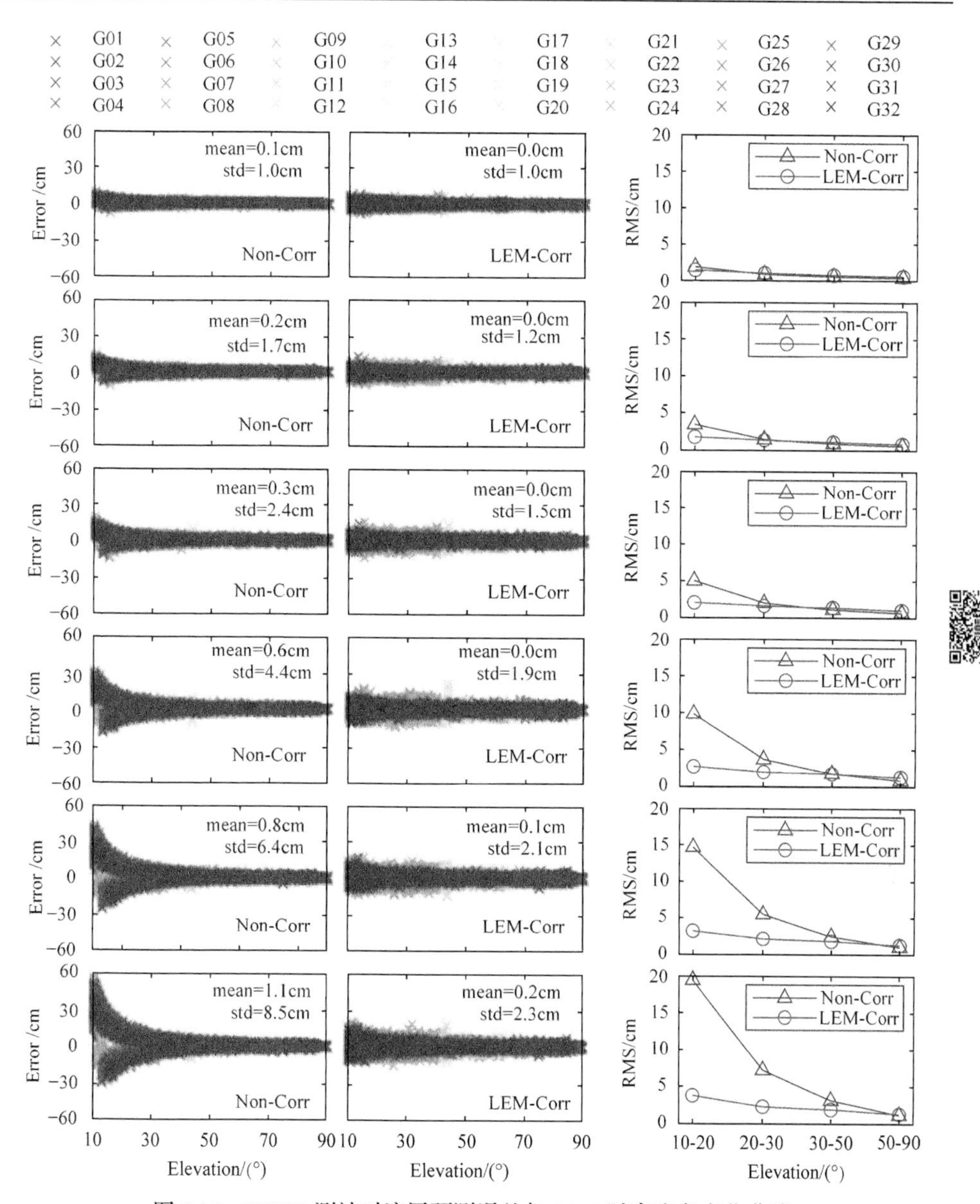

图 5.16　TXCU 测站对流层预测误差与 RMS 随高度角变化曲线

45s 和 60s 时延情况下，均值仅为 0.1cm 和 0.2cm，同时相应的标准差分别为 1.0cm、1.3cm、1.5cm、1.9cm、2.0cm 和 2.1cm，10～60s 时延对应的标准差分别减小了 23.5%、34.8%、55.8%、68.3%和 74.7%。

进一步，我们对不同高度角区间的对流层误差 RMS 进行统计，如图 5.18 所示。可以发现，高度角越高，RMS 值越小，对高度角在 50°～90°的卫星，LEM 采用前后，对流层精度仅存在 3～4mm 的差异，即便是在 60s 时延情形下，对流

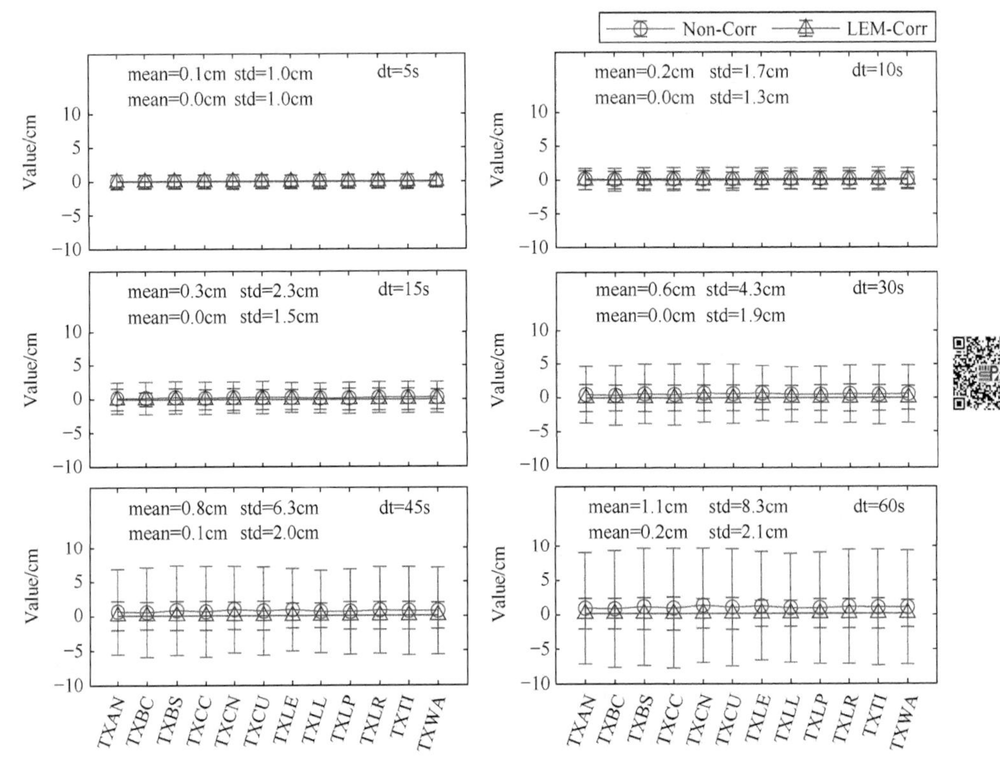

图 5.17　基准站网 I 全部基准站对流层误差的均值与标准差

层的精度也可以达到 1.3cm；对于高度角在 30°～50°的卫星，仅在时延较大的情形下，LEM 的改善效果较为明显，譬如在 60s 时延情形下，RMS 由 3.1cm 减小为 1.8cm，精度提高了 41.9%；对高度角在 20°～30°的卫星，当时延超过 30s 时，不采用 LEM，RMS 值已经超过 5cm，采用 LEM 后，对应 45s 和 60s 时延，RMS 值由 5.5cm 和 7.2cm 减小为 2.2cm 和 2.4cm，精度分别提高了 60.0%和 66.7%；对高度角在 10 度～20 度的卫星，不采用 LEM，当时延较大时，RMS 值逐渐超过 10cm，相比之下，采用 LEM 后，即使在 60s 时延的情形下，对流层平均精度仍然优于 4cm。采用 LEM 后，对应 10～60s 不同时延，RMS 值分别由 3.4cm、4.9cm、9.5cm、14.1cm 和 18.6cm 减小为 1.9cm、2.4cm、2.9cm、3.4cm 和 3.9cm，精度分别提高了 44.1%、51.0%、69.5%、75.9%和 79.0%。

5.2.3.2　综合误差提取精度分析

综合误差的精度将直接影响用户的定位性能，因此有必要对其精度进行评估。将各用户站提前按照基准站模式进行处理，从而提取综合误差的参考值，用以对由用户附近基准站内插得到的综合误差精度进行评估。由式(5-18)和式(5-20)可知，除了轨道误差和钟差外，综合误差的参考值和内插值分别包含了不同的接收机相

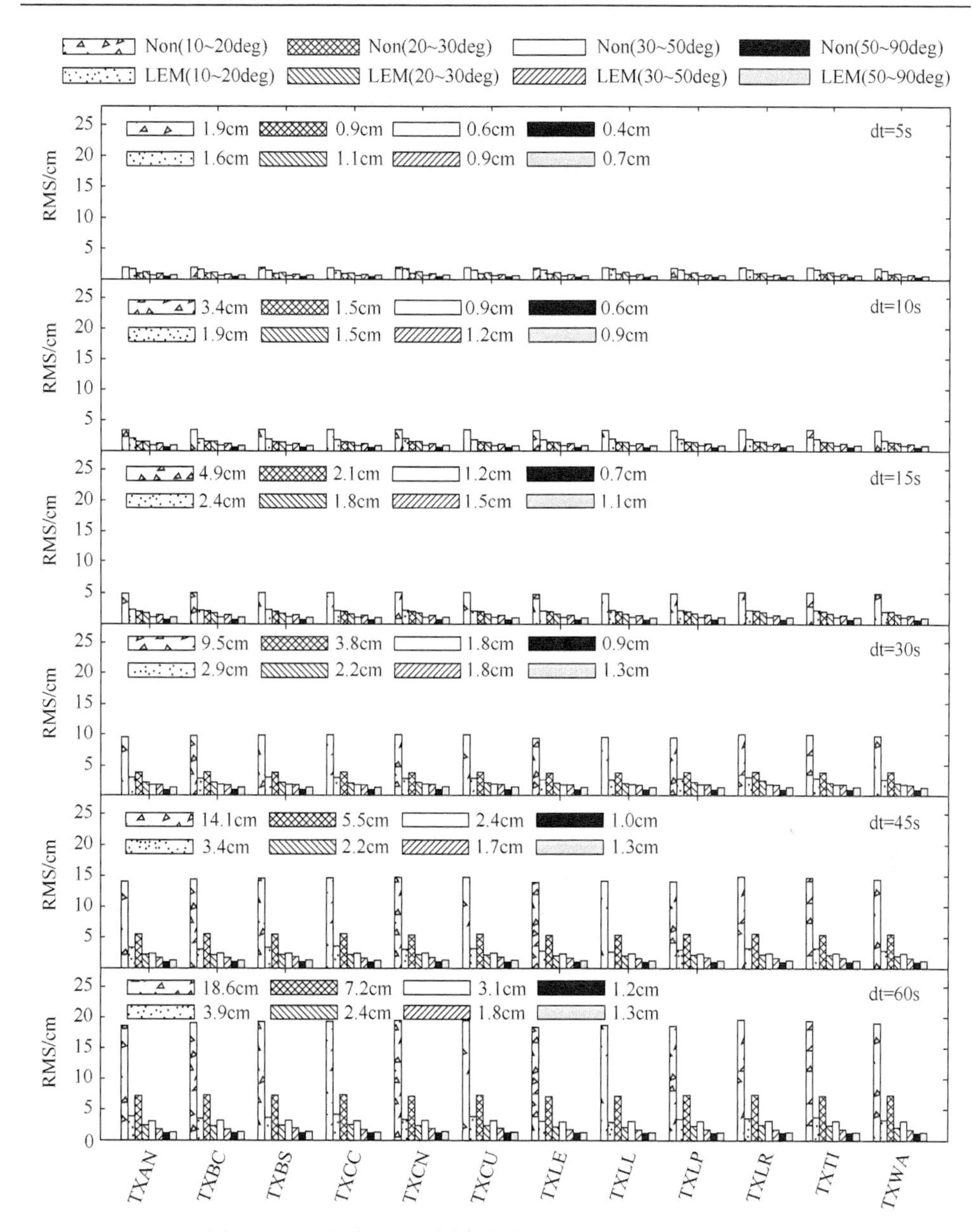

图 5.18　基准站网 I 不同高度角区间对流层预测精度统计

关误差，即参考值包含用户自身的接收机钟差，而内插值则包含了各基准站加权后的接收机钟差。虽然这部分偏差对所有卫星的影响均一致，在后续定位过程中会被接收机钟差吸收，但是在对其精度进行评估时，需要在每个历元通过减去平均值的方式消除这一偏差的影响。以 TXAN 测站为例，表 5.2 给出了 30s 时延情形下，GPS 周内秒为 90000 时各卫星综合误差的参考值与内插值，可以发现，各卫星内插值与参考值间整体存在约 14.32cm 的系统偏差，当扣除这一偏差影响后，综合误差改正数的误差一般不超过 1.5cm。

表 5.2　TXAN 测站 30s 时延下综合误差参考值与内插值(GPS-sec=90000)

PRN	参考值/m	内插值/m	内插值-参考值/cm	相对于均值的偏差/cm
G02	133762.7394	133762.5985	−14.09	0.24
G05	3464.0247	3463.8792	−14.55	−0.23
G06	78113.0208	78112.8835	−13.73	0.59
G12	−37374.0227	−37374.1775	−15.48	−1.15
G25	110.6589	110.5183	−14.06	0.26
G29	27154.0401	27153.8997	−14.04	0.29
		均值	−14.32	

图 5.19～图 5.21 分别给出了不同时延 TXHA 测站的综合误差精度分布，由图可知，对应 5～60s 时延，采用 LEM 后，综合误差的 RMS 值分别由 0.8cm、1.5cm、2.1cm、4.0cm、5.9cm 和 7.8cm 减小为 0.7cm、1.0cm、1.3cm、1.6cm、1.6cm 和 1.7cm，精度分别提高了 12.5%、33.3%、38.1%、60%、72.9%和 78.2%。

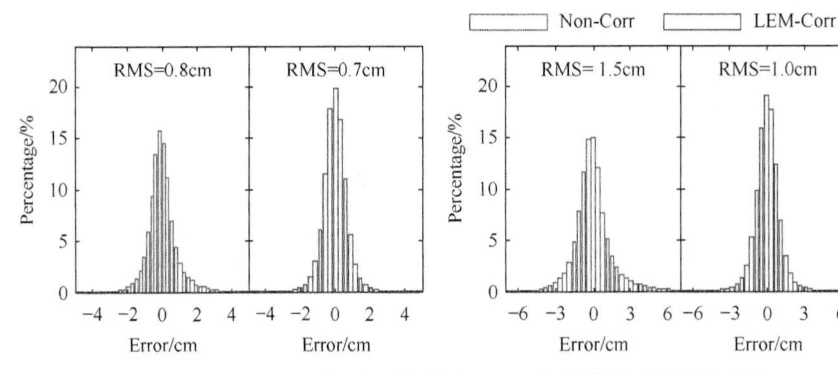

图 5.19　5s(左)和 10s(右)时延情形下 TXHA 测站综合误差精度分布

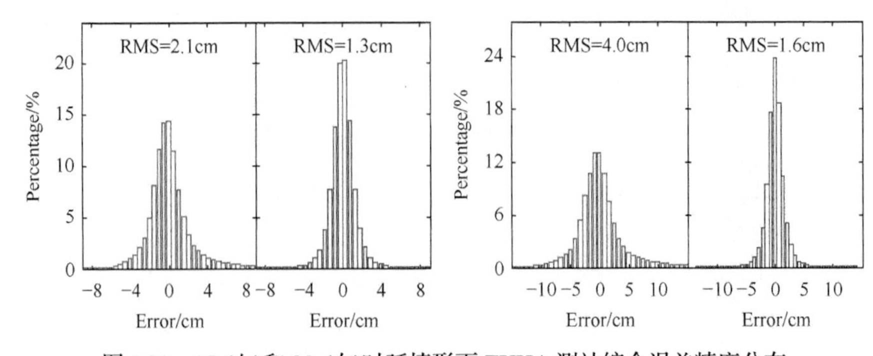

图 5.20　15s(左)和 30s(右)时延情形下 TXHA 测站综合误差精度分布

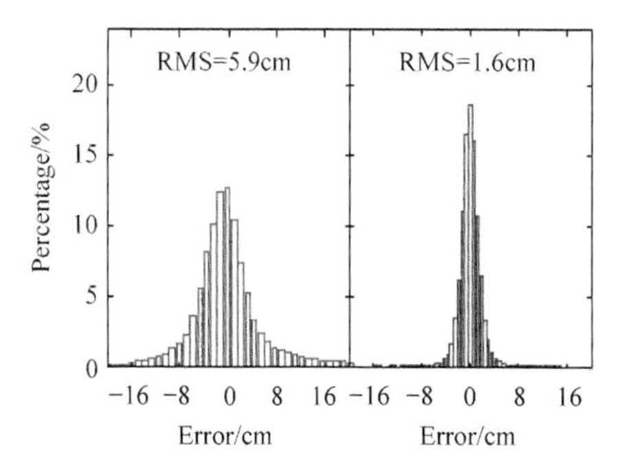

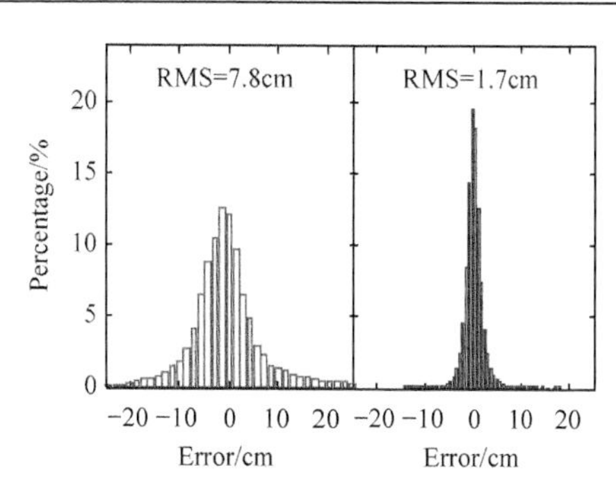

图 5.21　45s(左)和 60s(右)时延情形下 TXHA 测站综合误差精度分布

进一步，以基准站网 I 为例，图 5.22 给出了所有用户站点综合误差的平均精度统计，由图可知，随着时延增大，综合误差的精度逐渐降低。采用 LEM 前后，对应 5～60s 时延的情形，综合误差的精度分别由 0.8cm、1.4cm、2.1cm、3.9cm、5.7cm 和 7.5cm 提高为 0.7cm、1.0cm、1.3cm、1.6cm、1.6cm 和 1.7cm，提高百分比分别为 12.5%、28.6%、38.1%、59.0%、71.9%和 77.3%，时延越大，精度提升幅度越大。不采用 LEM，仅可在时延较小的情形下维持 2～3cm 的精度，而采用 LEM 后，5～60s 时延情形下综合误差的平均精度均优于 2cm。

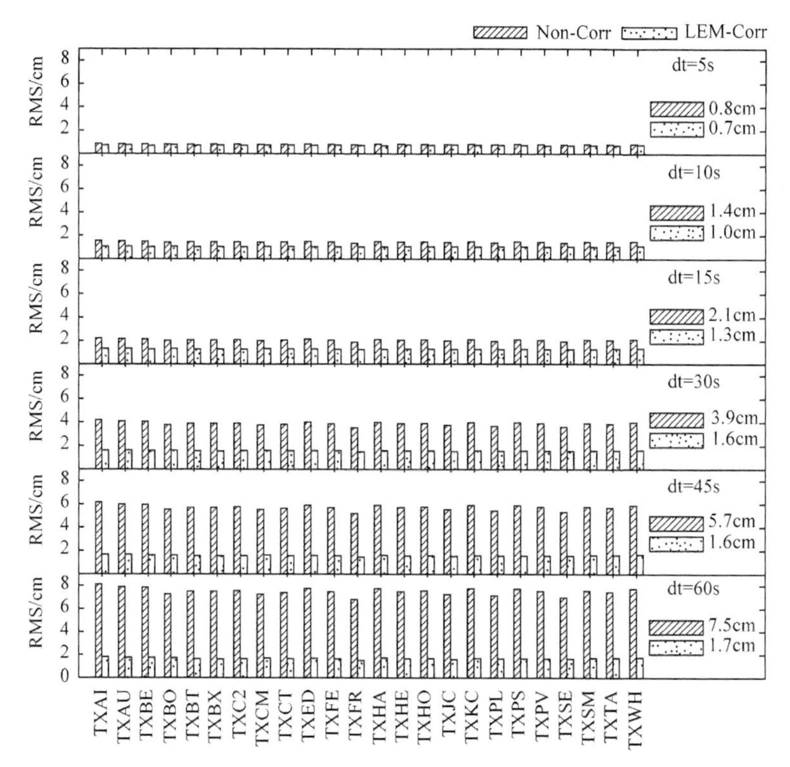

图 5.22　不同时延情形下所有用户站点综合误差平均精度统计

5.2.3.3　基于综合误差改正的仿动态实验分析

本节将通过定位精度和历元固定率两个指标，分析综合误差在不同时延情形下对用户定位的影响。图 5.23 为不同时延 TXBT 测站定位误差分布，从左至右四幅图分别为采用 LEM 前后的水平误差和高程误差分布，从上到下分别对应 5s、10s、15s、30s、45s 和 60s 时延。由于浮点解的精度不可控，因此仅统计固定解的精度。由图

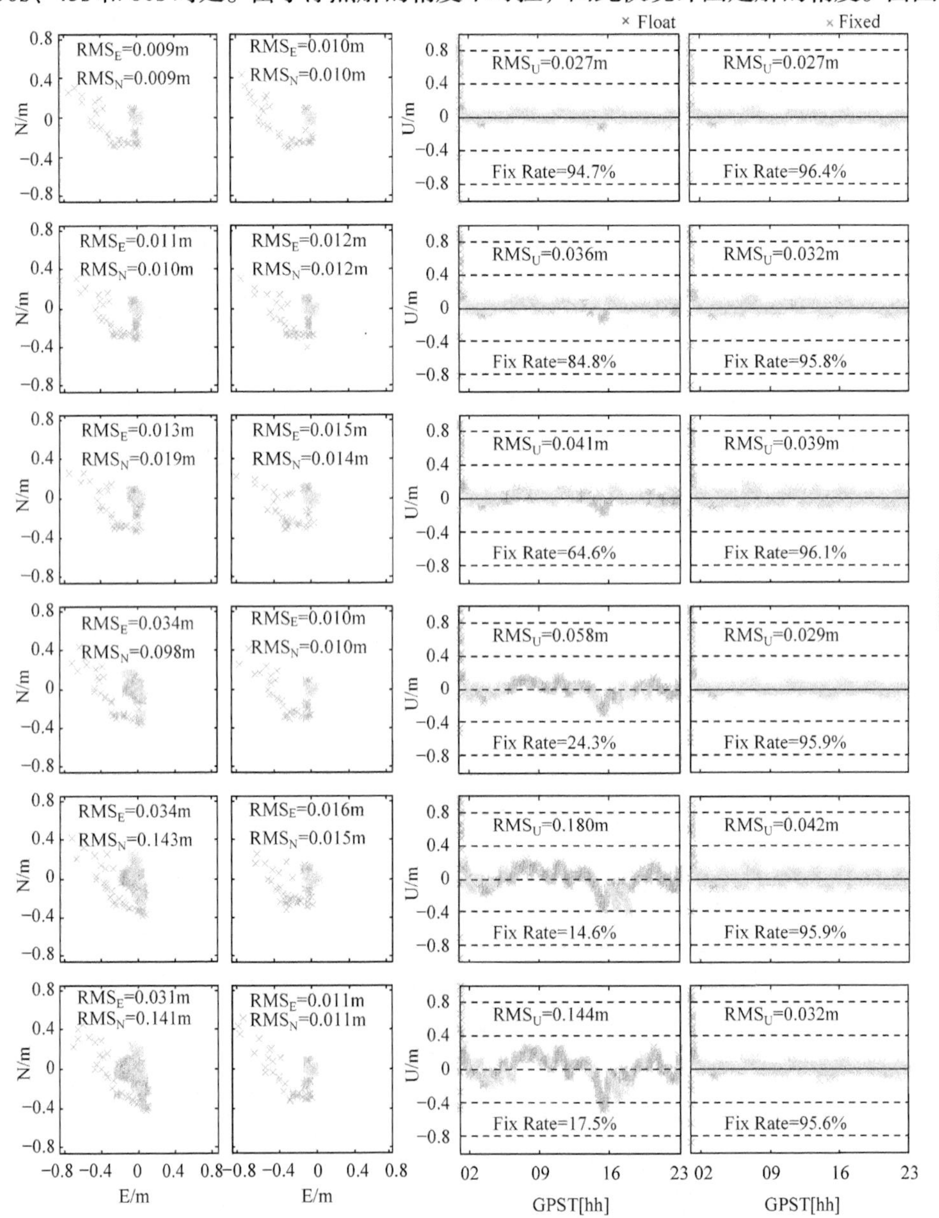

图 5.23　5s～60s 时延情形下 TXBT 测站平面和高程误差分布

可知，对于较小的时延(5s 和 10s)，采用 LEM 前后，定位性能相当，均取得了平面优于 2cm 和高程优于 4cm 的定位精度，在历元固定率方面，采用 LEM 后的结果略有提升；在 15s 时延情形下，采用 LEM 前后，历元固定率由 64.6%提高为 96.1%；当时延逐渐超过 30s 时，不采用 LEM，平面和高程定位误差均出现大幅的波动，同时历元固定率急剧降低，对应于 30s、45s 和 60s 时延，采用 LEM 后，N 方向定位精度由 9.8cm、14.3cm 和 14.1cm 提高为 1.0cm、1.5cm 和 1.1cm，提高幅度分别为 89.8%、89.5%和 92.2%；E 方向定位精度由 3.4cm、3.4cm 和 3.1cm 提高为 1.0cm、1.6cm 和 1.1cm，提高幅度分别为 70.6%、52.9%和 64.5%；U 方向定位精度由 5.8cm、18.0cm 和 14.4cm 提高为 2.9cm、4.2cm 和 3.2cm，提高幅度分别为 50.5%、76.7%和 77.8%，此外，历元的固定率也分别由 24.3%、14.6%和 17.5%提高到 95.9%、95.9%和 95.6%。

对于基准站网 I，图 5.24 给出了所有 24 个用户站点的平均定位精度统计，

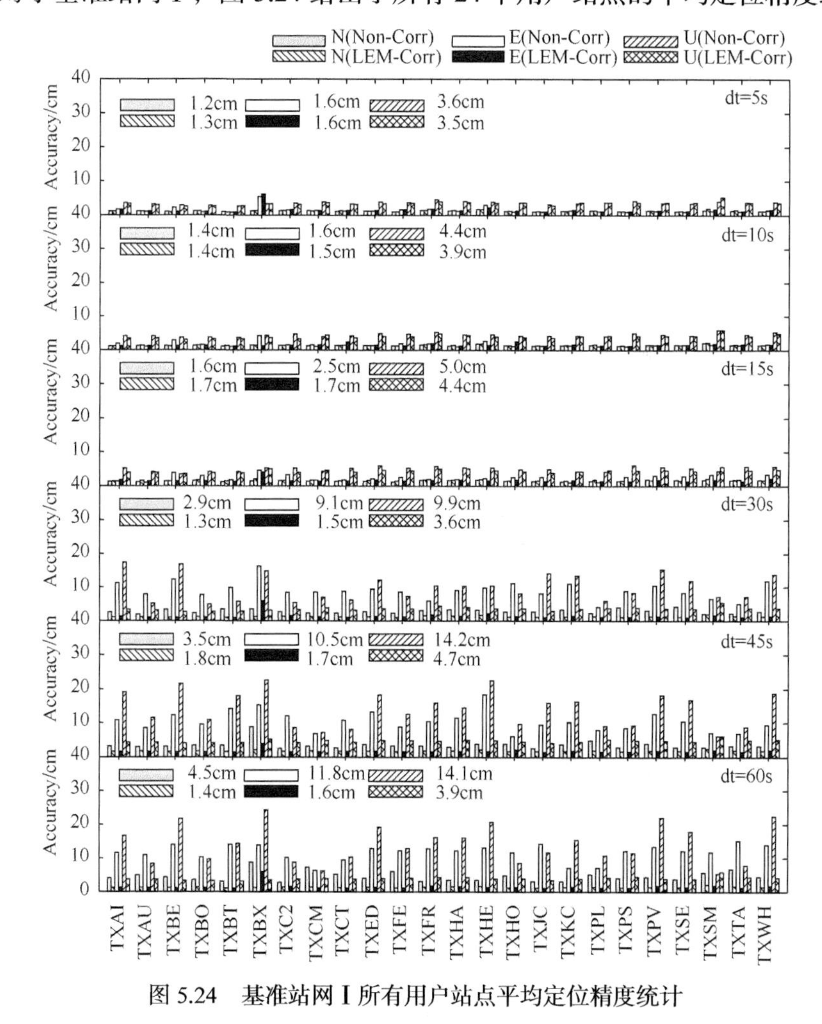

图 5.24　基准站网 I 所有用户站点平均定位精度统计

由图可知，总体而言，定位精度随着时延的增大逐渐降低，对于 5～15s 时延，采用 LEM 前后定位精度仅存在几个 mm 的差异；对于 30s 时延，不采用 LEM，E 和 U 方向的平均精度均超过 9cm，而采用 LEM 后，N、E、U 方向的平均精度由(2.1cm，9.1cm，9.9cm)提高为(1.3cm，1.5cm，3.6cm)，提升幅度分别为 38.1%、83.5%和 63.6%；当时延超过 45s 时，不采用 LEM，U 方向精度已经超过 14cm，而采用 LEM 后，对于 45s 时延的情形，N、E、U 方向精度分别由(3.5cm，10.5cm，14.2cm)提高为(1.8cm，1.7cm，4.7cm)，提升幅度分别为 48.6%、83.8%和 66.9%，对于 60s 时延，N、E、U 方向精度分别由(4.5cm，11.8cm，14.1cm)提高为(1.4cm，1.6cm，3.9cm)，提升幅度分别为 68.9%、86.4%和 72.3%。

对于基准站网Ⅱ，图 5.25 给出了全部 13 个用户站点的平均定位精度统计，当时延不超过 15s 时，采用 LEM 前后的定位精度基本一致；当时延超过 30s 时，采用 LEM 前后各方向的定位精度均有明显提高，尤其是 E 和 U 方向。当时延为 45s 时，N、E 和 U 方向的定位精度由(3.2cm，10.5cm，15.0cm)提高为(1.8cm，1.7cm，

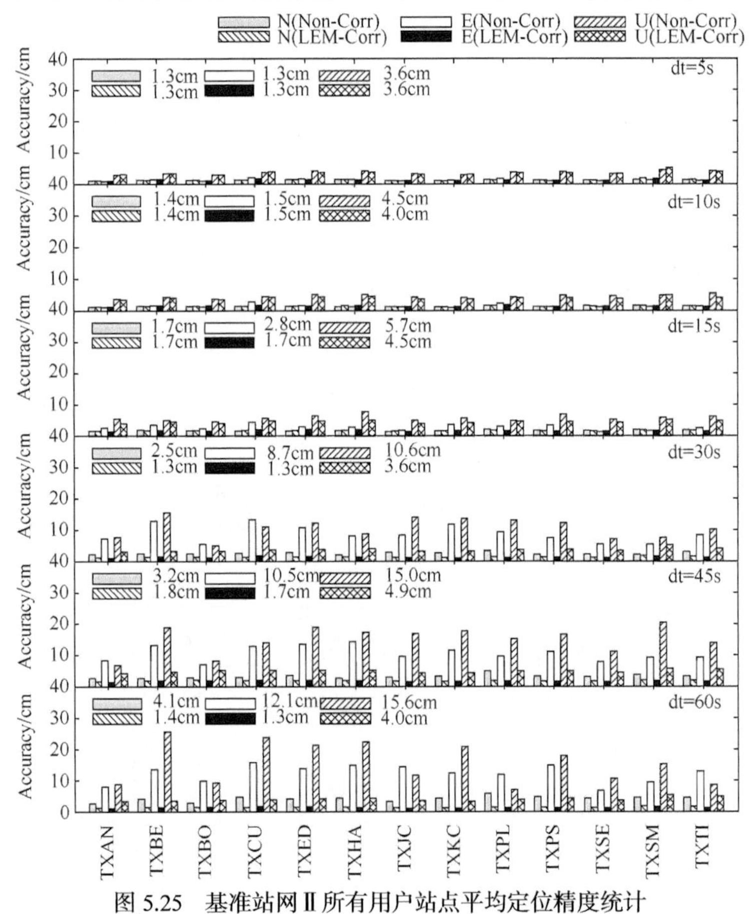

图 5.25　基准站网Ⅱ所有用户站点平均定位精度统计

4.9cm)，分别提高了 43.8%、83.8%和 67.3%；当时延达到 60s 时，各方向定位精度分别由(4.1cm，12.1cm，15.6cm)提高为(1.4cm，1.3cm，4.0cm)，提高幅度分别为 65.9%、89.3%和 74.4%。

总的来说，如果不采用 LEM，仅可在时延较小的情形下保证几个 cm 的定位精度，相比之下，采用 LEM 后，对应 5～60s 不同时延，平面方向精度总是优于 3cm，高程方向精度总是优于 5cm。

图 5.26 和图 5.27 进一步给出两组基准站网的平均历元固定率结果对比，由图可知，不采用 LEM，随着时延的增大，历元固定率急剧下降；采用 LEM 后，对应 5～60s 时延的历元固定率均有不同程度提高，根据统计结果，基准站网 I 的平均历元固定率分别由 88.6%、73.7%、51.0%、20.4%、18.5%和 13.8%提高为 91.0%、91.3%、91.1%、91.0%、90.8%和 90.5%，基准站网 II 则分别由 88.2%、73.2%、

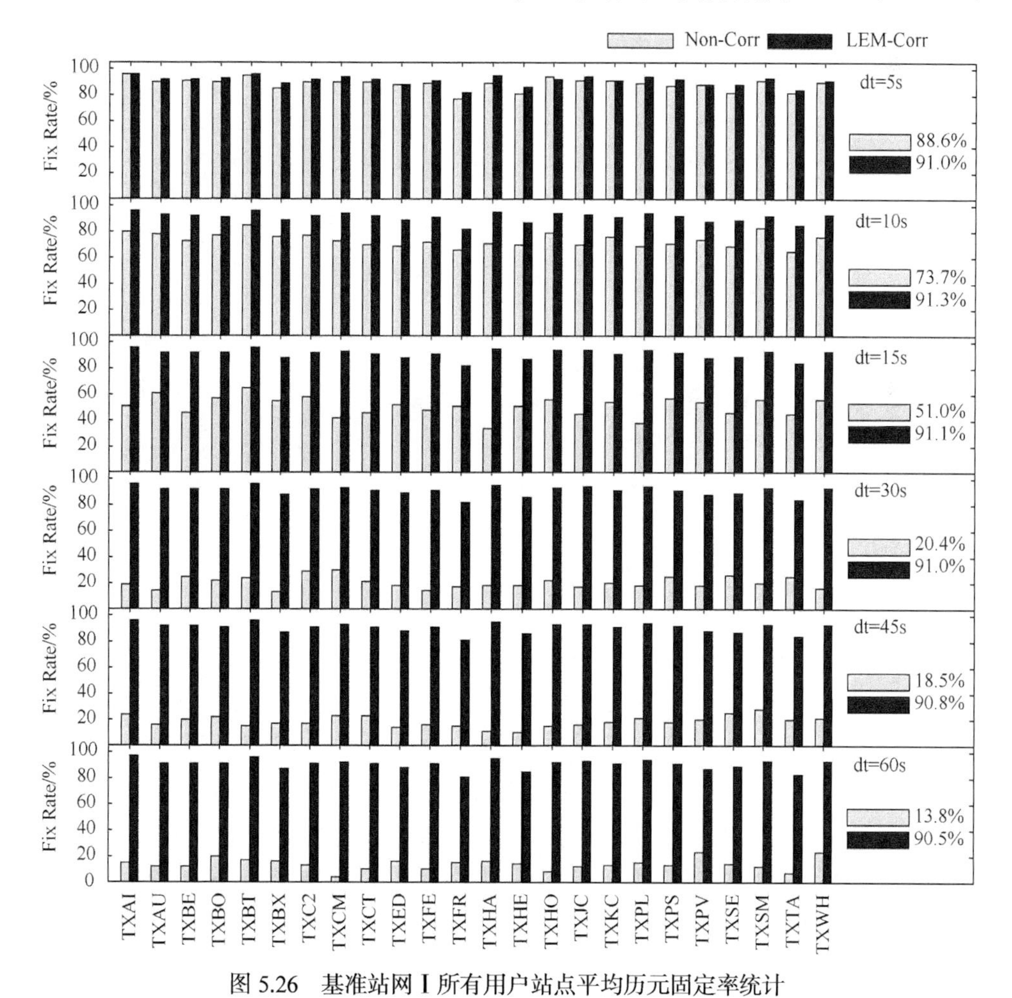

图 5.26　基准站网 I 所有用户站点平均历元固定率统计

48.1%、21.5%、18.9%和 13.1%提高为 89.8%、90.1%、89.8%、89.7%、89.5%和 89.3%。同时，比较两组基准站网的结果可以发现，由于基准站网Ⅱ的间距较大，其历元固定率也略低于基准站网Ⅰ。总体而言，采用 LEM 后，在 5～60s 时延下两组基准站网均可维持较高的历元固定率。

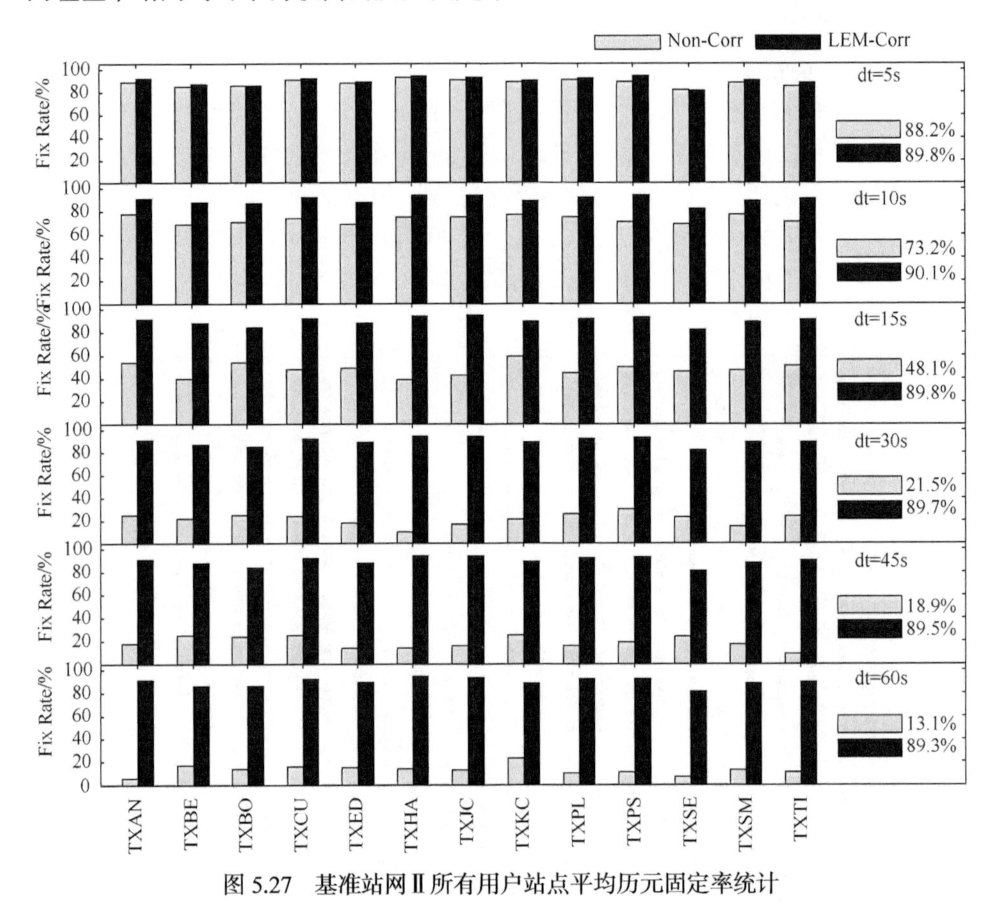

图 5.27　基准站网Ⅱ所有用户站点平均历元固定率统计

5.2.3.4　基于综合误差改正的无人机动态实验分析

为了进一步分析真实动态环境下综合误差的改正效果，本节以实测的无人机动态数据进行实验。数据采集于河南省，时间为 2019 年 DOY101，数据时长约 75min，采样率为 1Hz，接收机和天线分别为 Trimble BD930 和 S82Z_K708A，具体的站点分布和无人机飞行轨迹如图 5.28。其中，基准站坐标精确已知，通过基准站与无人机构成的短基线解算，获取无人机轨迹的参考真值。图 5.29 和图 5.30 分别给出了 10s 和 20s 时延情形下 PPP 的定位误差，与前述章节类似，仅对固定解的精度进行统计。由图可知，10s 时延情形下，采用 LEM 前后均取得了厘米级

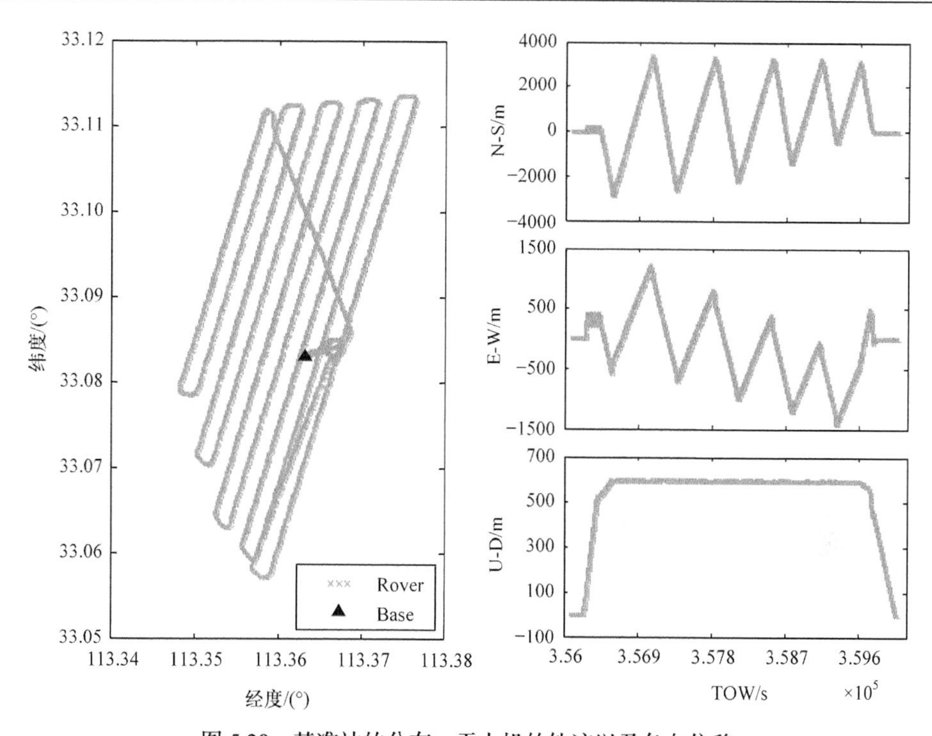

图 5.28　基准站的分布、无人机的轨迹以及各向位移

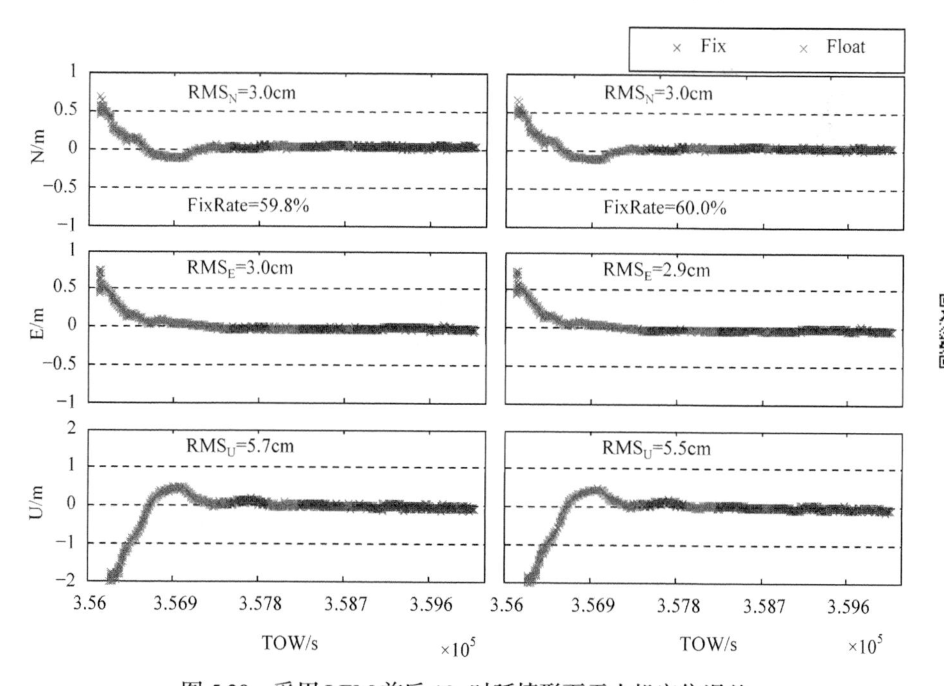

图 5.29　采用LEM前后10s时延情形下无人机定位误差

的精度,二者仅存在几个 mm 差异,采用 LEM 后的历元固定率略有提高,由 59.8%提高为 60.0%；在 20s 时延情形下，采用 LEM 后，N、E、U 方向的定位精度分别由(5.9cm，9.4cm，13.2cm)提高为(3.0cm，2.9cm，5.6cm)，分别提高了 49.2%、69.1%和 57.6%，同时，历元固定率也由 44.1%提高为 59.7%。

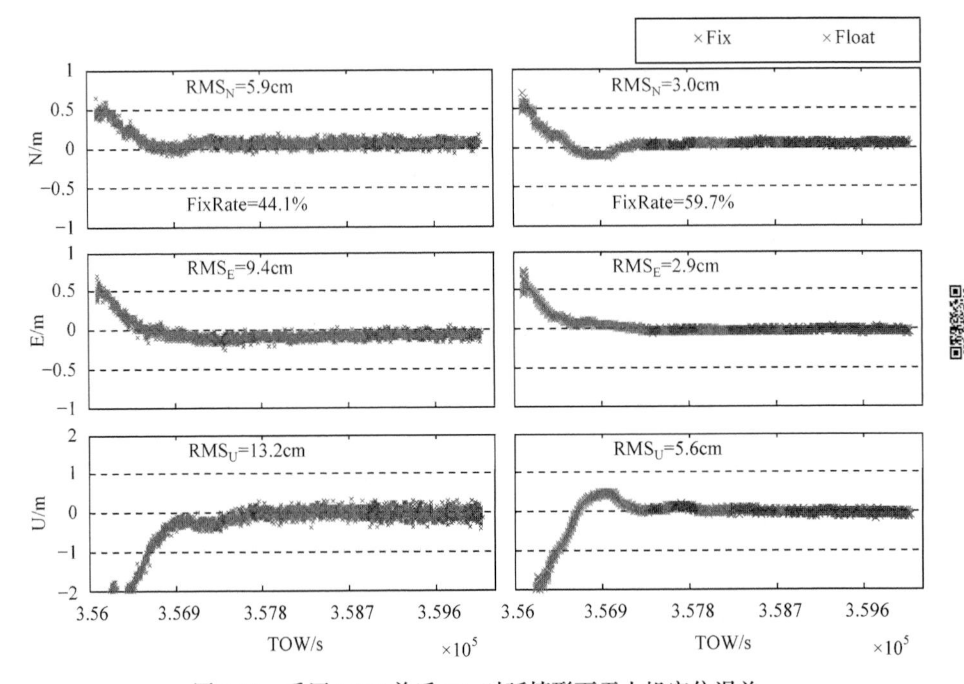

图 5.30　采用 LEM 前后 20s 时延情形下无人机定位误差

5.3　多频钟差频间偏差(IFCB)估计

卫星钟差通常采用某一特定无电离层组合观测值(GPS L1/L2、BDS-2 B1/B2)估计得到，其中包含了对应无电离层形式的硬件延迟偏差，由此得到的钟差产品包含无电离层组合的卫星端硬件延迟，可直接用于双频(L1/L2、B1/B2)精密单点定位。随着多频 GNSS 的发展，当采用多频观测值(L5 或 B3)进行精密单点定位时，无法直接采用 L1/L2(B1/B2)无电离层组合估计得到的卫星钟差，需要额外处理 L1/L2 与 L5(B1/B2 与 B3)之间的偏差，这一与卫星钟差相关的偏差即为频间钟差(IFCB)[9]。

以 BDS-2 为例，采用 B1/B2 与 B1/B3 两种无电离层组合得到的卫星钟差具体表达式如下：

$$c\cdot\tilde{t}_{12}^{s}=c\cdot t^{s}+d_{\mathrm{IF}_{12}}^{s}+\left(\alpha_{12}\cdot\lambda_{1}\cdot\tilde{b}_{1}^{s}+\beta_{12}\cdot\lambda_{2}\cdot\tilde{b}_{2}^{s}\right) \tag{5-22}$$

$$c \cdot \tilde{t}_{13}^{s} = c \cdot t^{s} + d_{\mathrm{IF}_{13}}^{s} + \left(\alpha_{13} \cdot \lambda_1 \cdot \tilde{b}_1^{s} + \beta_{13} \cdot \lambda_3 \cdot \tilde{b}_3^{s}\right) \tag{5-23}$$

式中各符号的含义与第 3 章相同。

将基于 B1/B2 无电离层组合的卫星钟差 $\tilde{t}_{12}^{s}$ 用于 B1/B3 组合的无电离层组合 PPP 数据处理时，伪距观测方程中残余的伪距硬件偏差可通过 DCB 产品修正，基于卫星端伪距硬件延迟时变稳定的特性，载波观测方程中引入的伪距硬件偏差 $d_{\mathrm{IF}_{12}}^{s}$ 通常认为被各卫星的浮点模糊度吸收，而与相位硬件延迟 $\tilde{b}_i^{s}$ 相关的时变项则无法由模糊度等参数完全吸收。为了解决这一问题，可以在服务端采用 B1/B2 和 B1/B3 两种无电离层组合，同时估计两套钟差产品，这无疑会增大服务端的工作负荷，可行性还有待商榷。因此，在 GNSS 数据处理中，一种常用的策略是，在保持已有钟差估计策略不变的基础上，额外估计另外一套钟差产品相对于传统钟差的偏差，即频间钟差。

5.3.1　IFCB 估计方法

基于三频观测数据，IFCB 通常采用无几何无电离层模型进行估计，以 BDS-2 三频观测数据为例，采用 B1/B2 和 B1/B3 两个无电离层组合载波观测值作差[10]：

$$\mathrm{DIF}\left(B_1, B_2, B_3\right) = \mathrm{IF}\left(B_1, B_2\right) - \mathrm{IF}\left(B_1, B_3\right) = \delta + N_{\mathrm{DIF}} \tag{5-24}$$

式中，$\mathrm{IF}\left(B_1, B_2\right)$ 和 $\mathrm{IF}\left(B_1, B_3\right)$ 分别表示 B1/B2 和 B1/B3 的无电离层组合载波观测值；δ 为 IFCB；N_{DIF} 为包含模糊度以及硬件偏差在内的常数项。此外，为了分离较纯净的 IFCB，与频率相关的误差项(如天线、相位缠绕)需采用已有模型进行改正。直接采用式(5-24)求取 IFCB，则需要精确获取模糊度相关的常数项 N_{DIF}，为了避免估计模糊度项带来的运算负担，提高求解速度从而满足卫星钟差产品的实时性需求，可在无周跳的连续弧段，通过相邻历元 t 和 $t-1$ 直接作差，消除常数项 N_{DIF}：

$$\Delta\delta_{(t,t-1)} = \mathrm{DIF}_t\left(B_1, B_2, B_3\right) - \mathrm{DIF}_{t-1}\left(B_1, B_2, B_3\right) \tag{5-25}$$

式中，$\Delta\delta_{(t,t-1)}$ 表示历元间 IFCB 的变化量，通过一个测站即可提取。不过，考虑到单站的卫星可视时段较短，且易受观测噪声等偶然因素的影响，通常采用区域或全球分布的多个测站提取和加权，提高 IFCB 的连续性和稳定性：

$$\overline{\Delta\delta}_{(t,t-1)} = \frac{\sum_{r=1}^{n} \Delta\delta_{r,(t,t-1)} \cdot w_{r,(t,t-1)}}{\sum_{r=1}^{n} w_{r,(t,t-1)}} \tag{5-26}$$

式中，$\overline{\Delta\delta}_{(t,t-1)}$ 为 IFCB 变化量的多站加权平均值；$w_{r,(t,t-1)}$ 为不同站点对应的权重。通常接收机的质量以及观测环境对 IFCB 的影响很大，因此，采用的站点越多，IFCB 估值的可靠性也越好。

在得到各历元的$\overline{\Delta\delta}_{(t,t-1)}$后，以$t_0$历元作为基准(通常为起始历元)，通过逐历元累加，得到基于参考历元的完整 IFCB 时间序列：

$$\delta_{(t)} = \delta_{(t_0)} + \sum_{p=t_0+1}^{t} \Delta\delta_{(p,p-1)} \tag{5-27}$$

式中，$\delta_{(t)}$和$\delta_{(t_0)}$分别为当前历元和基准历元的 IFCB 值。需要注意的是，由此得到的 IFCB 会包含与基准历元相关的固定偏差项，不过，这一偏差会被浮点模糊度吸收，并不会影响最终的定位结果。此外，需要注意的一点是，随着累加时间的增长，式(5-27)可能存在误差累积的问题，因此，合理确定式(5-26)中不同站点的权重$w_{r,(t,t-1)}$，从而减少测量噪声的干扰以确保最终 IFCB 的精度尤为重要。

在传统 GNSS 领域，定权方法通常与高度角、信噪比等相关，李浩军和潘林在 IFCB 的估计过程中采用了基于高度角的定权模型[11,12]：

$$w_{r,(t,t-1)} = \begin{cases} \sin E_{(t,t-1)}, & E_{(t,t-1)} < 40° \\ 1, & E_{(t,t-1)} \geqslant 40° \end{cases} \tag{5-28}$$

式中，$E_{(t,t-1)}$为卫星高度角。

针对 BDS-2 高中轨卫星相结合的星座特点，夏炎等提出了一种综合高度角、信噪比以及站星距离的定权模型[10]：

$$w_{r,(t,t-1)} = S \cdot \frac{\sin^2 E_{(t,t-1)}}{\rho^2} \tag{5-29}$$

式中，ρ为站星距；S为尺度因子，具体表达式如下：

$$S = \begin{cases} 1, & \begin{array}{l} \left|\mathrm{SNR}_{B_1} - \mathrm{SNR}_{B_2}\right| \leqslant 4 \\ \left|\mathrm{SNR}_{B_1} - \mathrm{SNR}_{B_3}\right| \leqslant 3 \end{array} \\ \dfrac{4}{\left|\mathrm{SNR}_{B_1} - \mathrm{SNR}_{B_2}\right|}, & \left|\mathrm{SNR}_{B_1} - \mathrm{SNR}_{B_2}\right| > 4 \\ \dfrac{3}{\left|\mathrm{SNR}_{B_1} - \mathrm{SNR}_{B_3}\right|}, & \left|\mathrm{SNR}_{B_1} - \mathrm{SNR}_{B_3}\right| > 3 \end{cases} \tag{5-30}$$

式中，$\mathrm{SNR}_{B_i}\,(i=1,2,3)$分别为 BDS-2 B1/B2/B3 频率的信噪比。

5.3.2 IFCB 建模方法

已有研究表明，GPS 的 Block IIF 卫星和 BDS-2 的 GEO/IGSO 卫星的 IFCB 时间序列表现出一定的周期性，其中，Montenbruck 等初步分析 GPS Block IIF 卫星 IFCB 的时变特性，指出了其部分原因是卫星受太阳光照内部温度产生变化[9]，

Li 等和 Pan 等在对 BDS-2 卫星 IFCB 的研究中发现，GEO 和 IGSO 卫星的 IFCB 也呈现出类似的周期性[13,14]。基于此特性，可对 IFCB 进行建模并预报，以满足多频 PPP 的实时性需求。

在 IFCB 的建模方法方面，相关的模型主要有以下三种：

(1) 分段多项式模型[13]

$$\delta_{(t)}=\begin{cases}a_1+b_1\cdot t+c_1\cdot t^2, & 0<t\leqslant 12h\\ a_2+b_2\cdot t+c_2\cdot t^2, & 12h<t\leqslant 24h\end{cases} \tag{5-31}$$

式中，t 为观测时间；$a_i,b_i,c_i(i=1,2)$ 为模型系数，分别表示 IFCB 的常数项、线性趋势项以及非线性变化项。

(2) 简单三角函数模型[15]

$$\delta_{(t)}=a+b\cdot t+\lambda\cdot\sin(\alpha+\theta) \tag{5-32}$$

式中，a,b,λ,θ 模型系数，分别表示常数项、线性项、振幅以及相位偏移；α 表示太阳-地心-卫星构成的夹角。

(3) 高阶谐波函数模型[10,16]

$$\delta_{(t)}=a+b\cdot t+\sum_{i=1}^{n}\lambda_i\cdot\sin\left(\frac{2\pi}{T_i}\cdot t+\theta_i\right) \tag{5-33}$$

式中，n 为谐波函数阶数；λ_i、T_i、θ_i 分别为第 i 阶谐波对应的振幅、周期与相位偏移，其余符号与之前含义相同。实际使用中，可采用傅里叶变换的方法，对 IFCB 进行频谱分析，以确定具体的阶数 n 以及相对应的周期 T_i。由于该模型既考虑了线性变化项，又充分考虑了不同特性谐波的叠加效果，因此建模效果优于前面两种模型。

5.3.3　IFCB 实验分析

为了保证 IFCB 序列的连续性，选取分布于全球的 184 个 MGEX 观测站 14 天(2018 年 DOY140～146 与 2020 年 DOY245～251)的观测数据解算 GPS/BDS-2 的 IFCB，数据采样率为 30s。IFCB 提取过程中，高度截止角设为 15°，联合电离层残差法与 MW 组合进行周跳探测，并采用式(5-29)给出的随机模型对不同测站的 IFCB 变化量进行加权。基于提取的 IFCB 结果，后续实验主要从三方面展开分析：①IFCB 的时空特性；②IFCB 的建模与预报；③IFCB 对三频非组合 PPP 的影响。为了保证有足够的可视 BDS-2 卫星数，选取分布于亚太地区的 3 个连续跟踪站(KARR、KAT1、MRO1)作为用户站点。

5.3.3.1　IFCB 时空特性

图 5.31 是分别由 CUT0、NNOR 和 PERT 三个测站提取得到的 G32 与 C06 卫

星的 IFCB 序列，可以发现，在观测弧段内，IFCB 发生了几厘米的波动，共视时段由不同测站提取的 IFCB 变化趋势一致，相同历元的 IFCB 值也基本相同，可见 IFCB 与测站无关，而是卫星端产生的一项偏差。

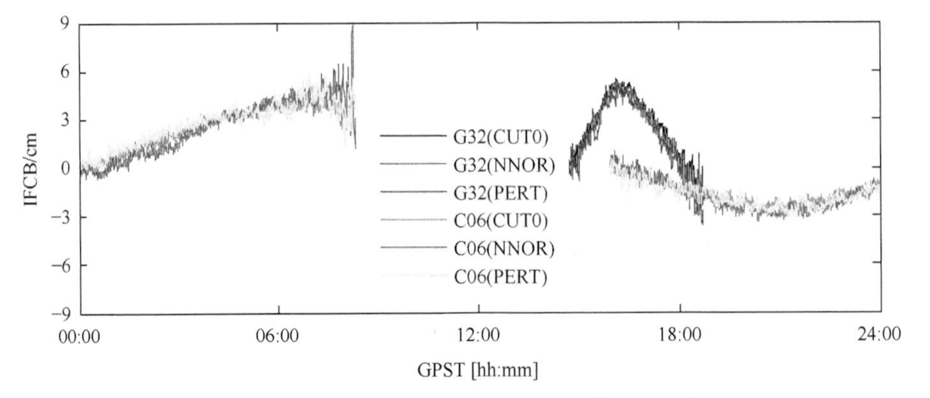

图 5.31　不同测站提取的 G32 与 C06 卫星 IFCB 序列

以每天零点为参考历元计算各卫星单天 IFCB 序列，图 5.32 为 GPS Block IIF

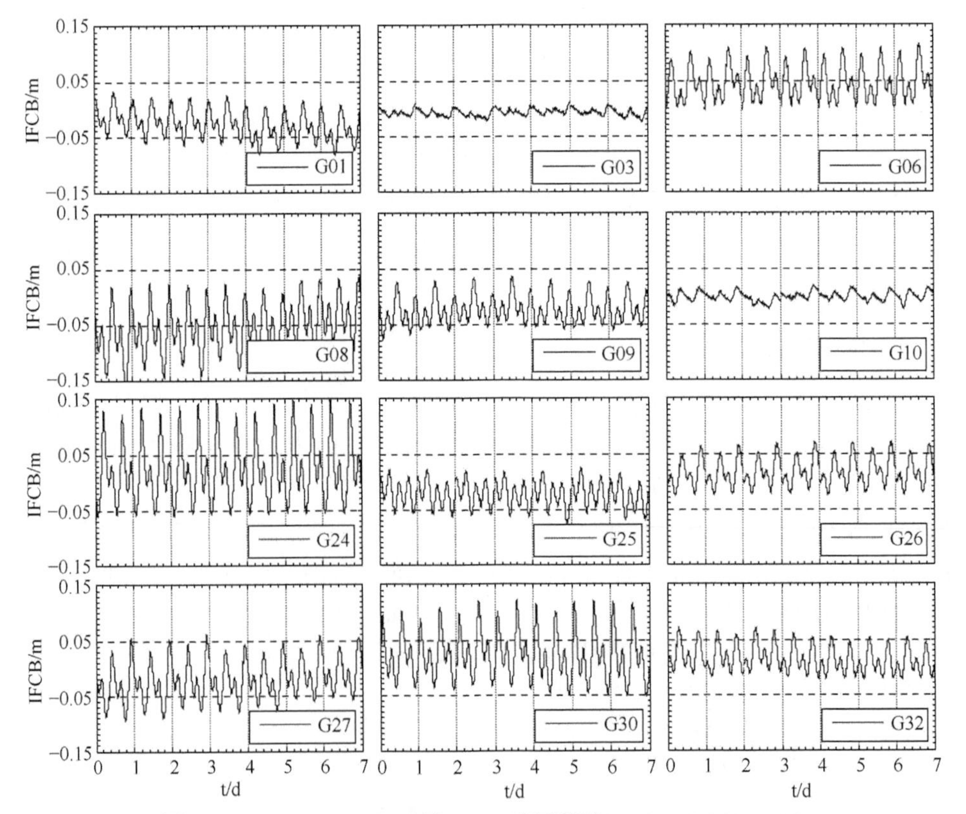

图 5.32　GPS Block IIF 卫星 IFCB 时间序列(2018DOY140～146)

卫星在2018年DOY140～146的IFCB序列。可以看出，GPS卫星的IFCB随时间规律性变化，周期性明显，约为1个恒星日，不同天之间重复性较好；其变化量级由几厘米到十几厘米不等，譬如G24卫星最大可超过15cm，这对精密定位而言是不可忽略的一项误差。

此外，随着GPS现代化稳步推进，截至2020年6月，已有2颗Block III卫星(G04和G18)提供服务，共存的Block IIF与Block III卫星均能够提供三频数据，由于Block IIF和Block III分别由波音和洛克希德·马丁这两家不同的厂商制造，Block III是否存在与Block IIF类似的IFCB是多频数据处理首先要解决的问题。为此，图5.33给出了2020年DOY148全部GPS三频卫星的IFCB序列，可以发现，G04和G18单天IFCB序列的均值分别为6mm和2mm，标准差仅为4mm和3mm，基本与载波观测值噪声水平一致，与Block IIF相比，Block III卫星不存在明显的IFCB，数据处理中可以不予考虑。

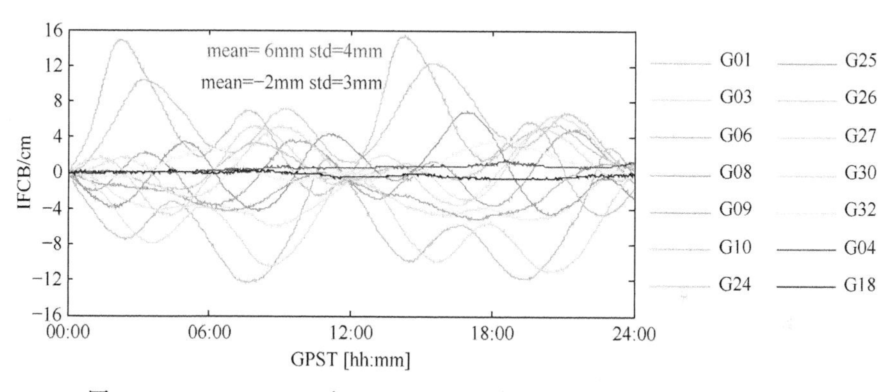

图5.33　GPS Block IIF和Block III卫星的IFCB序列(2020年DOY148)

图5.34为BDS-2卫星连续7天的IFCB序列，可以看出，BDS-2 GEO(洋红色)和IGSO(蓝色)卫星的IFCB与GPS Block IIF卫星类似，均可以看到较为明显的周期性变化，其中C02和C05由于观测数据质量差，周跳频繁，影响了最终的IFCB解算结果，故效果略差于其余GEO卫星；MEO卫星的轨道周期约为7天，因此，单天IFCB序列并无明显周期性规律(绿色)。总体而言，BDS-2所有卫星的IFCB变化量级比GPS小，一般不超过3cm，且GEO卫星变化量级略大于IGSO和MEO卫星。

5.3.3.2　IFCB建模与预报

本节采用谐波函数对IFCB进行建模与预报，首先通过2020年DOY245～251全球监测站的数据提取各卫星的IFCB序列，然后通过傅里叶变换的方法进行频谱分析，具体结果如图5.35所示。由图可知，GPS Block IIF卫星在多个频率出现

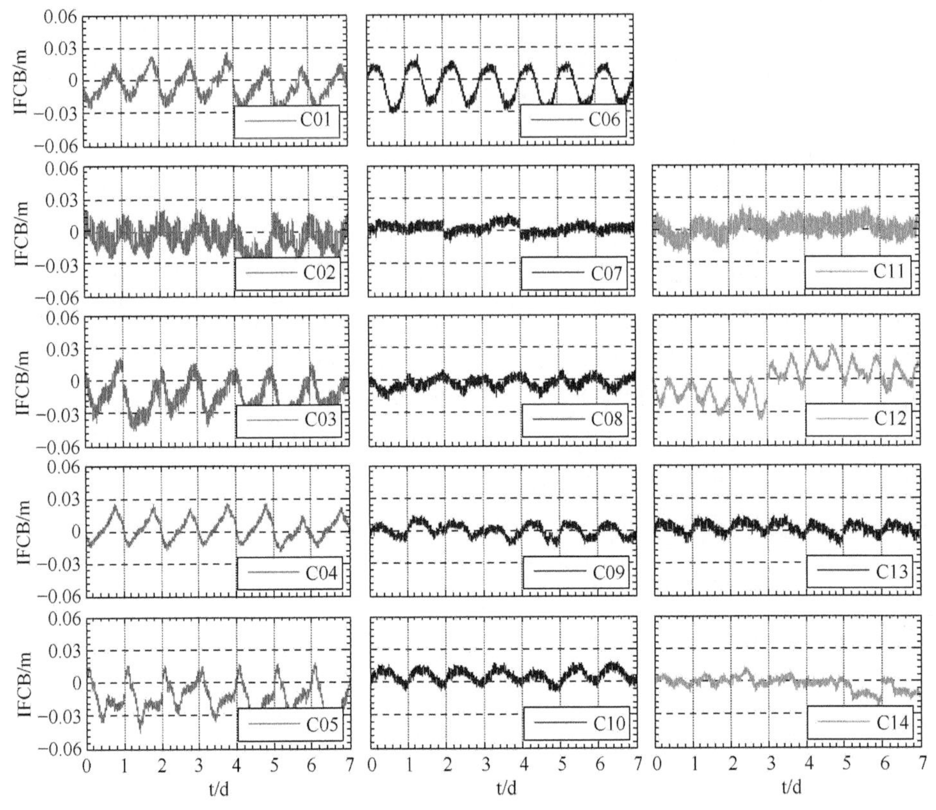

图 5.34　BDS-2 卫星 IFCB 时间序列(2018DOY140～146)

明显的峰值，对应的周期分别为 24h、12h、8h、6h、4h 和 3h，其中 12h 和 6h 周期对应的峰值最明显；对于 BDS-2 系统，GEO 与 IGSO 卫星在频谱图中也出现多个峰值，并且峰值对应的频率点与 GPS 一致，其中，GEO 卫星对应的 4 个周期项分别为 24h、12h、8h 和 6h，对于 IGSO 卫星，24h 和 12h 两个周期项较明显，8h 和 6h 周期对应的峰值不如 GEO 明显。基于上述分析，分别采用 6 阶和 4 阶谐波函数对 GPS 和 BDS-2 的 IFCB 进行建模与预报分析。

利用 MATLAB 的函数拟合工具箱，由前 5 天的 IFCB 序列计算模型系数，并根据建立的模型预测之后 2 天的 IFCB 值，以 IGS 站点实际提取的 IFCB 作为真值，评估谐波函数的拟合精度与预测精度。图 5.36 为 GPS Block IIF 卫星 IFCB 的建模结果，可以看出，谐波函数的拟合值与预测值均与真值高度吻合，在模型的拟合精度方面，RMS 值最大为 G25 的 1.2cm，所有卫星的平均拟合精度为 0.6cm；在模型的预测精度方面，G32 卫星的精度最差，为 1.5cm，各卫星的平均预测精度为 0.9cm。总体而言，谐波函数的拟合和预测精度均优于 2cm，模型的预测精度略低于拟合精度。

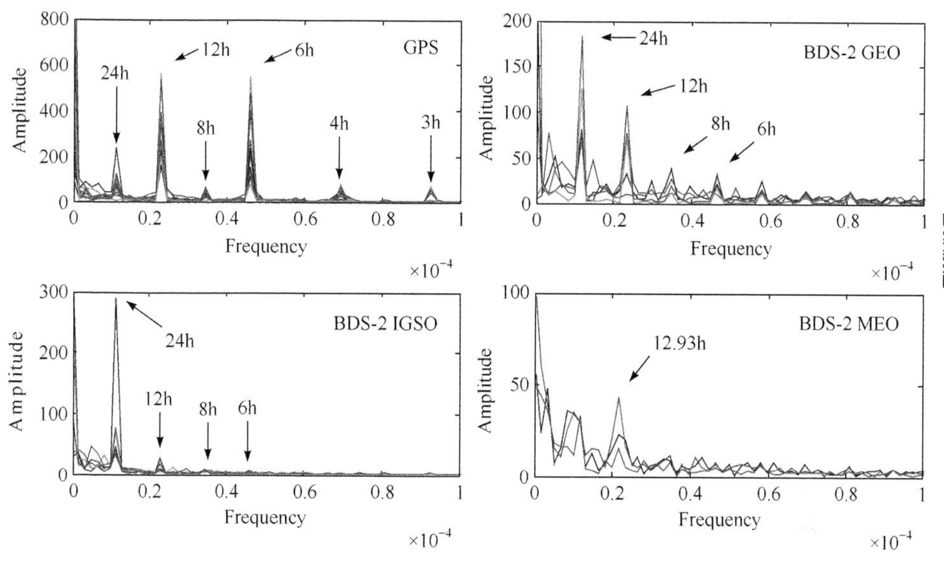

图 5.35　GPS 与 BDS-2 卫星 IFCB 时间序列频谱分析

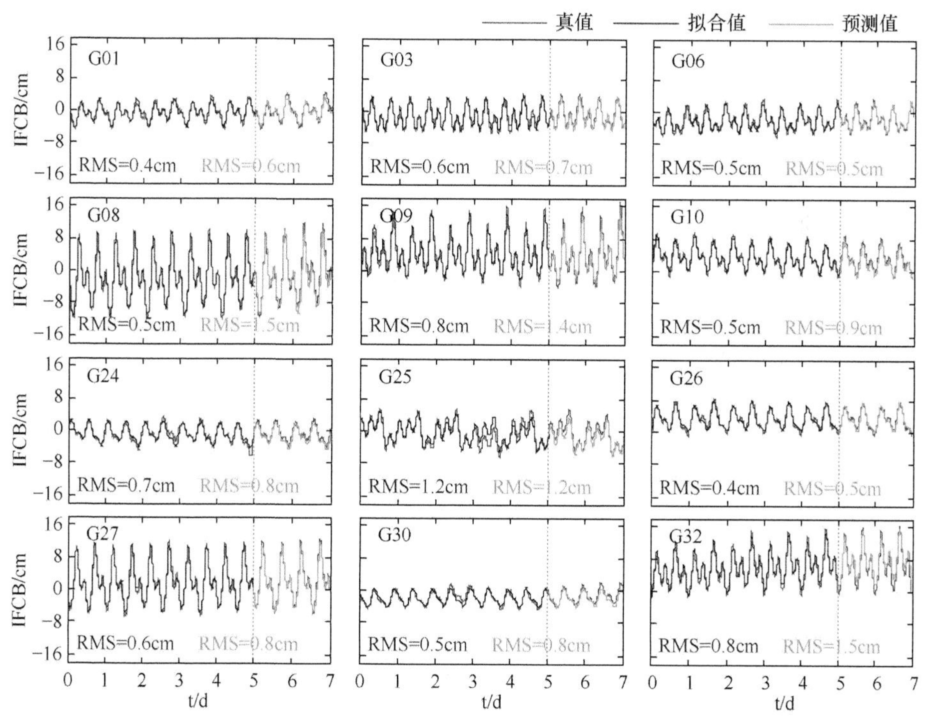

图 5.36　GPS Block IIF 卫星 IFCB 建模结果

表 5.3 为 GPS 各卫星的具体拟合系数，由表可知，各卫星 IFCB 对应的线性项 b 均为 0，这是由于 IFCB 的时间序列较短，趋势项不明显造成的；各卫星与

24h、12h、8h、6h、4h、3h 周期相对应的平均振幅值分别为 0.70cm、2.89 cm、0.29 cm、2.63 cm、0.30 cm 和 0.22cm，其中 12h 与 6h 的振幅较大，8h、4h 与 3h 对应的振幅较小，这也与频谱分析图中的各峰值的高低相匹配。

表 5.3　GPS Block IIF 卫星 IFCB 模型拟合系数(a,b,λ_i 单位为 cm；θ_i 单位为度)

PRN	G01	G03	G06	G08	G09	G10	G24	G25	G26	G27	G30	G32
a	−0.74	−1.48	−2.33	−2.58	4.59	3.95	−0.60	0.17	3.27	1.05	−2.38	3.87
b	0.00	0.00	0.00	0.00	0.00	0.00	0.00	0.00	0.00	0.00	0.00	0.00
λ_1	−0.58	0.13	0.66	−0.79	−1.32	0.49	0.20	2.09	0.72	−0.26	0.16	−0.97
θ_1	13.16	14.21	88.50	40.95	−8.02	23.43	28.44	−39.02	274.40	253.38	32.56	47.68
λ_2	−2.02	−1.77	−2.14	−5.54	3.62	2.98	2.14	1.57	2.74	−5.24	−1.90	3.06
θ_2	13.35	19.23	−54.95	34.91	161.77	−33.34	5.39	72.58	−48.83	68.43	−63.23	−75.55
λ_3	−0.26	0.19	0.45	−0.10	−0.71	−0.18	0.09	−0.35	0.39	0.22	0.28	−0.22
θ_3	6.59	15.19	−62.67	−23.55	41.16	22.65	6.62	28.43	50.30	25.70	59.47	−64.79
λ_4	1.48	2.70	−1.98	5.47	−4.47	−2.25	1.04	2.30	−1.37	3.96	−0.72	−3.77
θ_4	22.63	27.73	17.61	63.43	107.61	87.21	13.44	13.42	42.06	119.75	43.07	18.84
λ_5	0.17	0.39	0.16	−0.77	−0.22	0.23	−0.20	−0.11	0.22	−0.64	0.08	0.40
θ_5	17.13	47.34	68.80	−2.53	144.51	1.48	2.99	49.03	−58.71	63.60	66.37	−23.47
λ_6	0.04	0.13	0.15	0.73	−0.50	−0.07	0.02	−0.01	0.04	−0.53	0.09	0.39
θ_6	0.80	31.42	−15.43	48.94	−34.24	−67.40	54.14	70.21	76.26	−21.97	10.15	−41.60

由于 BDS-2 MEO 卫星没有明显的周期特性，因此仅对 GEO 和 IGSO 卫星的 IFCB 进行建模，具体结果如图 5.37 所示，由图可知，GEO 卫星中，C04 和 C05 的拟合与预测精度优于 C01～C03，其原因是解算时段 C01～C03 观测数据质量差，提取的 IFCB 本身精度较低，影响了建模效果；IGSO 卫星中，C06 的周期性与建模效果较好，C09 的拟合效果略差。总体而言，所有卫星的平均拟合精度和预测精度可达 0.6cm 和 0.8cm。

表 5.4 为 BDS-2 GEO/IGSO 卫星谐波函数的拟合系数，与 GPS 类似，由于观测时段较短，谐波函数中的长期线性项 b 也为 0；GEO 卫星对应于 24h、12h、8h 和 6h 周期项的平均振幅分别为 0.9cm、0.5cm、0.2cm 和 0.1cm，其量级大小基本与频谱分析中各峰值的高低相对应，IGSO 卫星各周期项对应的平均振幅为 0.9cm、0.1cm、0.1cm、和 0.0cm，其中第 3 阶和第 4 阶谐波对 IFCB 的影响仅为毫米级；由于 BDS-2 的 IFCB 量级本身较小，各振幅值也明显比 GPS 小。

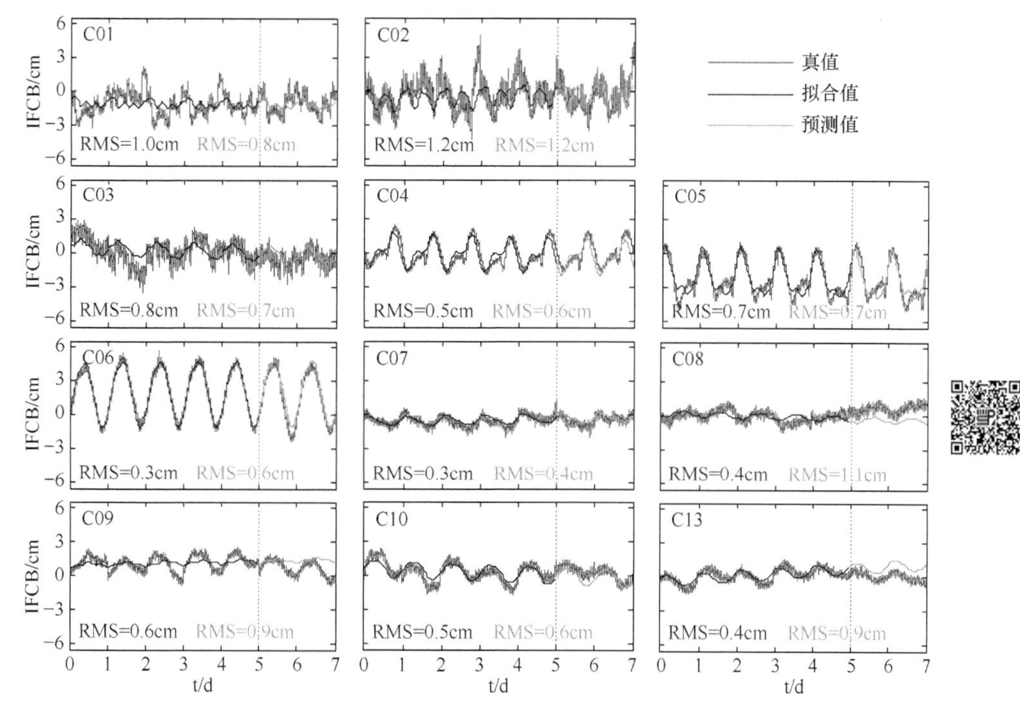

图 5.37　BDS-2 卫星 IFCB 建模结果

表 5.4　BDS-2 GEO/IGSO 卫星 IFCB 模型拟合系数(a,b,λ_i 单位为 cm；θ_i 单位为度)

PRN	C01	C02	C03	C04	C05	C06	C07	C08	C09	C10	C13
a	−1.07	−0.75	0.41	0.22	−1.95	1.86	−0.58	0.22	0.90	0.79	−0.40
b	0.00	0.00	0.00	0.00	0.00	0.00	0.00	0.00	0.00	0.00	0.00
λ_1	0.30	0.32	0.74	−1.26	1.78	2.82	0.45	−0.33	−0.67	0.81	0.58
θ_1	55.04	28.24	−20.61	3.26	60.02	−44.51	40.03	14.01	119.00	−23.40	−26.36
λ_2	−0.11	0.37	0.13	−0.63	1.02	0.25	0.18	−0.05	−0.02	0.08	0.12
θ_2	5.97	8.70	117.73	49.34	−4.94	15.29	54.98	20.11	97.83	51.46	−52.84
λ_3	0.33	−0.12	−0.07	0.09	0.19	0.08	0.06	0.04	−0.08	−0.09	0.10
θ_3	31.92	52.79	−49.09	18.13	83.09	−39.85	7.92	14.28	47.12	96.64	−50.28
λ_4	−0.09	−0.10	0.14	−0.05	0.27	−0.08	0.02	0.00	−0.01	−0.01	0.04
θ_4	55.40	55.16	31.69	2.07	71.58	−17.71	14.84	27.11	55.05	77.14	203.81

5.3.3.3　IFCB 对多频 PPP 的影响

本节主要分析 IFCB 对 BDS-2 与 GPS 三频 PPP 的影响，为后续多频 PPP 固定解做准备。数据来源于亚太地区的 3 个 MGEX 跟踪站，采样率为 30s，在 PPP 数据处理中，采用 IGS 提供的多系统 DCB 产品改正 B3/L5 频点的卫星端 DCB，精密轨道、钟差产品由 GFZ 提供，并采用对应的天线改正。其中，GPS 卫星端和接收机端的天线采用 IGS 发布的 IGS14.atx 文件进行改正，由于接收机端缺少 L5 频点参数，故采用 L2 频点天线参数对 L5 观测值进行改正；BDS-2 GEO 卫星端天线改正采用名义值，非 GEO 卫星采用由 ESA 提供的参数进行改正，由于现阶段 BDS 缺少接收机端天线改正，为了与精密产品的数据处理策略保持一致，故采用 GPS L1/L2/L5 的天线参数对 BDS-2 B1/B2/B3 观测值进行改正。

首先以多频无电离层组合模型为例，图 5.38 给出了 IFCB 改正前后，KARR 测站单 BDS-2 静态 PPP 的定位误差，具体统计结果如表 5.5。可以看出，在考虑 IFCB 改正后，三个方向的定位精度和收敛时间均有提高，N、E、U 方向定位精度分别提高了 21.1%、11.1%和 9.9%，收敛时间分别缩短了 26.7%、10.4%和 24.4%。

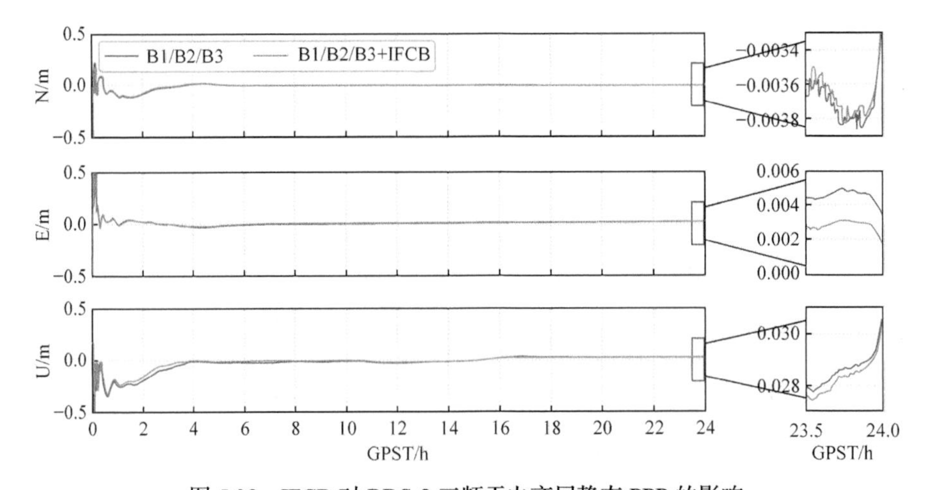

图 5.38 IFCB 对 BDS-2 三频无电离层静态 PPP 的影响

表 5.5 IFCB 改正前后 BDS-2 三频无电离层静态 PPP 结果统计

实验策略	定位精度/mm			收敛时间/min		
	N	E	U	N	E	U
不改正 IFCB	1.9	3.6	27.3	38.2	54.0	196.9
改正 IFCB	1.5	3.2	24.6	28.0	48.4	148.8

以三频非组合模型为例，图 5.39 分别给出了 IFCB 改正前后单 BDS-2 和单 GPS 三频 PPP 的误差曲线。对于单 BDS-2，由于其本身 IFCB 变化量级小，且目前 GEO 卫星轨道精度差，IFCB 改正对静态 PPP 的结果影响较小(如图 5.39 左图所示)，改正 IFCB 前后，N 方向误差变化曲线基本重合，在 E、U 方向，前 6h 可

以看到定位精度有小幅提高，整个时段单 BDS-2 在 N、E、U 三个方向定位精度由(0.4cm，0.7cm、2.4.cm)提高为(0.4cm，0.6cm，2.2cm)，三维精度由 2.5cm 提高为 2.3cm，提高了 8.0%。对于单 GPS，由于其 IFCB 变化量级较大，IFCB 改正前后，N、E、U 方向的定位误差改善明显(如图 5.39 右图所示)，不改正 IFCB，N、E、U 方向的定位精度为(1.0cm，1.0cm，2.8cm)，改正 IFCB 后，定位精度提高为(0.3cm，0.2cm，0.4cm)，分别提高了 70.0%、80.0%和 85.7%，三维精度由 3.2cm 提高为 0.5cm，提高了 84.4%。

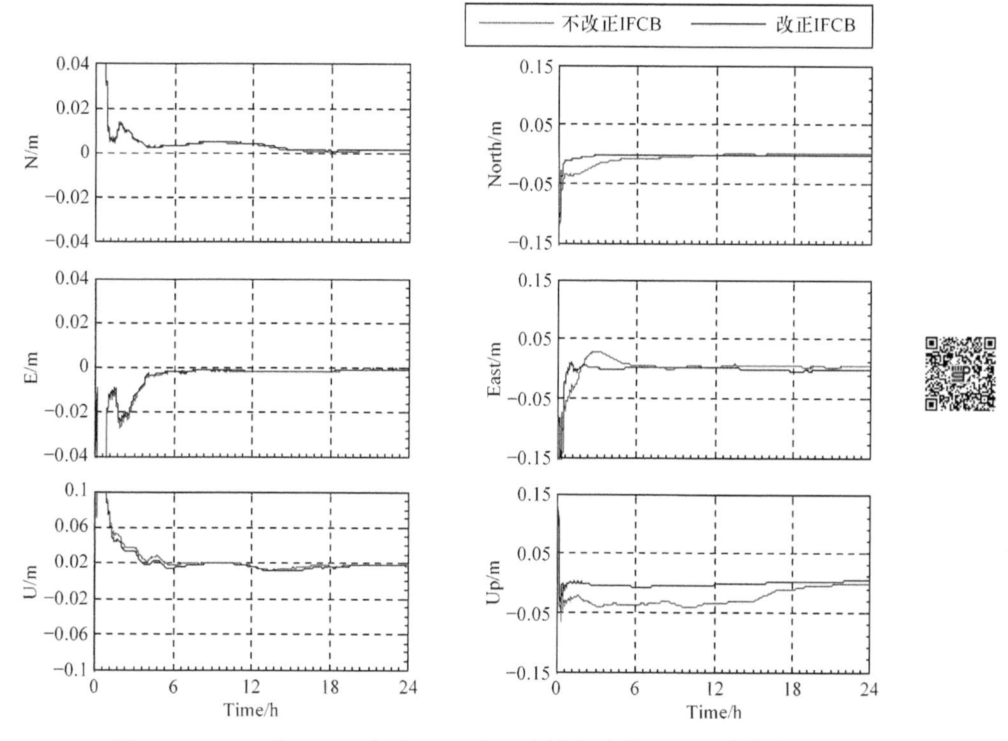

图 5.39 IFCB 对 BDS-2(左)和 GPS(右)三频非组合静态 PPP 的影响

除观测噪声外，一些非模型化的误差，譬如 IFCB 会体现在观测方程验后残差中，图 5.40 和图 5.41 分别给出了 MRO1 测站 GPS 卫星 L5 频点和 BDS-2 GEO/IGSO/MEO 卫星 B3 频点的载波相位验后残差序列分布。由图可知，不加 IFCB 改正，GPS 卫星 L5 以及 BDS-2 卫星 B3 频点的相位残差体现出明显的系统性误差，GPS 最为明显，GPS 卫星和 BDS-2 GEO/IGSO/MEO 卫星相位残差标准差分别为 0.80cm，0.33cm，0.28cm 和 0.26cm；改正 IFCB 后，这一系统性误差得以消除，相应的相位残差标准差分别为 0.20cm，0.15cm，0.19cm 和 0.21cm，分别减小了 75.0%，54.5%，32.1%和 19.2%，GPS 卫星的改善效果最为明显，这与 GPS 自身 IFCB 量级较大有关。

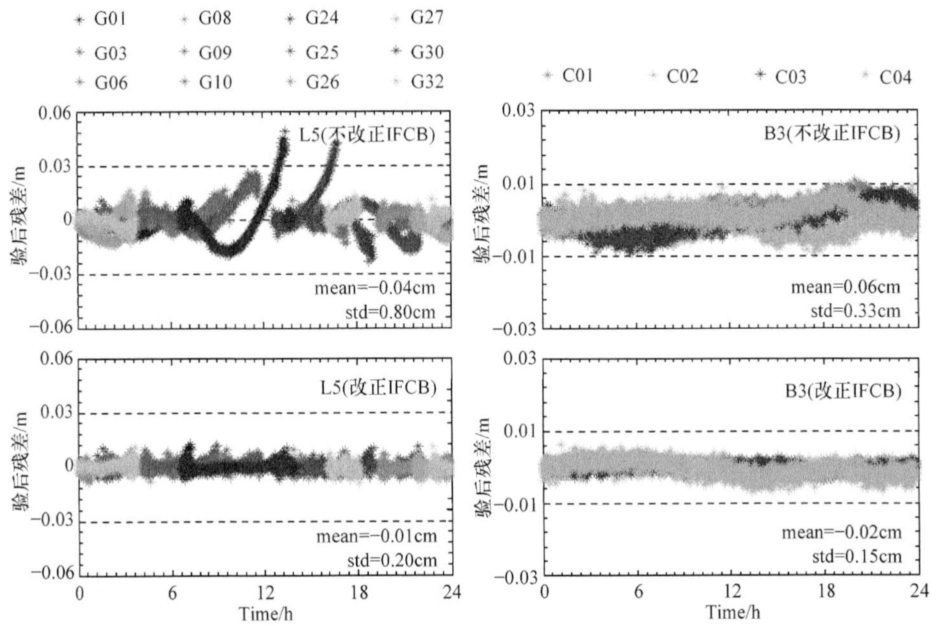

图 5.40　改正 IFCB 前后 GPS Block IIF(左)和 BDS-2 GEO(右)卫星验后残差

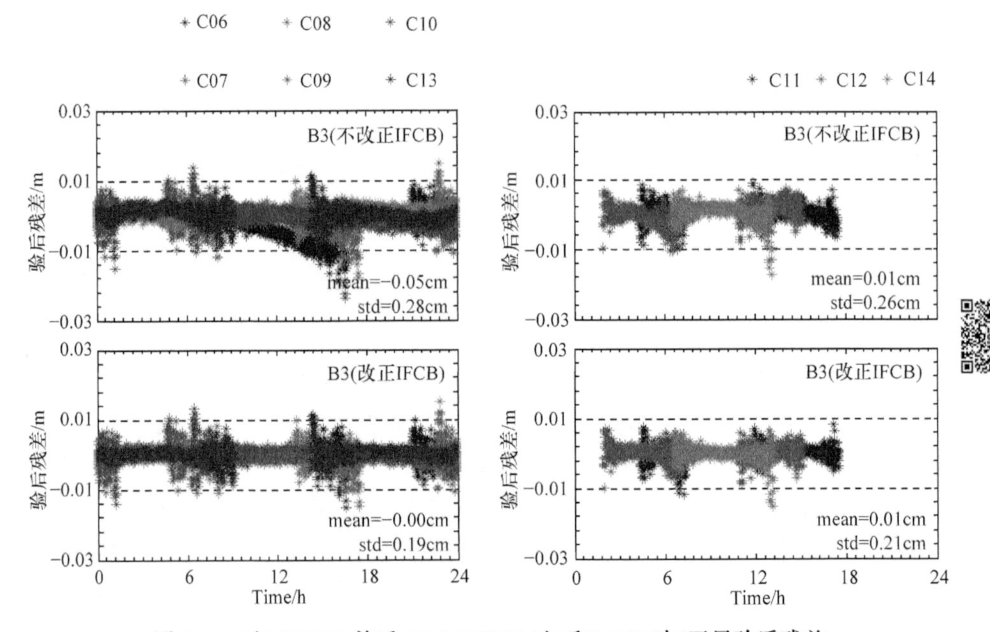

图 5.41　改正 IFCB 前后 BDS-2 IGSO(左)和 MEO(右)卫星验后残差

将每个测站 24h 数据分成 3 个时段，以单 BDS-2、单 GPS 和 BDS-2/GPS 组合 3 种模式进行仿动态 PPP 解算，图 5.42 为 KAT1 测站的定位结果，各站点详细统计结果见表 5.6。由图可知，IFCB 对单 BDS-2 动态 PPP 的定位结果影响很小，IFCB 改正前后，定位精度基本一致，而对单 GPS 和 BDS-2/GPS 双系统组合动态 PPP 而言，改正 IFCB 对定位结果有较大改善。对于单 GPS，IFCB 改正后 N、E、U 方向定位精度由(2.7cm，5.1cm，8.0cm)提高为(1.0cm，1.8cm，3.2cm)，分别提高了 63.0%、64.7%和 60.0%，三维定位精度提高了 59.6%；对于 BDS-2/GPS 双系统动态 PPP，IFCB 改正前 N、E、U 方向定位精度为(1.4cm，2.1cm，4.6cm)，IFCB 改正后 N、E、U 方向定位精度提高为(0.6cm，0.9cm，2.1cm)，分别提高了 57.1%、57.1%和 54.3%，三维定位精度提高了 54.7%。总体而言，单 BDS-2 动态 PPP 的定位性能差于单 GPS，通常需要约 2h 的时间才能达到 10cm 的精度，BDS-2/GPS 双系统组合可视卫星数多，定位的精度和稳定性优于单 BDS-2 和单 GPS。

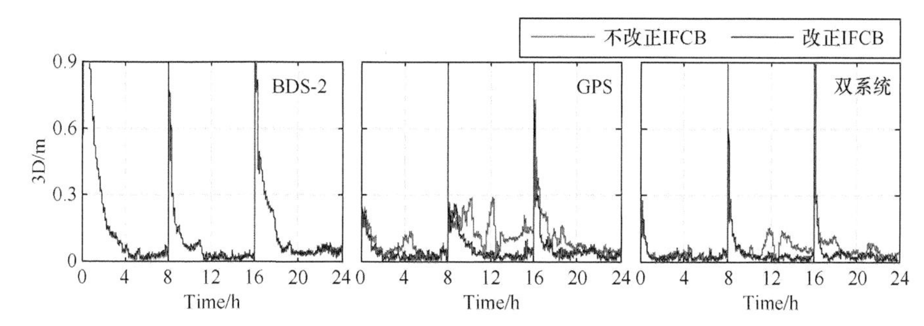

图 5.42 IFCB 对三频非组合动态 PPP 的影响

表 5.6 IFCB 改正前后三频非组合动态 PPP 精度统计

观测站	方案	定位精度/cm							
		不改正 IFCB				改正 IFCB			
		N	E	U	3D	N	E	U	3D
KARR	单 BDS-2	1.6	4.8	7.7	9.4	1.6	4.9	7.6	9.4
	单 GPS	2.8	6.2	8.8	11.1	1.5	3.2	7.0	7.9
	BDS-2/GPS	2.1	2.7	4.4	5.7	1.0	1.4	3.4	3.8
KAT1	单 BDS-2	1.3	6.8	8.4	11.0	1.2	6.8	8.3	10.9
	单 GPS	2.7	5.1	8.0	9.9	1.0	1.8	3.2	4.0
	BDS-2/GPS	1.4	2.1	4.6	5.3	0.6	0.9	2.1	2.4
MRO1	单 BDS-2	1.5	3.2	6.9	8.0	1.5	3.1	6.9	7.9
	单 GPS	2.8	5.0	7.9	9.8	1.3	2.6	5.1	6.1
	BDS-2/GPS	1.8	2.2	4.1	5.1	0.6	1.1	2.5	2.8

参考文献

[1] 叶世榕. GPS 非差相位精密单点定位理论与实现[D]. 武汉：武汉大学,2002.

[2] 沈雪峰. 基于星型拓扑结构的网络 RTK 关键算法及实时精密钟差研究[D]. 南京：东南大学,2012.

[3] 王胜利，王庆，高旺，等. 时小飞.IGS 实时产品质量分析及其在实时精密单点定位中的应用[J]. 东南大学学报, 2013, 43(4): 365-369.

[4] 郭斐. GPS 精密单点定位质量控制与分析的相关理论和方法研究[D]. 武汉：武汉大学, 2013.

[5] Zhao Q, Gao W, Gao C, et al. Comprehensive outage compensation of real-time orbit and clock corrections with broadcast ephemeris for ambiguity-fixed precise point positioning[J]. Advances in Space Research, 2021, 67(3): 1124-1142.

[6] 陈伟荣. 基于区域 CORS 增强的实时 PPP 关键技术研究[D]. 南京：东南大学, 2016.

[7] Lou Y, Zhang W, Wang C, et al. The impact of orbital errors on the estimation of satellite clock errors and PPP[J]. Advances in Space Research, 2014, 54(8): 1571-1580.

[8] Pan S, Chen W, Jin X, et al. Real-time PPP based on the coupling estimation of clock bias and orbit error with broadcast ephemeris[J]. Sensors, 2015, 15(7): 17808-17826.

[9] Montenbruck O, Hugentobler U, Dach R, et al. Apparent clock variations of the Block IIF-1 (SVN62) GPS satellite[J]. GPS Solutions, 2012, 16(3): 303-313.

[10] Xia Y, Pan S, Zhao Q, et al. Characteristics and modelling of BDS satellite inter-frequency clock bias for triple-frequency PPP[J]. Survey Review, 2020, 52(370): 38-48.

[11] Li H J, Zhou X H, Wu B, et al. Estimation of the inter-frequency clock bias for the satellites of PRN25 and PRN01[J]. Science China Physics, Mechanics and Astronomy, 2012, 55(11): 2186-2193.

[12] Pan L, Zhang X, Li X, et al. Characteristics of inter-frequency clock bias for Block IIF satellites and its effect on triple-frequency GPS precise point positioning[J]. GPS Solutions, 2017, 21(2): 811-822.

[13] Li H, Chen Y, Wu B, et al. Modeling and initial assessment of the inter-frequency clock bias for COMPASS GEO satellites[J]. Advances in Space Research, 2013, 51(12): 2277-2284.

[14] Pan L, Li X, Zhang X, et al. Considering inter-frequency clock bias for BDS triple-frequency precise point positioning[J]. Remote Sensing, 2017, 9(7): 734.

[15] Li H, Zhou X, Wu B. Fast estimation and analysis of the inter-frequency clock bias for Block IIF satellites[J]. GPS Solutions, 2013, 17(3): 347-355.

[16] Li H, Li B, Xiao G, et al. Improved method for estimating the inter-frequency satellite clock bias of triple-frequency GPS[J]. GPS Solutions, 2016, 20(4): 751-760.

第 6 章　多频精密单点定位小数偏差改正

PPP 固定解可一定程度提高定位精度与可靠性，其前提是消除浮点模糊度中的小数周偏差(FCB)，对于传统双频无电离层组合 PPP，通常需要估计宽巷和窄巷 FCB，而对于基于原始观测值的多频非组合 PPP，则需要估计各基础频率对应的 FCB。

6.1　FCB 估计基本模型

2008 年，Ge 等人提出通过对星间单差模糊度的小数部分取平均值的 FCB 估计方法，并率先实现了 GPS 窄巷固定解[1]，该方法在基准站分布较广时，受限于卫星的可视性，通常需要为不同的区域选择不同的参考卫星。为了避免这一问题，2016 年，Li 等人提出了基于最小二乘的 FCB 估计方法，实现了全球站点的统一数据处理[2]。对于任意类型(超宽巷、宽巷、窄巷等)的浮点模糊度，均可以将其写成如下形式：

$$\overline{N}_r^s - N_r^s = B_r - B^s \tag{6-1}$$

式中，$\overline{N}_r^s$ 为浮点模糊度；N_r^s 为 $\overline{N}_r^s$ 对应的整数部分，可通过取整得到；B_r 和 B^s 分别为接收机端和卫星端的 FCB。

对于一个由 m 个测站构成的基准站网，若同时观测到 n 颗卫星，则基于式(6-1)，将所有测站-卫星对的非差模糊度整合，形成如下方程组[3]：

$$\begin{bmatrix} \overline{N}_1^1 - N_1^1 \\ \vdots \\ \overline{N}_j^i - N_j^i \\ \vdots \\ \overline{N}_m^n - N_m^n \end{bmatrix} = \begin{bmatrix} R_1 & S^1 \\ \vdots & \vdots \\ R_j & S^i \\ \vdots & \vdots \\ R_m & S^n \end{bmatrix} \begin{bmatrix} B_1 \\ \vdots \\ B_j \\ \vdots \\ B_m \\ B^1 \\ \vdots \\ B^i \\ \vdots \\ B^n \end{bmatrix} \tag{6-2}$$

式中，R_j 为对应接收机 j 的系数矩阵，其中第 j 个元素为 1，其余均为 0；S^i 为对应卫星 i 的系数矩阵，其中第 i 个元素为–1，其余均为 0。

需要注意的是，式(6-2)中的方程秩亏数为 1，为保证满秩可估，通常选择某一卫星的 FCB 作为基准并固定为 0，然后通过最小二乘方法估计其余卫星相对于参考星的 FCB，本质上得到的还是星间单差 FCB。此外，由于不同站点引入的模糊度精度存在差异，并且在取整过程中可能存在±1 周不一致的问题，因此在最小二乘计算过程中通常需要多次迭代进行调整，通过对验后残差较大的模糊度进行降权或剔除，提高 FCB 估计的稳健性。

6.2　双频无电离层模型 FCB 估计

无电离层模糊度不具有整数特性，在模糊度固定过程中，通常将其分解为宽巷和窄巷模糊度分步固定，即采用经典的“宽巷-无电离层-窄巷”三步法：

$$\lambda_{\mathrm{IF}} \cdot \bar{N}_{r,\mathrm{IF}}^{s} = \frac{c \cdot f_2}{f_1^2 - f_2^2} \cdot N_{r,\mathrm{WL}}^{s} + \lambda_{\mathrm{NL}} \cdot \bar{N}_{r,\mathrm{NL}}^{s} \tag{6-3}$$

式中，$N_{r,\mathrm{WL}}^{s}$ 为固定的宽巷整周模糊度；$\lambda_{\mathrm{NL}} = c/(f_1 + f_2)$ 为窄巷模糊度波长；$\bar{N}_{r,\mathrm{NL}}^{s}$ 为浮点窄巷模糊度。因此，对于无电离层组合模型，需要分别提取宽巷和窄巷 FCB。其中，宽巷 FCB 通常采用 MW 组合平滑的方法进行提取：

$$\bar{N}_{r,\mathrm{WL}}^{s} = \left[\frac{f_1 \cdot L_{r,1}^{s} - f_2 \cdot L_{r,2}^{s}}{f_1 - f_2} - \frac{f_1 \cdot P_{r,1}^{s} + f_2 \cdot P_{r,2}^{s}}{f_1 + f_2} \right] \Big/ \lambda_{\mathrm{WL}} = N_{r,\mathrm{WL}}^{s} + B_{r,\mathrm{WL}} - B_{\mathrm{WL}}^{s} \tag{6-4}$$

式中，$\bar{N}_{r,\mathrm{WL}}^{s}$ 为浮点宽巷模糊度；$\lambda_{\mathrm{WL}} = c/(f_1 - f_2)$ 为宽巷模糊度波长；$B_{r,\mathrm{WL}}$ 和 B_{WL}^{s} 分别为接收机端和卫星端的宽巷 FCB，其具体表达式如下：

$$B_{r,\mathrm{WL}} = (b_{r,1} - b_{r,2}) - \frac{\lambda_{\mathrm{NL}}}{\lambda_{\mathrm{WL}}} \left(\frac{d_{r,1}}{\lambda_1} + \frac{d_{r,2}}{\lambda_2} \right) \tag{6-5}$$

$$B_{\mathrm{WL}}^{s} = \left(\bar{b}_1^{s} - \bar{b}_2^{s} \right) - \frac{\lambda_{\mathrm{NL}}}{\lambda_{\mathrm{WL}}} \left(\frac{d_1^{s}}{\lambda_1} + \frac{d_2^{s}}{\lambda_2} \right) \tag{6-6}$$

由于宽巷模糊度波长较长，经过宽巷 FCB 改正后，可以直接通过取整固定为整数，将固定的宽巷模糊度 $N_{r,\mathrm{WL}}^{s}$ 回代入式(6-3)，经过移项化简可以得到浮点窄巷模糊度的具体表达式如下：

$$\bar{N}_{r,\mathrm{NL}}^{s} = \left[\lambda_{\mathrm{IF}} \cdot \bar{N}_{r,\mathrm{IF}}^{s} - \frac{c \cdot f_2}{f_1^2 - f_2^2} \cdot N_{r,\mathrm{WL}}^{s} \right] \Big/ \lambda_{\mathrm{NL}} = N_{r,\mathrm{NL}}^{s} + B_{r,\mathrm{NL}} - B_{\mathrm{NL}}^{s} \tag{6-7}$$

式中，$\bar{N}_{r,\mathrm{NL}}^{s}$ 为浮点窄巷模糊度；$B_{r,\mathrm{NL}}$ 和 B_{NL}^{s} 分别为接收机端和卫星端的窄巷 FCB，其具体表达式如下：

$$B_{r,\mathrm{NL}}=\frac{f_1}{f_1-f_2}\cdot\left(b_{r,1}-\frac{d_{r,1}}{\lambda_1}\right)-\frac{f_2}{f_1-f_2}\cdot\left(b_{r,2}-\frac{d_{r,2}}{\lambda_2}\right) \tag{6-8}$$

$$B_{\mathrm{NL}}^{s}=\frac{f_1}{f_1-f_2}\cdot\left(\bar{b}_1^{s}-\frac{d_1^{s}}{\lambda_1}\right)-\frac{f_2}{f_1-f_2}\cdot\left(\bar{b}_2^{s}-\frac{d_2^{s}}{\lambda_2}\right) \tag{6-9}$$

需要注意的一点是，MW 组合受伪距观测值质量影响较大，由于 BDS-2 卫星伪距观测值存在星端多径现象，因此，在采用 MW 组合平滑宽巷浮点模糊度时，需要根据 Wanninger 和 Beer 提出的高度角分段改正模型进行修正[4]。以 KARR 测站 C08 卫星为例，图 6.1 给出了星端多径改正前后的 MW 序列，可以明显地看出，若不考虑星端伪距偏差，MW 序列在开始平滑阶段存在系统性偏差，且需要长时间的收敛才达到较为稳定的值；当采用模型改正后，MW 序列在较短时间内(约 20 个历元)即可收敛。改正伪距偏差后，MW 序列的标准差由 0.10 周减小为 0.02 周。

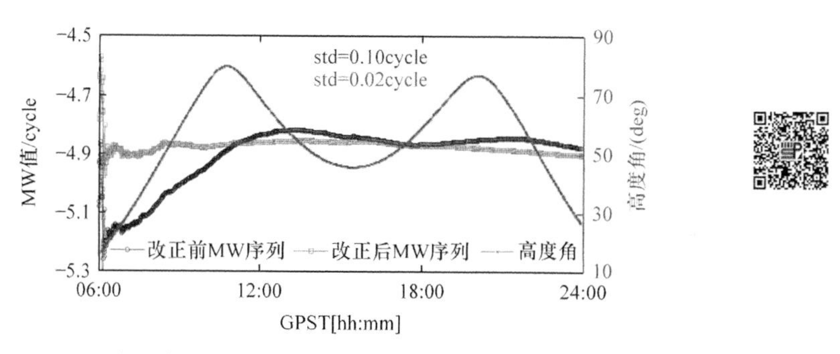

图 6.1　KARR 站星端多径改正前后 C08 卫星 MW 值序列(2020 DOY245)

就整个平差系统而言，若不考虑 BDS-2 的星端多径，由于宽巷浮点模糊度收敛精度较差，残余的伪距偏差会体现在验后残差中，在最小二乘迭代估计的过程中，会对部分残差较大的卫星进行降权，甚至当作粗差而剔除，导致观测信息利用不充分。验后残差分布与模糊度利用率可一定程度反映 FCB 估计的内符合精度，其中，模糊度利用率指实际参与平差的模糊度数量占模糊度总量的百分比[3]。图 6.2 给出了伪距偏差改正前后，2:00～3:00 时段的验后残差分布，可以发现，就模糊度观测值的数量而言，由于未考虑星端多径的影响，在该时段内实际参与平差的宽巷浮点模糊度由 59295 减小为 56153；就验后残差分布而言，改正星端多径后，位于[−0.05，0.05]、[−0.10，0.10]和[−0.20，0.20]周区间内的残差百分比分别由 45.3%、73.2%和 95.5%提高为 60.1%、87.1%和 99.1%。

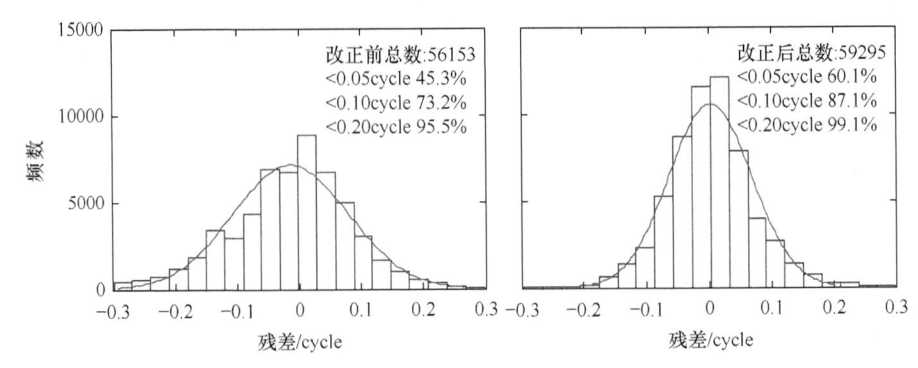

图 6.2 BDS-2 星端多径改正前后验后残差分布(2020 DOY245 2:00～3:00)

图 6.3 进一步给出星端多径改正前后 DOY245 各卫星的宽巷浮点模糊度平均利用率，可以发现，改正星端多径后，各卫星的模糊度利用率均有不同程度的提高，尤其是对于 BDS-2 MEO 卫星，由于其空间跟踪情况较差，星端多径改正后，模糊度利用率提升最为明显，对于 C11、C12 和 C14 卫星，利用率分别由 86.5%、91.6%和 85.7 提高为 98.8%、98.8%和 98.5%；所有卫星整体而言，宽巷模糊度的平均利用率由 92.4%提高为 98.1%。由上述分析可知，改正星端多径后，验后残差的分布更集中，无明显系统性偏差，同时也可保持较高的模糊度利用率，这一定程度上也保证了宽巷 FCB 的提取质量。

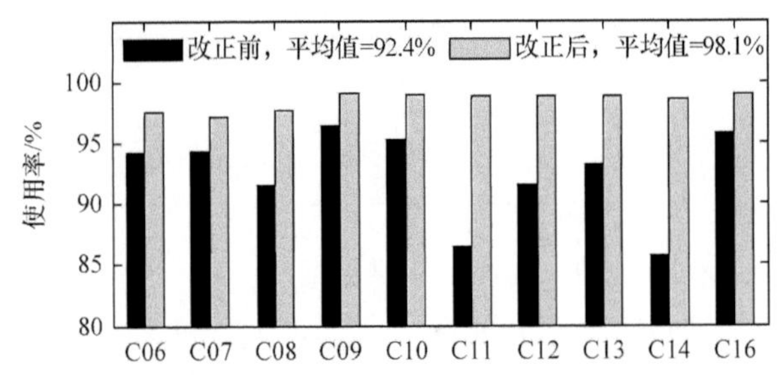

图 6.3 BDS-2 星端多径改正前后宽巷浮点模糊度平均利用率(2020 DOY245)

6.3 双频/多频非组合模型 FCB 估计

对于非组合 PPP 模型，需要提取每个基础频率的 FCB，通过直接对基础模糊度进行改正，从而恢复其整数特性。类似地，将式(3-39)中非组合浮点模糊度写成如下形式：

$$\begin{aligned}\overline{N}_{r,i}^{s} &= N_{r,i}^{s} + b_{r,i} - \overline{b}_{i}^{s} - \frac{d_{r,\mathrm{IF}_{12}} - d_{\mathrm{IF}_{12}}^{s}}{\lambda_i} - \frac{\gamma_i \cdot \beta_{12} \cdot \left(\mathrm{DCB}_{r,12} - \mathrm{DCB}_{12}^{s}\right)}{\lambda_i} \\ &= N_{r,i}^{s} + B_{r,i} - B_{i}^{s}\end{aligned} \tag{6-10}$$

式中，$B_{r,i}$ 和 B_i^s 表示基础频率 i 接收机端和卫星端的 FCB，其表达式如下：

$$B_{r,i} = b_{r,i} - \frac{d_{r,\mathrm{IF}_{12}}}{\lambda_i} + \frac{\gamma_i \cdot \beta_{12} \cdot \mathrm{DCB}_{r,12}}{\lambda_i} \tag{6-11}$$

$$B_i^s = \overline{b}_i^s - \frac{d_{\mathrm{IF}_{12}}^s}{\lambda_i} + \frac{\gamma_i \cdot \beta_{12} \cdot \mathrm{DCB}_{12}^s}{\lambda_i} \tag{6-12}$$

对于双频情形，经过化简可以得到 FCB 的具体组成如下：

$$B_{r,1} = b_{r,1} - \frac{f_1^2 + f_2^2}{f_1^2 - f_2^2} \cdot \frac{d_{r,1}}{\lambda_1} - \frac{2f_2^2}{f_1^2 - f_2^2} \cdot \frac{d_{r,2}}{\lambda_1} \tag{6-13}$$

$$B_{r,2} = b_{r,2} - \frac{2f_1^2}{f_1^2 - f_2^2} \cdot \frac{d_{r,1}}{\lambda_2} - \frac{f_1^2 + f_2^2}{f_1^2 - f_2^2} \cdot \frac{d_{r,2}}{\lambda_2} \tag{6-14}$$

$$B_1^s = \overline{b}_1^s - \frac{f_1^2 + f_2^2}{f_1^2 - f_2^2} \cdot \frac{d_1^s}{\lambda_1} - \frac{2f_2^2}{f_1^2 - f_2^2} \cdot \frac{d_2^s}{\lambda_1} \tag{6-15}$$

$$B_2^s = \overline{b}_2^s - \frac{2f_1^2}{f_1^2 - f_2^2} \cdot \frac{d_1^s}{\lambda_2} - \frac{f_1^2 + f_2^2}{f_1^2 - f_2^2} \cdot \frac{d_2^s}{\lambda_2} \tag{6-16}$$

对于非组合 PPP，理论上可将各基础频率的浮点模糊度作为观测值，通过式(6-2)所示模型直接得到相应频率的 FCB，然而，实际数据处理中，由于基础频率波长较短，对残余电离层、多径及未模型化误差较敏感，精度通常较低，在迭代最小二乘估计过程中，可能会在质量控制环节被作为粗差降权或剔除，进而影响 FCB 的估计结果。为了极大限度地利用浮点模糊度信息并保证 FCB 的估计精度，通常可对基础频率的浮点模糊度进行线性变换，构成一系列具有长波长、弱电离层等优良特性的组合模糊度，譬如常用的超宽巷/宽巷组合，表 6.1 列出了本章后续实验采用的超宽巷和宽巷组合[5]。

表 6.1　多频 FCB 估计采用的模糊度组合

系统	频率	波长/m	标签	系统	频率	波长/m	标签
GPS	L2-L5	5.86	EWL	BDS-2	B3I-B2I	4.88	EWL
	L1-L2	0.86	WL		B1I-B3I	1.02	WL
	L1+L2	0.11	NL		B1I+B3I	0.11	NL
Galileo	E5b-E5a	9.77	EWL	BDS-3	B1c-B1I	20.93	EWL
	E6-E5a	2.93	EWL		B3I-B2a	3.26	EWL
	E1-E5a	0.75	WL		B1I-B3I	1.02	WL
	E1+E5a	0.11	NL		B1I+B3I	0.11	NL

对于 n 个频率的非组合 PPP，理论上需选择 n 组线性无关的模糊度组合，才能等价地得到 n 个基础频率的 FCB，因此，在表 6.1 中超宽巷和宽巷组合的基础上，还需额外选择一组线性无关的组合，Li 等[6]指出对于 BDS-2 的 B1/B2/B3 频率，除超宽巷和宽巷外，其他较优的整系数组合为(4，–3，0)或者(3，–4，2)。在本章中，为了消除电离层因素的影响，选择由无电离层和宽巷模糊度导出的窄巷模糊度作为最后一组线性无关的组合，虽然其波长仅为 11cm，但是几乎不受电离层的影响。按照波长由大到小的顺序，依次提取超宽巷、宽巷和窄巷的 FCB，具体步骤如下：

第一步，由基础频率模糊度线性变换构成超宽巷和宽巷组合浮点模糊度，提取超宽巷和宽巷 FCB；

第二步，鉴于宽巷波长较长，通过改正宽巷 FCB，取整固定宽巷模糊度；

第三步，由基础频率模糊度构造无电离层浮点模糊度，联合之前取整固定的宽巷模糊度，计算窄巷浮点模糊度，最后由迭代最小二乘求取窄巷组合 FCB；

第四步，由宽巷和窄巷 FCB 还原得到其中两个基础频率的 FCB，进一步结合其他超宽巷的系数关系，得到其余基础频率的 FCB。

上述多频基础频率 FCB 的计算流程如图 6.4 所示。

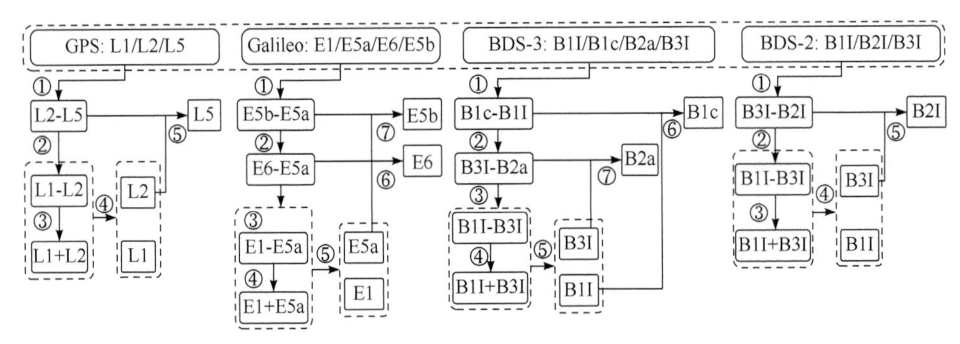

图 6.4　多频 FCB 估计流程图

6.4　不同 FCB 之间的转换关系

经过上述分析不难发现，不论是无电离层组合模型还是非组合模型，相应的 FCB 本质上均为接收机端和卫星端伪距硬件延迟和相位硬件延迟的线性组合，实际上，不同模型不同策略估计得到的 FCB 之间可以相互转换，从而方便用户根据自身需求重构不同 PPP 模型 FCB。首先，对于双频情形的无电离层和非组合模型，既可由无电离层模型提取的宽巷和窄巷 FCB 分解得到适用于非组合模型的基础频率 FCB，也可由非组合模型提取的基础频率 FCB 组合得到无电离层模型对应的宽巷和窄巷 FCB[7,8]；其次，对于多频情形，在确保伪距偏差与精密钟差基准一致的情形下，由 MW 组合与非组合 PPP 两种策略的浮点模糊度估计得到的 FCB 也具有一致性，下面将介绍具体的转换关系。

6.4.1　双频无电离层与非组合模型 FCB 转换

6.4.1.1　宽巷/窄巷 FCB 还原基础频率 FCB

若已知无电离层组合的宽巷和窄巷 FCB，为了实现非组合 PPP 基础模糊度固定，则可以按照下式还原基础频率的 FCB：

$$B_{r,1}(\mathrm{IF}) = B_{r,\mathrm{NL}} - \frac{f_2}{f_1 - f_2} B_{r,\mathrm{WL}} \tag{6-17}$$

$$B_1^s(\mathrm{IF}) = B_{\mathrm{NL}}^s - \frac{f_2}{f_1 - f_2} B_{\mathrm{WL}}^s \tag{6-18}$$

$$B_{r,2}(\mathrm{IF}) = B_{r,\mathrm{NL}} - \frac{f_1}{f_1 - f_2} B_{r,\mathrm{WL}} \tag{6-19}$$

$$B_2^s(\mathrm{IF}) = B_{\mathrm{NL}}^s - \frac{f_1}{f_1 - f_2} B_{\mathrm{WL}}^s \tag{6-20}$$

式中，$B_{r,*}(\mathrm{IF})$ 和 $B_*^s(\mathrm{IF})$ 分别表示由无电离层模型得到的非组合基础频率接收机和卫星端 FCB，下标 $* = 1,2$ 。

限于篇幅，以式(6-18)为例展开推导，其余公式推导过程类似，将式(6-5)和式(6-6)代入式(6-18)，通过同类项合并化简可得：

$$\begin{aligned} B_1^s(\mathrm{IF}) &= \left[\frac{f_1}{f_1 - f_2} \cdot \left(\bar{b}_1^s - \frac{d_1^s}{\lambda_1}\right) - \frac{f_2}{f_1 - f_2} \cdot \left(\bar{b}_2^s - \frac{d_2^s}{\lambda_2}\right)\right] \\ &\quad - \left[\frac{f_2}{f_1 - f_2} \cdot \left(\left(\bar{b}_1^s - \bar{b}_2^s\right) - \frac{\lambda_{\mathrm{NL}}}{\lambda_{\mathrm{WL}}}\left(\frac{d_1^s}{\lambda_1} + \frac{d_2^s}{\lambda_2}\right)\right)\right] \\ &= \bar{b}_1^s - \frac{f_1^2 + f_2^2}{f_1^2 - f_2^2} \cdot \frac{d_1^s}{\lambda_1} + \frac{2f_2^2}{f_1^2 - f_2^2} \cdot \frac{d_2^s}{\lambda_1} \end{aligned} \tag{6-21}$$

可以发现，式(6-21)化简后的表达式与式(6-15)一致，即 $B_1^s(\mathrm{IF}) = B_1^s$ ，表明由无电离层宽巷和窄巷 FCB 还原得到的基础频率 FCB 与由非组合模型直接推导得到的 FCB 相等。

6.4.1.2　基础频率 FCB 重构宽巷/窄巷 FCB

首先，基于式(3-39)所示的非组合模型基础模糊度，构造无电离层组合浮点模糊度如下：

$$\alpha_{12}\cdot\lambda_1\cdot\overline{N}_{r,1}^s+\beta_{12}\cdot\lambda_2\cdot\overline{N}_{r,2}^s=\left(N_{r,\mathrm{IF}_{12}}^s+b_{r,\mathrm{IF}_{12}}-\overline{b}_{\mathrm{IF}_{12}}^s\right)-\frac{d_{r,\mathrm{IF}_{12}}-d_{\mathrm{IF}_{12}}^s}{\lambda_{\mathrm{IF}_{12}}} \tag{6-22}$$

将上式与双频无电离层模型直接得到的模糊度(如式(3-10))进行对比，可以发现，二者形式完全一致。

然后，通过基础模糊度构造宽巷模糊度如下：

$$\begin{aligned}\overline{N}_{r,\mathrm{WL}}^s(\mathrm{UC})&=(N_{r,1}^s-N_{r,2}^s)+(b_{r,1}-b_{r,2})-(\overline{b}_1^s-\overline{b}_2^s)-\left(\frac{d_{r,\mathrm{IF}_{12}}-d_{\mathrm{IF}_{12}}^s}{\lambda_1}-\frac{d_{r,\mathrm{IF}_{12}}-d_{\mathrm{IF}_{12}}^s}{\lambda_2}\right)\\&\quad+\left(\frac{\beta_{12}\cdot\mathrm{DCB}_{r,12}-\beta_{12}\cdot\mathrm{DCB}_{12}^s}{\lambda_1}-\frac{\gamma_2\cdot\beta_{12}\cdot\mathrm{DCB}_{r,12}-\gamma_2\cdot\beta_{12}\cdot\mathrm{DCB}_{12}^s}{\lambda_2}\right)\\&=N_{r,\mathrm{WL}}^s+B_{r,\mathrm{WL}}(\mathrm{UC})-B_{\mathrm{WL}}^s(\mathrm{UC})\end{aligned} \tag{6-23}$$

式中，$\overline{N}_{r,\mathrm{WL}}^s(\mathrm{UC})$ 表示由非组合模型基础模糊度组合得到的浮点宽巷模糊度；$B_{r,\mathrm{WL}}(\mathrm{UC})$ 和 $B_{\mathrm{WL}}^s(\mathrm{UC})$ 分别表示非组合模型得到的接收机和卫星端宽巷 FCB。

限于篇幅，以卫星端 $B_{\mathrm{WL}}^s(\mathrm{UC})$ 为例进行说明，通过合并同类项进行化简可得：

$$\begin{aligned}B_{\mathrm{WL}}^s(\mathrm{UC})&=\left(\overline{b}_1^s-\overline{b}_2^s\right)-\left(\frac{d_{\mathrm{IF}_{12}}^s}{\lambda_1}-\frac{d_{\mathrm{IF}_{12}}^s}{\lambda_2}\right)+\left(\frac{\beta_{12}\cdot\mathrm{DCB}_{r,12}}{\lambda_1}-\frac{\gamma_2\cdot\beta_{12}\cdot\mathrm{DCB}_{r,12}}{\lambda_2}\right)\\&=\left(\overline{b}_1^s-\overline{b}_2^s\right)-\frac{\lambda_{\mathrm{NL}}}{\lambda_{\mathrm{WL}}}\cdot\left(\frac{d_{r,1}}{\lambda_1}+\frac{d_{r,2}}{\lambda_2}\right)\end{aligned} \tag{6-24}$$

可以发现，式(6-24)化简后的表达式与式(6-6)一致，即 $B_{\mathrm{WL}}^s(\mathrm{UC})=B_{\mathrm{WL}}^s$ ，表明由非组合模型浮点模糊度组合得到的宽巷 FCB 与无电离层模型推导得到的 FCB 一致。

经过上述分析可知，对于双频无电离层与非组合两种模型，对应的无电离层模糊度和宽巷模糊度均一致，因此，由这两种模型得到的窄巷模糊度也是一致的。实际数据处理中，可通过对式(6-17)～式(6-20)进行变换，实现由基础频率到宽巷和窄巷 FCB 的转换：

$$B_{r,\mathrm{WL}}(\mathrm{UC})=B_{r,1}-B_{r,2} \tag{6-25}$$

$$B_{r,\mathrm{NL}}(\mathrm{UC})=\frac{f_1}{f_1-f_2}\cdot B_{r,1}-\frac{f_2}{f_1-f_2}\cdot B_{r,2} \tag{6-26}$$

$$B_{\mathrm{WL}}^s(\mathrm{UC})=B_1^s-B_2^s \tag{6-27}$$

$$B_{\mathrm{NL}}^s(\mathrm{UC})=\frac{f_1}{f_1-f_2}\cdot B_1^s-\frac{f_2}{f_1-f_2}\cdot B_2^s \tag{6-28}$$

式中，$B_{r,*}(\mathrm{UC})$ 和 $B_{*}^{s}(\mathrm{UC})$ 分别表示由非组合模型得到的无电离层宽巷和窄巷接收机和卫星端 FCB，下标 $*=\mathrm{WL},\mathrm{NL}$。

6.4.2 多频 MW 组合与非组合模型 FCB 转换

对于不同的 MW 组合，若采用相同的载波组合系数对非组合模型浮点模糊度进行组合，同样可以得到相应的 FCB。针对传统双频(与精密卫星钟差基准相一致的两个频率)情形，上一节已经对二者宽巷 FCB 的一致性进行了分析，实际上，相似的转换可进一步拓展至多频情形，其前提是在构造 MW 组合时，仅采用与精密卫星钟差基准相一致的双频伪距观测值，以避免多频伪距引入的额外硬件偏差。

为方便理解，以 L2 和 L5 频率构成的超宽巷组合为例具体说明，首先采用 L1/L2 双频伪距与 L2/L5 双频载波构造对应 MW 组合如下：

$$
\begin{aligned}
\bar{N}_{r,\mathrm{EWL}}^{s}(\mathrm{MW}) &= \left[\frac{f_2\cdot L_{r,2}^{s}-f_5\cdot L_{r,5}^{s}}{f_2-f_5}-\eta\cdot P_{r,1}^{s}+(1-\eta)P_{r,2}^{s}\right]\Big/\lambda_{\mathrm{EWL}} \\
&= N_{r,\mathrm{EWL}}^{s}+B_{r,\mathrm{EWL}}(\mathrm{MW})-B_{\mathrm{EWL}}^{s}(\mathrm{MW})
\end{aligned} \tag{6-29}
$$

式中，

$$
\eta=\frac{\lambda_2\cdot\lambda_5-\lambda_2^2}{\lambda_1^2-\lambda_2^2} \tag{6-30}
$$

式中，$\bar{N}_{r,\mathrm{EWL}}^{s}(\mathrm{MW})$ 表示由 MW 组合得到的超宽巷浮点模糊度；$\lambda_{\mathrm{EWL}}=c/(f_2-f_5)$ 表示对应的超宽巷波长；$B_{r,\mathrm{EWL}}(\mathrm{MW})$ 和 $B_{\mathrm{EWL}}^{s}(\mathrm{MW})$ 分别表示 MW 组合得到的接收机和卫星端超宽巷 FCB，其具体构成如下：

$$
\begin{cases}
B_{r,\mathrm{EWL}}(\mathrm{MW})=\left(b_{r,2}-b_{r,5}\right)-\dfrac{1}{\lambda_{\mathrm{EWL}}}\cdot\left(\dfrac{\lambda_2^2-\lambda_2\cdot\lambda_5}{\lambda_2^2-\lambda_1^2}\cdot d_{r,1}-\dfrac{\lambda_1^2-\lambda_2\cdot\lambda_5}{\lambda_2^2-\lambda_1^2}\cdot d_{r,2}\right) \\
B_{\mathrm{EWL}}^{s}(\mathrm{MW})=\left(b_2^s-b_5^s\right)-\dfrac{1}{\lambda_{\mathrm{EWL}}}\cdot\left(\dfrac{\lambda_2^2-\lambda_2\cdot\lambda_5}{\lambda_2^2-\lambda_1^2}\cdot d_1^s-\dfrac{\lambda_1^2-\lambda_2\cdot\lambda_5}{\lambda_2^2-\lambda_1^2}\cdot d_2^s\right)
\end{cases} \tag{6-31}
$$

然后，基于非组合 PPP 模型的浮点模糊度，采用与 MW 组合相同的载波系数构造对应的超宽巷模糊度 $\bar{N}_{r,\mathrm{EWL}}^{s}(\mathrm{UC})$ 如下：

$$
\begin{aligned}
\bar{N}_{r,\mathrm{EWL}}^{s}(\mathrm{UC}) &= \bar{N}_{r,2}^{s}-\bar{N}_{r,5}^{s} \\
&= N_{r,\mathrm{EWL}}^{s}+B_{r,\mathrm{EWL}}(\mathrm{UC})-B_{\mathrm{EWL}}^{s}(\mathrm{UC})
\end{aligned} \tag{6-32}
$$

式中，$B_{r,\mathrm{EWL}}(\mathrm{UC})$ 和 $B_{\mathrm{EWL}}^{s}(\mathrm{UC})$ 分别表示非组合模型得到的接收机和卫星端超宽巷 FCB，其具体组成如下：

$$\begin{cases} B_{r,\mathrm{EWL}}(\mathrm{UC})=\left(b_{r,2}-b_{r,5}\right)-\left(\dfrac{d_{r,\mathrm{IF}_{12}}}{\lambda_2}-\dfrac{d_{r,\mathrm{IF}_{12}}}{\lambda_5}\right)-\left(\dfrac{\gamma_2\cdot\beta_{12}\cdot\left(d_{r,2}-d_{r,1}\right)}{\lambda_2}-\dfrac{\gamma_5\cdot\beta_{12}\cdot\left(d_{r,2}-d_{r,1}\right)}{\lambda_5}\right) \\ B^s_{\mathrm{EWL}}(\mathrm{UC})=\left(b^s_2-b^s_5\right)-\left(\dfrac{d^s_{\mathrm{IF}_{12}}}{\lambda_2}-\dfrac{d^s_{\mathrm{IF}_{12}}}{\lambda_5}\right)-\left(\dfrac{\gamma_2\cdot\beta_{12}\cdot\left(d^s_2-d^s_1\right)}{\lambda_2}-\dfrac{\gamma_5\cdot\beta_{12}\cdot\left(d^s_2-d^s_1\right)}{\lambda_5}\right) \end{cases} \tag{6-33}$$

以卫星端超宽巷 FCB 为例进行同类项合并与化简(接收机端 FCB 结果类似)，可得到如下形式：

$$\begin{aligned} B^s_{\mathrm{EWL}}(\mathrm{UC})&=\left(b^s_2-b^s_5\right)-\frac{1}{\lambda_{\mathrm{EWL}}}\cdot\left(\frac{f_1^2\cdot f_5-f_1^2\cdot f_2}{f_5\cdot\left(f_1^2-f_2^2\right)}\cdot d^s_1-\frac{f_5\cdot f_2^2-f_1^2\cdot f_2}{f_5\cdot\left(f_1^2-f_2^2\right)}\cdot d^s_2\right) \\ &=\left(b^s_2-b^s_5\right)-\frac{1}{\lambda_{\mathrm{EWL}}}\cdot\left(\frac{\lambda_2^2-\lambda_2\cdot\lambda_5}{\lambda_2^2-\lambda_1^2}\cdot d^s_1-\frac{\lambda_1^2-\lambda_2\cdot\lambda_5}{\lambda_2^2-\lambda_1^2}\cdot d^s_2\right) \end{aligned} \tag{6-34}$$

可以发现，由非组合模型浮点模糊度组合得到的超宽巷 FCB 与式(6-31)中由 MW 组合得到的超宽巷 FCB 一致，进一步地，对于多频情形，由 MW 组合和非组合模型得到的 FCB 同样具有一致性，此时对任意多频整系数组合 $i_k(k=1,2,\cdots,n)$，仍然采用双频伪距构造 MW 组合，相应的浮点模糊度如下：

$$\bar{N}_{(i_1,i_2,\cdots,i_k)}(\mathrm{MW})=\frac{L_{(i_1,i_2,\cdots,i_k)}-\left[\eta\cdot P_1+(1-\eta)\cdot P_2\right]}{\lambda_{(i_1,i_2,\cdots,i_k)}} \tag{6-35}$$

式中，$\bar{N}_{(i_1,i_2,\cdots,i_k)}(\mathrm{MW})$ 为由 MW 组合得到的多频浮点模糊度；$L_{(i_1,i_2,\cdots,i_k)}$ 为多频组合载波观测值；$\lambda_{(i_1,i_2,\cdots,i_k)}$ 为对应多频组合的波长；η 为伪距组合系数，具体形式如下：

$$\eta=\alpha_{12}-\frac{\left(f_1^2\cdot\sum\limits_{m=1}^{k}\dfrac{i_m}{f_m}\right)\Big/\left(\sum\limits_{m=1}^{k}\left(i_m\cdot f_m\right)\right)}{1-\gamma_2} \tag{6-36}$$

6.5 多频 FCB 实验分析

选择来自 IGS MGEX 和澳大利亚 GNSS 基准站网(Australian Regional GNSS Network，ARGN)的 332 个测站多频数据进行实验，时间为 2020 年 DOY148，数据采样率为 30s，所选站点覆盖了国内外主流接收机类型，具体的统计如图 6.5 所示，其中，配备有 Trimble Alloy、SEPT PolaRx5、SEPT PolaRx5TR、Javad TRE_3 和 Javad TRE_3 DELTA 接收机的站点能够跟踪到 BDS-3 新增加的 B1c/B2a 频率

数据。

此外，鉴于 BDS-3 系统全球组网已经完成，图 6.5 进一步对全球范围内能够跟踪到 BDS-2 和 BDS-3 卫星的站点数量进行了统计，可以发现，当 BDS-3 卫星的 PRN 号分别超过 30 和 37 时，站点的数目均出现大幅减少，这一现象有以下两点原因：①部分接收机仅支持接收 PRN 不超过 30 的 BDS-3 卫星，这可能与接收机硬件的配置有关；②根据 IGS 官网的说明，仅 Trimble Alloy(固件版本不低于 5.42)与 Javad TRE_3(固件版本 3.7.9)接收机可接收到 PRN 超过 37 的 BDS-3 卫星。由于能够接收 C37 之后 BDS-3 卫星的站点数目有限，全球一般不超过 40 个，因此，后续也不对这些卫星的 FCB 进行估计。

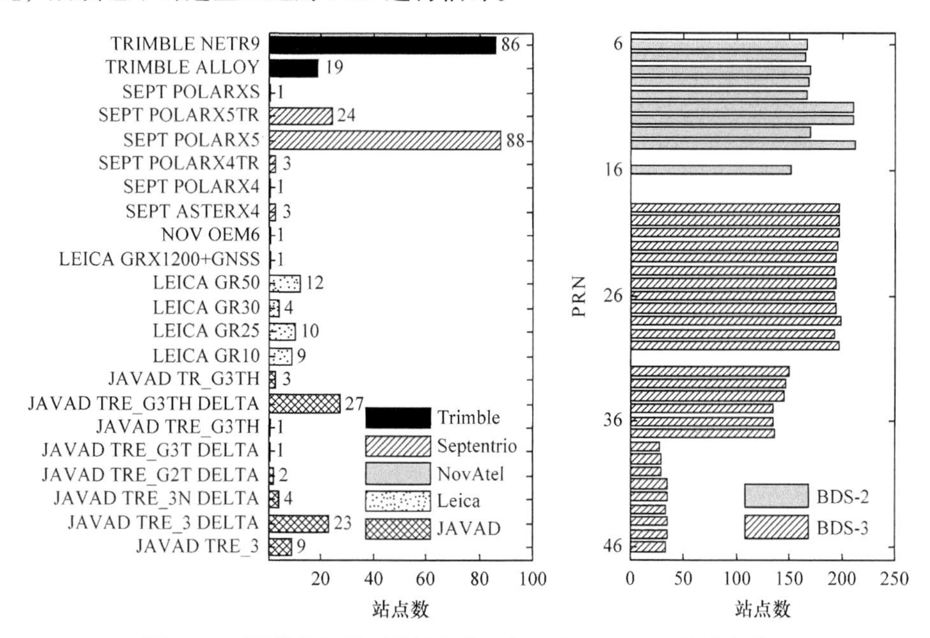

图 6.5　不同接收机类型的站点数目与跟踪 BDS 卫星的站点数目

数据处理中，采用表 6.2 的策略进行多频非组合浮点解 PPP，其中，精密轨道和钟差来自 GFZ 提供的快速产品，采样间隔分别为 5min 和 30s，需要说明的一点是，在精密产品的生成过程中，采用 B1I/B3I 数据对 BDS-2 和 BDS-3 进行联合处理，同时由于精密产品部分卫星缺失，实际可用的 BDS-3 卫星数为 23。此外，对于 BDS-2 特有的星端多径，采用 Wanninger 和 Beer 给出的分段线性改正模型修正[4]；在接收机端天线改正方面，由于目前缺失 Galileo 与 BDS-2/BDS-3 的相关参数，基于频率相近的原则，我们采用 GPS 的参数进行改正。在多频浮点解的基础上，提取各系统 FCB，后续实验从以下三个方面展开分析：①多频 FCB 单天稳定性；②多频 FCB 验后残差分布；③双频无电离层与非组合 FCB 等价性分析。

表 6.2　多频非组合 PPP 浮点解详细处理策略

项目	模型
星座	GPS, Galileo, BDS-2, BDS-3
观测值类型	基础载波与伪距
参数估计方法	扩展卡尔曼滤波
频率类型	GPS:L1/L2/L5; Galileo:E1/E5a/E6/E5b; BDS-2:B1I/B2I/B3I; BDS-3:B1c/B1I/B2a/B3I
高度截止角	10°
采样率	30s
随机模型	高度角定权：对于 GPS/Galileo/BDS-3 以及 BDS-2 的 IGSO/MEO 卫星，相位和伪距观测值的先验精度分别为 3mm 和 0.3m；对于 BDS-2 GEO 卫星，相位和伪距观测值的先验精度分别为 1cm 和 1m
电离层延迟	随机游走
对流层延迟	干延迟采用 GPT 模型改正[9]；湿延迟以随机游走方式估计，谱密度为 $10^{-8}m^2/s$；投影函数采用全球投影函数(Global Mapping Function，GMF)[10]
地球自转效应	模型改正
潮汐改正	根据 IERS Conventions 2010 给出的模型改正[11]
卫星端 PCO/PCV	采用 IGS14_2080.atx 提供的参数改正[12]
接收机端 PCO/PCV	对于 GPS，L1/L2 的 PCO/PCV 采用 IGS14.atx 给定的参数，采用 L2 的参数对 L5 频点进行改正； 对于 Galileo，采用 GPS L1 的参数改正 E1，采用 GPS L2 的参数改正 E5a/E6/E5b； 对于 BDS-2，采用 GPS L1 的参数改正 B1I，采用 GPS L2 的参数改正 B2I/B3I； 对于 BDS-3，采用 GPS L1 的参数改正 B1c/B1I，采用 GPS L2 的参数改正 B2a/B3I
相位缠绕	模型改正[13]
频间钟差	仅对 GPS Block IIF 和 BDS-2 卫星改正
卫星端 DCB	采用中科院提供的多系统 DCB 产品改正[14]
接收机端 IFB	单天作为常数估计
接收机钟差	白噪声方式估计(100^2m^2)
BDS-2/BDS-3 系统 ISB	常数估计
模糊度参数	连续观测弧段为常数估计

6.5.1　多频 FCB 单天稳定性

图 6.6 为 GPS/Galileo/BDS-2/BDS-3 超宽巷 FCB 单天时间序列(不同颜色表示

不同卫星)，鉴于超宽巷波长较长，整体而言，各超宽巷 FCB 随时间变化稳定，同时发现，Galileo E5b-E5a 和 BDS-3 B1c-B1I 超宽巷 FCB 的值几乎为 0。表 6.3 给出了具体的单天标准差统计结果，由表可知，各系统超宽巷 FCB 单天平均标准差均小于 0.02 周。

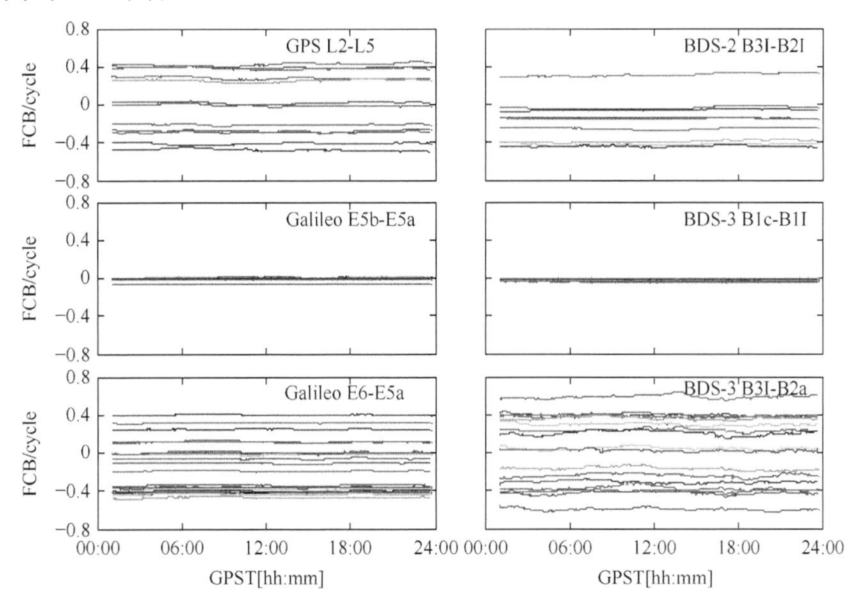

图 6.6　GSP/Galileo/BDS-2/BDS-3 超宽巷 FCB 时间序列(2020 DOY148)

表 6.3　GPS/Galileo/BDS-2/BDS-3 超宽巷 FCB 单天标准差统计结果

标准差	GPS L2-L5	Galileo E5b-E5a	Galileo E6-E5a	BDS-2 B3I-B2I	BDS-3 B1c-B1I	BDS-3 B3I-B2a
最大值/周	0.014	0.002	0.007	0.015	0.003	0.025
最小值/周	0.007	0.001	0.004	0.004	0.001	0.008
平均值/周	0.011	0.002	0.005	0.008	0.002	0.016

图 6.7 为 GPS/Galileo/BDS-2/BDS-3 宽巷和窄巷 FCB 的单天序列，由于 BDS-2 GEO 卫星轨道、钟差精度较差，且星端多径难以建模改正，因此图中仅列出了 IGSO 和 MEO 卫星的结果，同时表 6.4 给出了详细的标准差统计结果。由图可知，各系统宽巷 FCB 时变特性基本一致，单天变化均较稳定，其中，Galileo 宽巷 FCB 稳定性最好，平均标准差仅为 0.014 周。对于窄巷 FCB 而言，其在短时间(如 1h)内变化较小，不过由于其波长较短，在一天时间内还存在一定波动；对于 BDS-2 系统，IGSO 卫星窄巷 FCB 的稳定性明显优于 MEO 卫星，相应的平均标准差分别为 0.040 周和 0.170 周，这是由于 MEO 卫星的空间可视性差造成的，尤其是亚

太地区以外。与 MEO 卫星相比，IGSO 卫星主要服务亚太地区，地面跟踪站密集，每个历元的可视卫星数也较多，浮点模糊度收敛快且充分，因此其 FCB 稳定性优于 MEO 也在情理之中。总体而言，除 BDS-2 MEO 卫星外，各系统窄巷 FCB 的单天标准差一般不超过 0.1 周。

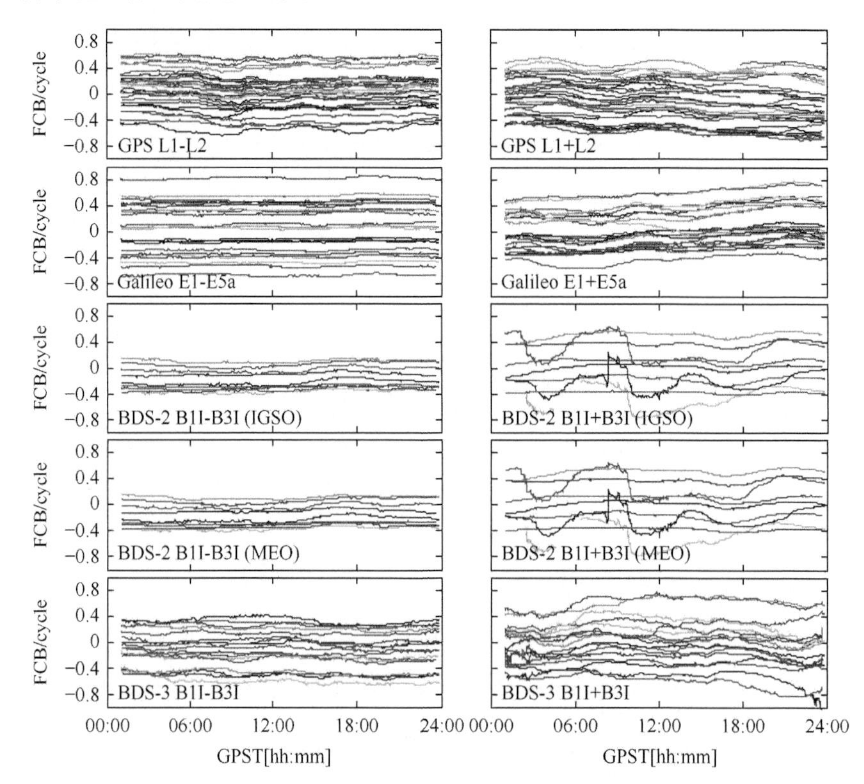

图 6.7　GSP/Galileo/BDS-2/BDS-3 宽巷和窄巷 FCB 时间序列(2020 DOY148)

表 6.4　GPS/Galileo/BDS-2/BDS-3 宽巷和窄巷 FCB 单天标准差统计结果

系统		宽巷 FCB 标准差/周			窄巷 FCB 标准差/周		
		最大值	最小值	平均值	最大值	最小值	平均值
GPS		0.070	0.021	0.041	0.116	0.028	0.062
Galileo		0.022	0.010	0.014	0.115	0.048	0.076
BDS-2	IGSO	0.041	0.016	0.028	0.054	0.019	0.040
	MEO	0.044	0.028	0.037	0.184	0.144	0.170
BDS-3		0.051	0.020	0.033	0.141	0.045	0.084

图 6.8 和图 6.9 分别给出了 GPS/BDS-2 和 Galileo/BDS-3 各基础频率 FCB 单天时间序列，同时表 6.5 给出了具体的统计结果。由图可知，Galileo 基础频率 FCB

稳定性最优，各频率单天平均标准差均优于 0.1 周；通过与前述各系统窄巷 FCB 时间序列对比，可以发现，除 Galileo 外，其余系统基础频率 FCB 稳定性均比其窄巷 FCB 差，造成这一现象的原因如下：基础频率 FCB 由宽巷和窄巷 FCB 采用式(6-18)和式(6-20)还原得到，因此其时域稳定性同时与宽巷和窄巷 FCB 有关，在

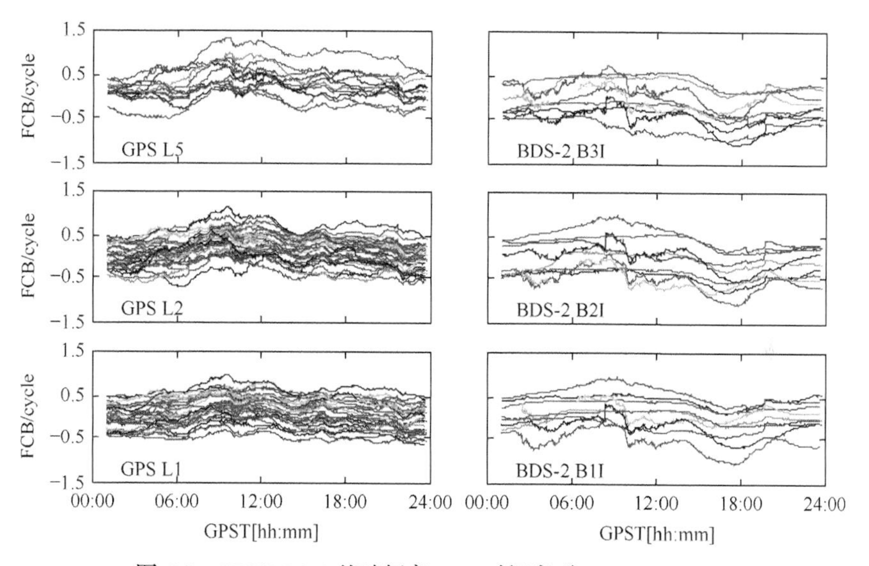

图 6.8　GPS/BDS-2 基础频率 FCB 时间序列(2020 DOY148)

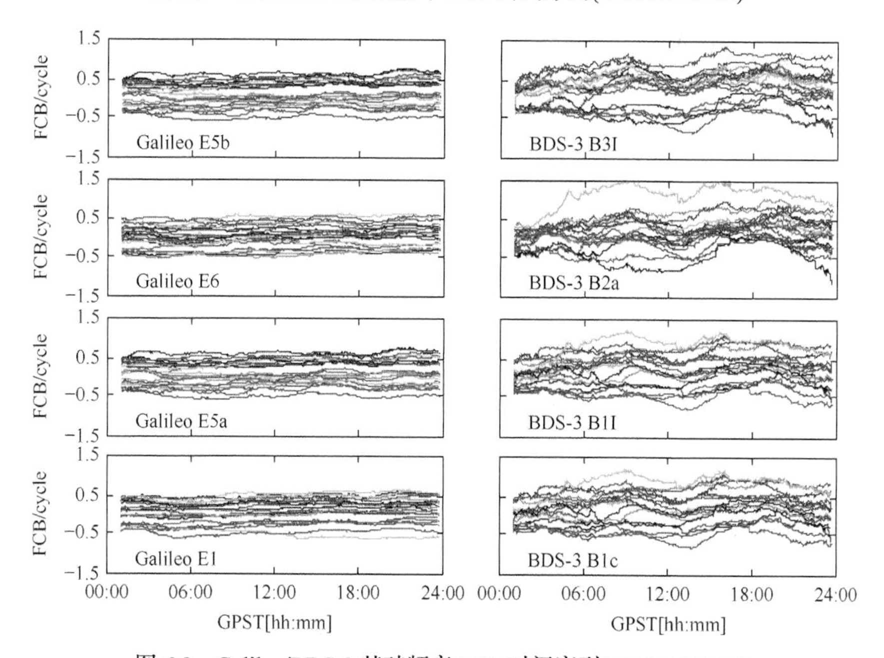

图 6.9　Galileo/BDS-3 基础频率 FCB 时间序列(2020 DOY148)

式(6-18)和式(6-20)中，基础频率与窄巷 FCB 的系数均为 1，如果宽巷 FCB 足够稳定或者为常数，那么基础频率与窄巷 FCB 的稳定性应当非常接近或完全一致，譬如，代入公式的宽巷 FCB 为单天平均值，而不是单历元结果。由之前表 6.4 的统计结果可知，Galileo 的宽巷 FCB 标准差更小，因此，由式(6-18)和式(6-20)得到的基础频率 FCB 也更稳定，基本与其窄巷 FCB 的结果持平。

表 6.5 GPS/Galileo/BDS-2/BDS-3 基础频率 FCB 单天标准差统计结果

系统	频率	基础频率 FCB 标准差/周			系统	频率	基础频率 FCB 标准差/周		
		最大值	最小值	平均值			最大值	最小值	平均值
GPS	L5	0.283	0.103	0.208	BDS-2 (IGSO/MEO)	B3I	0.251/0.299	0.116/0.223	0.176/0.263
	L2	0.276	0.091	0.181		B2I	0.245/0.287	0.113/0.222	0.171/0.258
	L1	0.215	0.076	0.144		B1I	0.205/0.258	0.097/0.207	0.144/0.232
Galileo	E5b	0.116	0.044	0.074	BDS-3	B3I	0.326	0.102	0.201
	E6	0.117	0.042	0.072		B2a	0.331	0.107	0.210
	E5a	0.117	0.044	0.075		B1I	0.281	0.089	0.171
	E1	0.109	0.045	0.071		B1c	0.279	0.089	0.170

有一点需要说明的是，上述分析并未包含 G18 的结果，此外，G21 窄巷和基础频率 FCB 在历元 17:36:30 存在突变，为此，单独对这两颗卫星作进一步分析。以 IGS 最终产品作为基准，选择 G01 为参考星，计算 GFZ 与 IGS 精密钟差的二次差结果如图 6.10 所示，为方便对比，图中也给出了 G18 和 G21 的 FCB 结果，

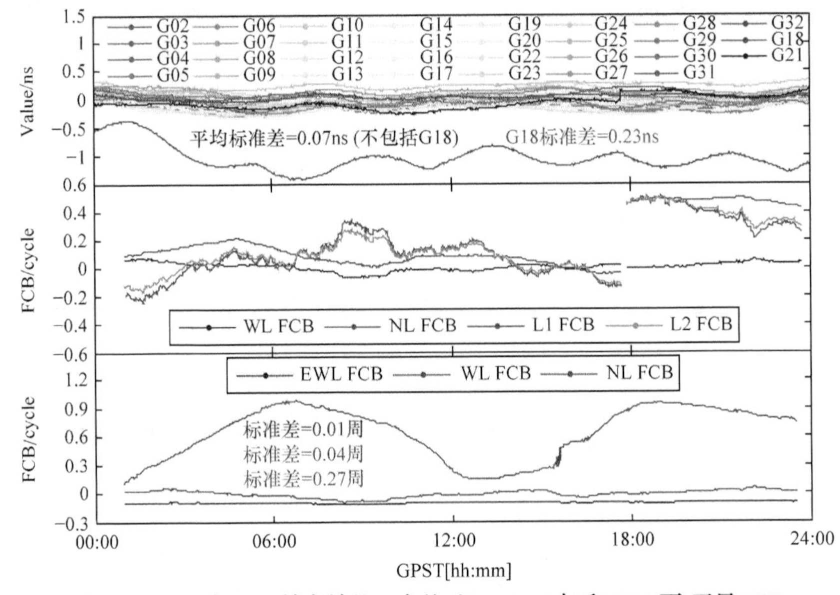

图 6.10 GFZ 与 IGS 精密钟差二次差(上)、G21(中)和 G18(下)卫星 FCB

由图可直观发现，G21 卫星的钟差与 FCB 在相同时刻均出现了突变，基本可以确定，钟差跳变导致了窄巷和基础频率 FCB 的突变，不过，由于宽巷波长较长，宽巷 FCB 序列并未出现明显跳变。对于 G18 卫星，钟差二次差序列波动明显，标准差为 0.23ns，远大于其余卫星标准差的均值 0.07ns，由于其钟差稳定性较差，造成窄巷 FCB 的波动较大，单天标准差达 0.27 周，明显大于其余卫星。与 G21 卫星类似，由于超宽巷和宽巷波长较长，G18 卫星的超宽巷和宽巷 FCB 也并未出现明显的波动，单天的标准差分别为 0.01 周和 0.04 周。

6.5.2　多频 FCB 验后残差分布

验后残差可一定程度反映FCB估计的内符合精度，以18:00～19:00时段为例，图 6.11～图 6.14 分别给出了 GPS、Galileo、BDS-2 和 BDS-3 多频 FCB 估计的

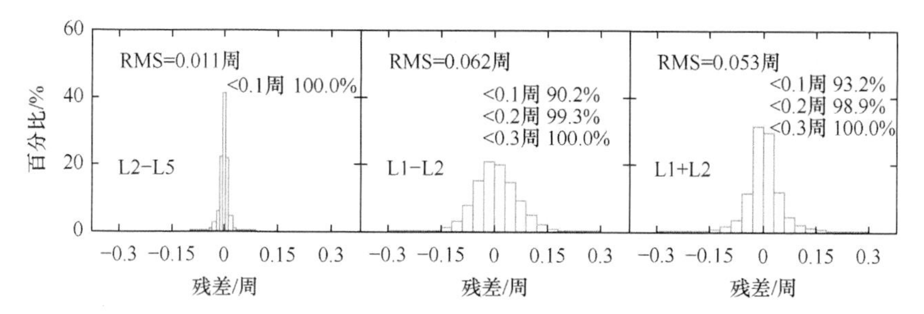

图 6.11　GPS 超宽巷(左)、宽巷(中)、窄巷(右)FCB 验后残差分布

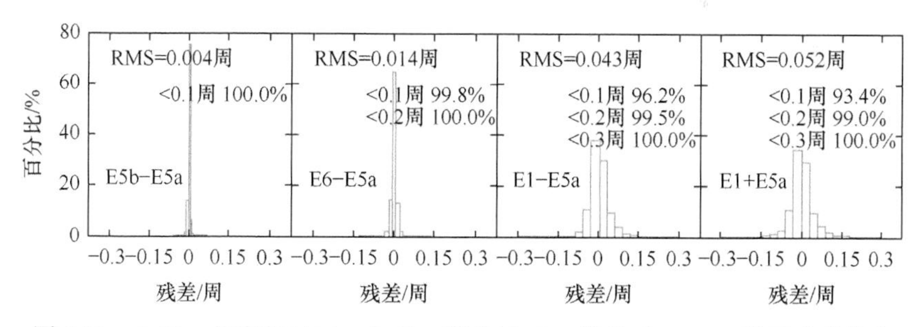

图 6.12　Galileo 超宽巷(左 1、左 2)、宽巷(右 2)、窄巷(右 1)FCB 验后残差分布

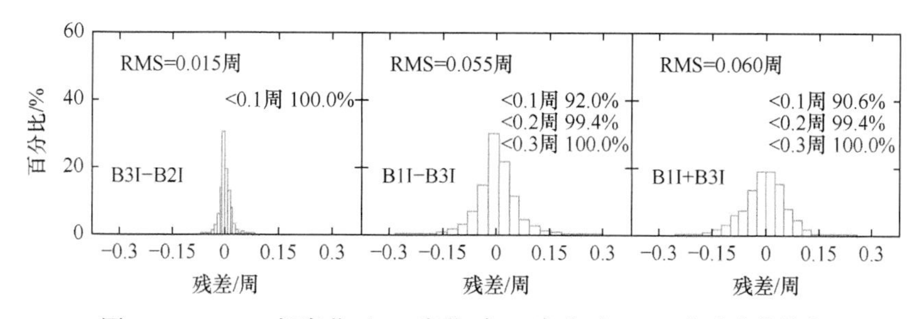

图 6.13　BDS-2 超宽巷(左)、宽巷(中)、窄巷(右)FCB 验后残差分布

验后残差分布，由图可知，各系统超宽巷、宽巷和窄巷 FCB 估计的验后残差均无明显系统偏差，波长越长，残差分布越集中，其中，各系统窄巷 FCB 验后残差的 RMS 均未超过 0.07 周，表明 FCB 估值的内符合程度较高。

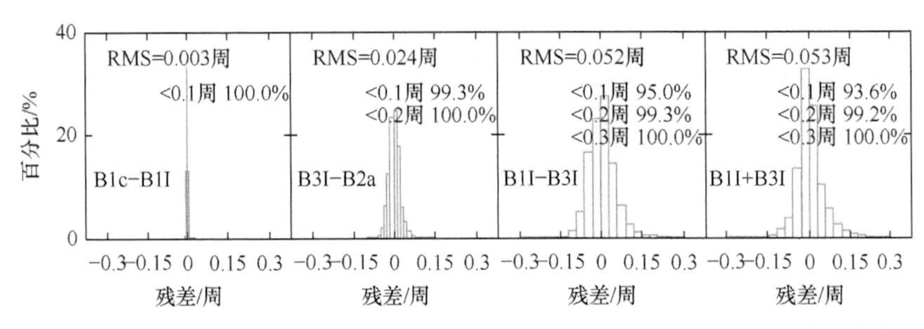

图 6.14 BDS-3 超宽巷(左 1、左 2)、宽巷(右 2)、窄巷(右 1)FCB 验后残差分布

6.5.3 双频无电离层与非组合 FCB 一致性分析

图 6.15 为无电离层与非组合模型宽巷 FCB 单天解互差，由图可知，对于 GPS 系统，除 G04 卫星的互差值为 0.159 周外，其余所有卫星的互差值均小于 0.05 周，这可能是由于数据处理中 G04 卫星(Block III)的部分误差处理模型不完善造成的，全部卫星互差值的平均值为 0.016 周；对于 Galileo 系统，全部卫星的互差值均未超过 0.05 周，各卫星互差值的均值仅为 0.008 周；对于 BDS-2 系统，IGSO 卫星的跟踪站点数目较多且连续跟踪时间较长，宽巷 FCB 的互差值均小于 0.05 周，各 IGSO 卫星互差值的均值为 0.013 周，相比之下，MEO 卫星的全球跟踪情况较差，宽巷 FCB 的互差值明显大于 IGSO 卫星，其中 C14 卫星的互差值可达 0.182

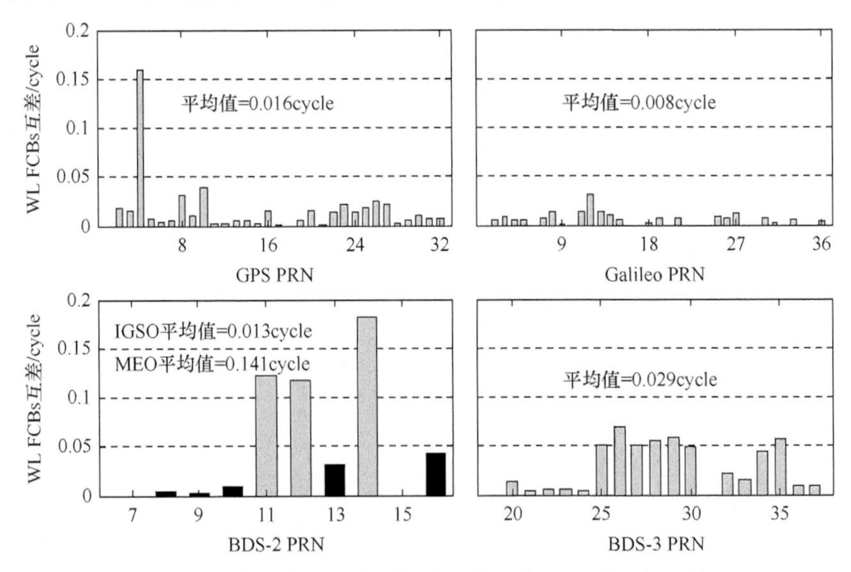

图 6.15 各系统无电离层与非组合宽巷 FCB 单天解互差

周，所有 MEO 卫星互差值的均值为 0.141 周；对于 BDS-3 卫星，宽巷 FCB 互差值的最大值和最小值分别为 C26 的 0.069 周和 C21 的 0.004 周，全部卫星互差值的均值为 0.029 周。总体而言，各系统无电离层和非组合模型估计得到的宽巷 FCB 一致性较好。

为了分析窄巷 FCB 的一致性，不同系统分别选择不同的卫星，图 6.16 给出了无电离层和非组合模型窄巷 FCB 时间序列对比图，由图可知，G02 卫星的互差值最大为 0.038 周，整个时段互差值的 RMS 为 0.014 周；E12 卫星的最大互差值为 0.033 周，整个时段互差值的 RMS 为 0.012 周；C32 卫星的互差值最大为 0.075 周，整个时段互差值的 RMS 为 0.018 周；对于 BDS-2 卫星，IGSO 卫星 C09 的结果明显优于 MEO 卫星 C14，相应的最大互差值分别为 0.036 周和 0.181 周，MEO 卫星在个别时段的互差值较大，这是由于 MEO 卫星在亚太地区以外的跟踪情况较差造成的，C09 和 C14 在整个时段内的 RMS 值分别为 0.012 周和 0.039 周。就窄巷 FCB 的总体变化趋势而言，由不同模型得到的各卫星 FCB 吻合程度均较好，整个时段互差值的 RMS 均未超过 0.05 周。

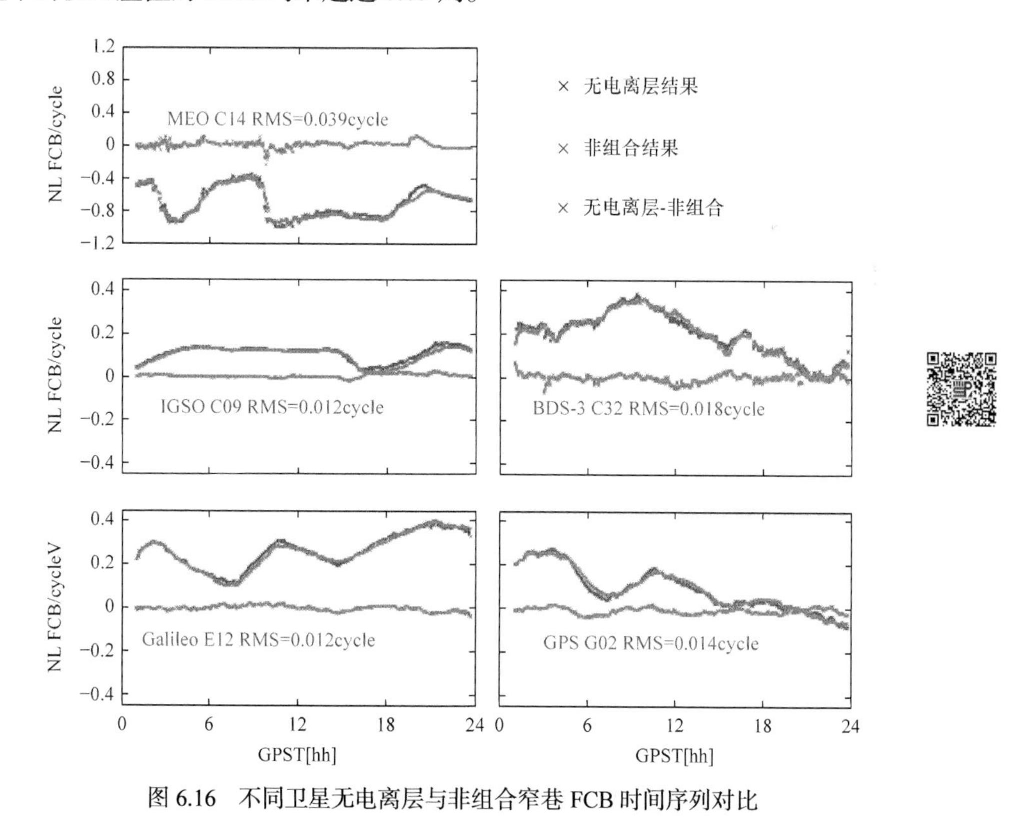

图 6.16　不同卫星无电离层与非组合窄巷 FCB 时间序列对比

进一步，图 6.17～图 6.19 给出了各系统所有卫星窄巷 FCB 互差值的频率分布，由图可知，对于 GPS 系统，99.93%的互差值不超过 0.05 周，全部互差值均小于 0.06 周；对于 Galileo 系统，88.69%的互差值在±0.05 周范围内，全部互差值均未超过 0.08 周；对于 BDS-2 系统，由于 IGSO 卫星有着更好的可视性，其互差值的分布明显优于 MEO 卫星，IGSO 卫星互差值在±0.03 周范围内的百分比为 98.78%，全部的互差值均小于 0.05 周，对于 MEO 卫星，位于±0.05 周和±0.10 周范围内的互差值百分比分别为 86.57%和 97.46%，全部的互差值均未超过 0.20 周；对于 BDS-3 系统，99.38%的互差值在±0.05 周范围内，全部卫星的互差值均未超过 0.08 周。总体而言，无电离层和非组合模型估计得到的各系统窄巷 FCB 具有较好的一致性。

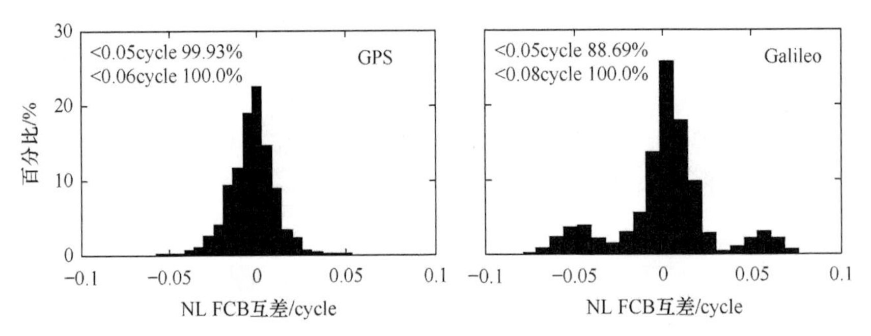

图 6.17　GPS(左)和 Galileo(右)无电离层与非组合窄巷 FCB 互差值频率分布

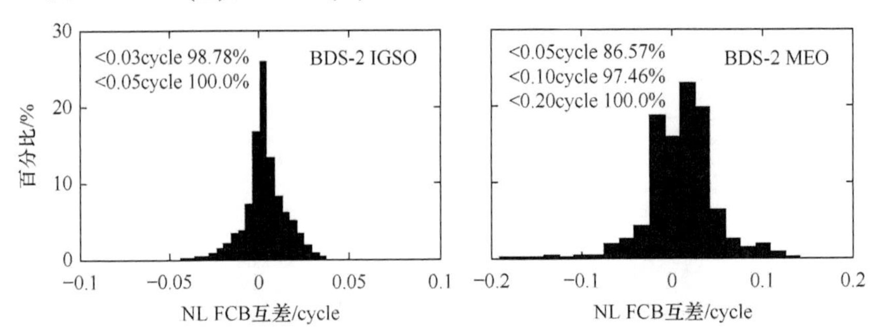

图 6.18　BDS-2 无电离层与非组合窄巷 FCB 互差值频率分布

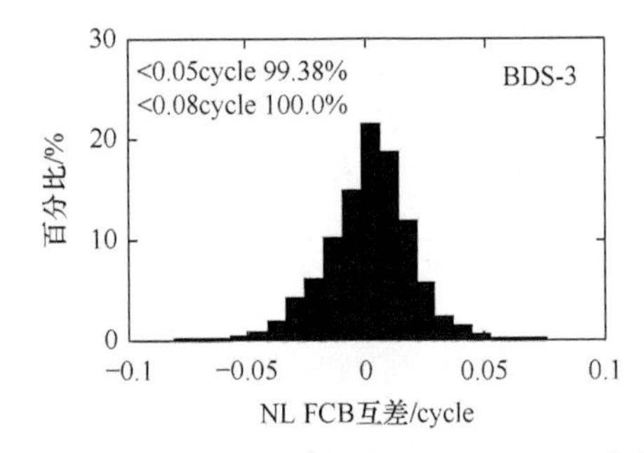

图 6.19　BDS-3 无电离层与非组合窄巷 FCB 互差值频率分布

参考文献

[1] Ge M, Gendt G, Rothacher M, et al. Resolution of GPS carrier-phase ambiguities in precise point positioning (PPP) with daily observations[J]. Journal of Geodesy, 2008, 82(7): 389-399.

[2] Li P, Zhang X, Ren X, et al. Generating GPS satellite fractional cycle bias for ambiguity-fixed precise point positioning[J]. GPS Solutions, 2016, 20(4): 771-782.

[3] 李盼. GNSS 精密单点定位模糊度快速固定技术和方法研究[D]. 武汉: 武汉大学, 2016.

[4] Wanninger L, Beer S. BeiDou satellite-induced code pseudorange variations: Diagnosis and therapy[J]. GPS Solutions, 2015, 19(4): 639-648.

[5] Gao W, Zhao Q, Meng X, et al. Performance of single-epoch EWL/WL/NL ambiguity-fixed precise point positioning with regional atmosphere modelling[J]. Remote Sensing, 2021, 13(18): 3758.

[6] Li P, Zhang X, Ge M, et al. Three-frequency BDS precise point positioning ambiguity resolution based on raw observables[J]. Journal of Geodesy, 2018, 92(12): 1357-1369.

[7] Cheng S, Wang J, Peng W. Statistical analysis and quality control for GPS fractional cycle bias and integer recovery clock estimation with raw and combined observation models[J]. Advances in Space Research, 2017, 60(12): 2648-2659.

[8] Wang J, Huang G, Yang Y, et al. FCB estimation with three different PPP models: Equivalence analysis and experiment tests[J]. GPS Solutions, 2019, 23(4): 1-14.

[9] Böhm J, Möller G, Schindelegger M, et al. Development of an improved empirical model for slant delays in the troposphere (GPT2w)[J]. GPS Solutions, 2015, 19(3): 433-441.

[10] Niell A E. Global mapping functions for the atmosphere delay at radio wavelengths[J]. Journal of Geophysical Research: Solid Earth, 1996, 101(B2): 3227-3246.

[11] Petit G, Luzum B. IERS conventions (2010)[R]. Bureau International Des Poids Et Mesures Sevres (France), 2010.

[12] Schmid R, Steigenberger P, Gendt G, et al. Generation of a consistent absolute phase-center correction model for GPS receiver and satellite antennas[J]. Journal of Geodesy, 2007, 81(12): 781-798.

[13] Wu J T, Wu S C, Hajj G A, et al. Effects of antenna orientation on GPS carrier phase[J]. Manuscripta Geodaetica, 1993, 18(2): 91-98.

[14] Wang N, Yuan Y, Li Z, et al. Determination of differential code biases with multi-GNSS observations[J]. Journal of Geodesy, 2016, 90(3): 209-228.

第 7 章　多频精密单点定位模糊度固定

模糊度固定可一定程度提高 PPP 的定位精度和可靠性，历来是 GNSS 领域的研究热点。对于非组合 PPP，传统的模糊度解算策略通常直接对全部基础模糊度进行整体固定，理论上该固定策略最优，不过在实际解算过程中，由于模糊度维数高、基础模糊度波长较短易受残余误差影响等因素，模糊度固定效果较差且搜索过程极为耗时。而随着多频 GNSS 的发展，各基础频率模糊度可灵活地通过线性变换得到多种具有优良特性的组合模糊度，为多频模糊度解算提供了新的契机。

7.1　多频非组合 PPP 模糊度固定

在 PPP 模糊度固定中，首先需通过星间单差的方法消除接收机端 FCB，然后通过对卫星端的 FCB 进行改正，恢复其浮点模糊度的整数特性，其本质上固定的仍然为双差模糊度。为简化描述，此处直接以星间单差的模糊度为例，将待估参数浮点解向量及其方差-协方差矩阵分别记为 $\hat{X}$ 和 $Q_{\hat{X}\hat{X}}$：

$$\hat{X}=\begin{bmatrix}\hat{a}\\ \hat{b}^{\mathrm{G}}\\ \hat{b}^{\mathrm{E}}\\ \hat{b}^{\mathrm{C}_2}\\ \hat{b}^{\mathrm{C}_3}\end{bmatrix},\quad Q_{\hat{X}\hat{X}}=\begin{bmatrix}Q_{\hat{a}\hat{a}} & Q_{\hat{a}\hat{b}^{\mathrm{G}}} & Q_{\hat{a}\hat{b}^{\mathrm{E}}} & Q_{\hat{a}\hat{b}^{\mathrm{C}_2}} & Q_{\hat{a}\hat{b}^{\mathrm{C}_3}}\\ Q_{\hat{b}^{\mathrm{G}}\hat{a}} & Q_{\hat{b}^{\mathrm{G}}\hat{b}^{\mathrm{G}}} & Q_{\hat{b}^{\mathrm{G}}\hat{b}^{\mathrm{E}}} & Q_{\hat{b}^{\mathrm{G}}\hat{b}^{\mathrm{C}_2}} & Q_{\hat{b}^{\mathrm{G}}\hat{b}^{\mathrm{C}_3}}\\ Q_{\hat{b}^{\mathrm{E}}\hat{a}} & Q_{\hat{b}^{\mathrm{E}}\hat{b}^{\mathrm{G}}} & Q_{\hat{b}^{\mathrm{E}}\hat{b}^{\mathrm{E}}} & Q_{\hat{b}^{\mathrm{E}}\hat{b}^{\mathrm{C}_2}} & Q_{\hat{b}^{\mathrm{E}}\hat{b}^{\mathrm{C}_3}}\\ Q_{\hat{b}^{\mathrm{C}_2}\hat{a}} & Q_{\hat{b}^{\mathrm{C}_2}\hat{b}^{\mathrm{G}}} & Q_{\hat{b}^{\mathrm{C}_2}\hat{b}^{\mathrm{E}}} & Q_{\hat{b}^{\mathrm{C}_2}\hat{b}^{\mathrm{C}_2}} & Q_{\hat{b}^{\mathrm{C}_2}\hat{b}^{\mathrm{C}_3}}\\ Q_{\hat{b}^{\mathrm{C}_3}\hat{a}} & Q_{\hat{b}^{\mathrm{C}_3}\hat{b}^{\mathrm{G}}} & Q_{\hat{b}^{\mathrm{C}_3}\hat{b}^{\mathrm{E}}} & Q_{\hat{b}^{\mathrm{C}_3}\hat{b}^{\mathrm{C}_2}} & Q_{\hat{b}^{\mathrm{C}_3}\hat{b}^{\mathrm{C}_3}}\end{bmatrix}\tag{7-1}$$

式中，上标 G、E、C_2、C_3 分别代表 GPS、Galileo、BDS-2 和 BDS-3；$\hat{b}$ 为基础频率的星间单差模糊度；$\hat{a}$ 为除模糊度之外的待估参数。以 GPS L1/L2/5、Galileo E1/E5a/E6/E5b、BDS-2 B1I/B2I/B3I 以及 BDS-3 B1c/B1I/B2a/B3I 多频观测值为例，各系统基础模糊度 $\hat{b}$ 的具体形式如下：

$$\begin{cases}\hat{b}^{\mathrm{G}}=\begin{bmatrix}\hat{b}_{\mathrm{L1}} & \hat{b}_{\mathrm{L2}} & \hat{b}_{\mathrm{L5}}\end{bmatrix}^{\mathrm{T}}\\ \hat{b}^{\mathrm{E}}=\begin{bmatrix}\hat{b}_{\mathrm{E1}} & \hat{b}_{\mathrm{E5a}} & \hat{b}_{\mathrm{E6}} & \hat{b}_{\mathrm{E5b}}\end{bmatrix}^{\mathrm{T}}\\ \hat{b}^{\mathrm{C}_2}=\begin{bmatrix}\hat{b}_{\mathrm{B1I}} & \hat{b}_{\mathrm{B2I}} & \hat{b}_{\mathrm{B3I}}\end{bmatrix}^{\mathrm{T}}\\ \hat{b}^{\mathrm{C}_3}=\begin{bmatrix}\hat{b}_{\mathrm{B1c}} & \hat{b}_{\mathrm{B1I}} & \hat{b}_{\mathrm{B2a}} & \hat{b}_{\mathrm{B3I}}\end{bmatrix}^{\mathrm{T}}\end{cases}\tag{7-2}$$

7.1.1 整体固定策略

在传统的非组合 PPP 模糊度固定中，通常采用整体固定策略，即采用 LAMBDA 算法直接将各基础频率浮点模糊度 $\hat{b}$ 固定为 $\breve{b}$，若通过模糊度固定判断标准，则采用下式对其余待估参数进行更新，得到窄巷固定解[1]，

$$
\begin{cases}
\breve{a} = \hat{a} - Q_{\hat{a}\hat{b}} \cdot Q_{\hat{b}\hat{b}}^{-1} \cdot \left(\hat{b} - \breve{b}\right) \\
Q_{\breve{a}\breve{a}} = Q_{\hat{a}\hat{a}} - Q_{\hat{a}\hat{b}} \cdot Q_{\hat{b}\hat{b}}^{-1} \cdot Q_{\hat{a}\hat{b}}^{\mathrm{T}}
\end{cases}
\tag{7-3}
$$

式中，$\hat{b},\breve{b},Q_{\hat{a}\hat{b}},Q_{\hat{b}\hat{b}}$ 的具体表达式如下：

$$
\hat{b} = \begin{bmatrix} \hat{b}^{\mathrm{G}} \\ \hat{b}^{\mathrm{E}} \\ \hat{b}^{\mathrm{C_2}} \\ \hat{b}^{\mathrm{C_3}} \end{bmatrix}, \quad
\breve{b} = \begin{bmatrix} \breve{b}^{\mathrm{G}} \\ \breve{b}^{\mathrm{E}} \\ \breve{b}^{\mathrm{C_2}} \\ \breve{b}^{\mathrm{C_3}} \end{bmatrix}
\tag{7-4}
$$

$$
Q_{\hat{a}\hat{b}} = \begin{bmatrix} Q_{\hat{a}\hat{b}^{\mathrm{G}}} & Q_{\hat{a}\hat{b}^{\mathrm{E}}} & Q_{\hat{a}\hat{b}^{\mathrm{C_2}}} & Q_{\hat{a}\hat{b}^{\mathrm{C_3}}} \end{bmatrix}
\tag{7-5}
$$

$$
Q_{\hat{b}\hat{b}} = \begin{bmatrix}
Q_{\hat{b}^{\mathrm{G}}\hat{b}^{\mathrm{G}}} & Q_{\hat{b}^{\mathrm{G}}\hat{b}^{\mathrm{E}}} & Q_{\hat{b}^{\mathrm{G}}\hat{b}^{\mathrm{C_2}}} & Q_{\hat{b}^{\mathrm{G}}\hat{b}^{\mathrm{C_3}}} \\
Q_{\hat{b}^{\mathrm{E}}\hat{b}^{\mathrm{G}}} & Q_{\hat{b}^{\mathrm{E}}\hat{b}^{\mathrm{E}}} & Q_{\hat{b}^{\mathrm{E}}\hat{b}^{\mathrm{C_2}}} & Q_{\hat{b}^{\mathrm{E}}\hat{b}^{\mathrm{C_3}}} \\
Q_{\hat{b}^{\mathrm{C_2}}\hat{b}^{\mathrm{G}}} & Q_{\hat{b}^{\mathrm{C_2}}\hat{b}^{\mathrm{E}}} & Q_{\hat{b}^{\mathrm{C_2}}\hat{b}^{\mathrm{C_2}}} & Q_{\hat{b}^{\mathrm{C_2}}\hat{b}^{\mathrm{C_3}}} \\
Q_{\hat{b}^{\mathrm{C_3}}\hat{b}^{\mathrm{G}}} & Q_{\hat{b}^{\mathrm{C_3}}\hat{b}^{\mathrm{E}}} & Q_{\hat{b}^{\mathrm{C_3}}\hat{b}^{\mathrm{C_2}}} & Q_{\hat{b}^{\mathrm{C_3}}\hat{b}^{\mathrm{C_3}}}
\end{bmatrix}
\tag{7-6}
$$

7.1.2 分步固定策略

基于式(7-1)和式(7-2)，通过转换矩阵进行线性变换，得到与基础模糊度等价的超宽巷、宽巷和窄巷模糊度组合，同时依据协方差传播定律得到对应的方差-协方差矩阵：

$$
\begin{bmatrix} \hat{a} \\ \hat{b}_{\mathrm{n}} \\ \hat{b}_{\mathrm{w}} \\ \hat{b}_{\mathrm{e}} \end{bmatrix} = \begin{bmatrix} I & 0 \\ 0 & D_{\mathrm{n}} \\ 0 & D_{\mathrm{w}} \\ 0 & D_{\mathrm{e}} \end{bmatrix} \cdot \hat{X}
\tag{7-7}
$$

$$
\begin{bmatrix}
Q_{\hat{a}\hat{a}} & Q_{\hat{a}\hat{b}_{\mathrm{n}}} & Q_{\hat{a}\hat{b}_{\mathrm{w}}} & Q_{\hat{a}\hat{b}_{\mathrm{e}}} \\
Q_{\hat{b}_{\mathrm{n}}\hat{a}} & Q_{\hat{b}_{\mathrm{n}}\hat{b}_{\mathrm{n}}} & Q_{\hat{b}_{\mathrm{n}}\hat{b}_{\mathrm{w}}} & Q_{\hat{b}_{\mathrm{n}}\hat{b}_{\mathrm{e}}} \\
Q_{\hat{b}_{\mathrm{w}}\hat{a}} & Q_{\hat{b}_{\mathrm{w}}\hat{b}_{\mathrm{n}}} & Q_{\hat{b}_{\mathrm{w}}\hat{b}_{\mathrm{w}}} & Q_{\hat{b}_{\mathrm{w}}\hat{b}_{\mathrm{e}}} \\
Q_{\hat{b}_{\mathrm{e}}a} & Q_{\hat{b}_{\mathrm{e}}\hat{b}_{\mathrm{n}}} & Q_{\hat{b}_{\mathrm{e}}\hat{b}_{\mathrm{w}}} & Q_{\hat{b}_{\mathrm{e}}\hat{b}_{\mathrm{e}}}
\end{bmatrix} = \begin{bmatrix} I & 0 \\ 0 & D_{\mathrm{n}} \\ 0 & D_{\mathrm{w}} \\ 0 & D_{\mathrm{e}} \end{bmatrix} \cdot Q_{\hat{X}\hat{X}} \cdot \begin{bmatrix} I & 0 \\ 0 & D_{\mathrm{n}} \\ 0 & D_{\mathrm{w}} \\ 0 & D_{\mathrm{e}} \end{bmatrix}^{\mathrm{T}}
\tag{7-8}
$$

式中，下标 n、w、e 分别表示窄巷、宽巷和超宽巷。对应表 7.1 中的线性组合[2]，$D_{\mathrm{n}}, D_{\mathrm{w}}, D_{\mathrm{e}}$ 的具体表达式如下：

$$D_{\mathrm{n}}=\begin{bmatrix} D_{\mathrm{n}}^{\mathrm{G}} & & & \\ & D_{\mathrm{n}}^{\mathrm{E}} & & \\ & & D_{\mathrm{n}}^{\mathrm{C_2}} & \\ & & & D_{\mathrm{n}}^{\mathrm{C_3}} \end{bmatrix},\text{ 其中}\begin{cases} D_{\mathrm{n}}^{\mathrm{G}}=\begin{bmatrix}1 & 0 & 0\end{bmatrix} \\ D_{\mathrm{n}}^{\mathrm{E}}=\begin{bmatrix}1 & 0 & 0 & 0\end{bmatrix} \\ D_{\mathrm{n}}^{\mathrm{C_2}}=\begin{bmatrix}1 & 0 & 0\end{bmatrix} \\ D_{\mathrm{n}}^{\mathrm{C_3}}=\begin{bmatrix}0 & 1 & 0 & 0\end{bmatrix} \end{cases} \tag{7-9}$$

$$D_{\mathrm{w}}=\begin{bmatrix} D_{\mathrm{w}}^{\mathrm{G}} & & & \\ & D_{\mathrm{w}}^{\mathrm{E}} & & \\ & & D_{\mathrm{w}}^{\mathrm{C_2}} & \\ & & & D_{\mathrm{w}}^{\mathrm{C_3}} \end{bmatrix},\text{ 其中}\begin{cases} D_{\mathrm{w}}^{\mathrm{G}}=\begin{bmatrix}1 & -1 & 0\end{bmatrix} \\ D_{\mathrm{w}}^{\mathrm{E}}=\begin{bmatrix}1 & -1 & 0 & 0\end{bmatrix} \\ D_{\mathrm{w}}^{\mathrm{C_2}}=\begin{bmatrix}1 & 0 & -1\end{bmatrix} \\ D_{\mathrm{w}}^{\mathrm{C_3}}=\begin{bmatrix}0 & 1 & 0 & -1\end{bmatrix} \end{cases} \tag{7-10}$$

$$D_{\mathrm{e}}=\begin{bmatrix} D_{\mathrm{e}}^{\mathrm{G}} & & & \\ & D_{\mathrm{e}}^{\mathrm{E}} & & \\ & & D_{\mathrm{e}}^{\mathrm{C_2}} & \\ & & & D_{\mathrm{e}}^{\mathrm{C_3}} \end{bmatrix},\text{ 其中}\begin{cases} D_{\mathrm{e}}^{\mathrm{G}}=\begin{bmatrix}0 & 1 & -1\end{bmatrix} \\ D_{\mathrm{e}}^{\mathrm{E}}=\begin{bmatrix}0 & -1 & 1 & 0 \\ 0 & -1 & 0 & 1\end{bmatrix} \\ D_{\mathrm{e}}^{\mathrm{C_2}}=\begin{bmatrix}0 & -1 & 1\end{bmatrix} \\ D_{\mathrm{e}}^{\mathrm{C_3}}=\begin{bmatrix}0 & 0 & -1 & 1 \\ 1 & -1 & 0 & 0\end{bmatrix} \end{cases} \tag{7-11}$$

表 7.1　多频 PPP 分步模糊度固定中的线性组合

系统	频率	波长/m	标签	系统	频率	波长/m	标签
GPS	L2-L5	5.86	EWL	BDS-2	B3I-B2I	4.88	EWL
	L1-L2	0.86	WL		B1I-B3I	1.02	WL
	L1	0.19	NL		B1I	0.19	NL
Galileo	E5b-E5a	9.77	EWL	BDS-3	B1c-B1I	20.93	EWL
	E6-E5a	2.93	EWL		B3I-B2a	3.26	EWL
	E1-E5a	0.75	WL		B1I-B3I	1.02	WL
	E1	0.19	NL		B1I	0.19	NL

然后，按照波长由大到小的顺序，首先采用 LAMBDA 算法将超宽巷模糊度 $\hat{b}_{\mathrm{e}}$ 固定为 $\breve{b}_{\mathrm{e}}$，需要说明的是，对于四频情形存在两个超宽巷组合，其模糊度均为一步固定，而非分成两步进行固定。鉴于超宽巷波长较长，通常单历元即可达到较高的 ratio 值，在超宽巷模糊度固定后，采用下式对包括宽巷模糊度、窄巷模糊度在内的其余待估参数进行更新，得到超宽巷固定解及对应的方差-协方差矩阵：

$$\begin{bmatrix} \breve{a}^{\mathrm{e}} \\ \breve{b}_{\mathrm{n}}^{\mathrm{e}} \\ \breve{b}_{\mathrm{w}}^{\mathrm{e}} \end{bmatrix} = \begin{bmatrix} \hat{a} \\ \hat{b}_{\mathrm{n}} \\ \hat{b}_{\mathrm{w}} \end{bmatrix} - \begin{bmatrix} Q_{\hat{a}\hat{b}_{\mathrm{e}}} \\ Q_{\hat{b}_{\mathrm{n}}\hat{b}_{\mathrm{e}}} \\ Q_{\hat{b}_{\mathrm{w}}\hat{b}_{\mathrm{e}}} \end{bmatrix} \cdot Q_{\hat{b}_{\mathrm{e}}\hat{b}_{\mathrm{e}}}^{-1} \cdot \left(\hat{b}_{\mathrm{e}} - \breve{b}_{\mathrm{e}}\right) \tag{7-12}$$

$$\begin{bmatrix} Q_{\breve{a}^{\mathrm{e}}\breve{a}^{\mathrm{e}}} & Q_{\breve{a}^{\mathrm{e}}\breve{b}_{\mathrm{n}}^{\mathrm{e}}} & Q_{\breve{a}^{\mathrm{e}}\breve{b}_{\mathrm{w}}^{\mathrm{e}}} \\ Q_{\breve{b}_{\mathrm{n}}^{\mathrm{e}}\breve{a}^{\mathrm{e}}} & Q_{\breve{b}_{\mathrm{n}}^{\mathrm{e}}\breve{b}_{\mathrm{n}}^{\mathrm{e}}} & Q_{\breve{b}_{\mathrm{n}}^{\mathrm{e}}\breve{b}_{\mathrm{w}}^{\mathrm{e}}} \\ Q_{\breve{b}_{\mathrm{w}}^{\mathrm{e}}\breve{a}^{\mathrm{e}}} & Q_{\breve{b}_{\mathrm{w}}^{\mathrm{e}}\breve{b}_{\mathrm{n}}^{\mathrm{e}}} & Q_{\breve{b}_{\mathrm{w}}^{\mathrm{e}}\breve{b}_{\mathrm{w}}^{\mathrm{e}}} \end{bmatrix} = \begin{bmatrix} Q_{\hat{a}\hat{a}} & Q_{\hat{a}\hat{b}_{\mathrm{n}}} & Q_{\hat{a}\hat{b}_{\mathrm{w}}} \\ Q_{\hat{b}_{\mathrm{n}}\hat{a}} & Q_{\hat{b}_{\mathrm{n}}\hat{b}_{\mathrm{n}}} & Q_{\hat{b}_{\mathrm{n}}\hat{b}_{\mathrm{w}}} \\ Q_{\hat{b}_{\mathrm{w}}\hat{a}} & Q_{\hat{b}_{\mathrm{w}}\hat{b}_{\mathrm{n}}} & Q_{\hat{b}_{\mathrm{w}}\hat{b}_{\mathrm{w}}} \end{bmatrix} - \begin{bmatrix} Q_{\hat{a}\hat{b}_{\mathrm{e}}} \\ Q_{\hat{b}_{\mathrm{n}}\hat{b}_{\mathrm{e}}} \\ Q_{\hat{b}_{\mathrm{w}}\hat{b}_{\mathrm{e}}} \end{bmatrix} \cdot Q_{\hat{b}_{\mathrm{e}}\hat{b}_{\mathrm{e}}}^{-1} \cdot \begin{bmatrix} Q_{\hat{a}\hat{b}_{\mathrm{e}}} \\ Q_{\hat{b}_{\mathrm{n}}\hat{b}_{\mathrm{e}}} \\ Q_{\hat{b}_{\mathrm{w}}\hat{b}_{\mathrm{e}}} \end{bmatrix}^{\top} \tag{7-13}$$

式中，上标 e 表示超宽巷固定解。

在超宽巷的约束下，宽巷模糊度及其方差-协方差矩阵得到精化，进一步采用 LAMBDA 算法将此时的宽巷模糊度 $\breve{b}_{\mathrm{w}}^{\mathrm{e}}$ 固定为 $\breve{b}_{\mathrm{w}}$，然后按照相同的方法对窄巷模糊度以及坐标等其余待估参数进行更新，得到宽巷固定解及对应的方差-协方差矩阵：

$$\begin{bmatrix} \breve{a}^{\mathrm{w}} \\ \breve{b}_{\mathrm{n}}^{\mathrm{w}} \end{bmatrix} = \begin{bmatrix} \breve{a}^{\mathrm{e}} \\ \breve{b}_{\mathrm{n}}^{\mathrm{e}} \end{bmatrix} - \begin{bmatrix} Q_{\breve{a}^{\mathrm{e}}\breve{b}_{\mathrm{w}}^{\mathrm{e}}} \\ Q_{\breve{b}_{\mathrm{n}}^{\mathrm{e}}\breve{b}_{\mathrm{w}}^{\mathrm{e}}} \end{bmatrix} \cdot Q_{\breve{b}_{\mathrm{w}}^{\mathrm{e}}\breve{b}_{\mathrm{w}}^{\mathrm{e}}}^{-1} \cdot \left(\breve{b}_{\mathrm{w}}^{\mathrm{e}} - \breve{b}_{\mathrm{w}}\right) \tag{7-14}$$

$$\begin{bmatrix} Q_{\breve{a}^{\mathrm{w}}\breve{a}^{\mathrm{w}}} & Q_{\breve{a}^{\mathrm{w}}\breve{b}_{\mathrm{n}}^{\mathrm{w}}} \\ Q_{\breve{b}_{\mathrm{n}}^{\mathrm{w}}\breve{a}^{\mathrm{w}}} & Q_{\breve{b}_{\mathrm{n}}^{\mathrm{w}}\breve{b}_{\mathrm{n}}^{\mathrm{w}}} \end{bmatrix} = \begin{bmatrix} Q_{\breve{a}^{\mathrm{e}}\breve{a}^{\mathrm{e}}} & Q_{\breve{a}^{\mathrm{e}}\breve{b}_{\mathrm{n}}^{\mathrm{e}}} \\ Q_{\breve{b}_{\mathrm{n}}^{\mathrm{e}}\breve{a}^{\mathrm{e}}} & Q_{\breve{b}_{\mathrm{n}}^{\mathrm{e}}\breve{b}_{\mathrm{n}}^{\mathrm{e}}} \end{bmatrix} - \begin{bmatrix} Q_{\breve{a}^{\mathrm{e}}\breve{b}_{\mathrm{w}}^{\mathrm{e}}} \\ Q_{\breve{b}_{\mathrm{n}}^{\mathrm{e}}\breve{b}_{\mathrm{w}}^{\mathrm{e}}} \end{bmatrix} \cdot Q_{\breve{b}_{\mathrm{w}}^{\mathrm{e}}\breve{b}_{\mathrm{w}}^{\mathrm{e}}}^{-1} \cdot \begin{bmatrix} Q_{\breve{a}^{\mathrm{e}}\breve{b}_{\mathrm{w}}^{\mathrm{e}}} \\ Q_{\breve{b}_{\mathrm{n}}^{\mathrm{e}}\breve{b}_{\mathrm{w}}^{\mathrm{e}}} \end{bmatrix}^{\top} \tag{7-15}$$

式中，上标 w 表示宽巷固定解。

类似地，在宽巷固定解的基础上，采用 LAMBDA 算法尝试对精化后的窄巷模糊度进行固定，若通过 ratio 等相关指标检核，则可将窄巷模糊度 $\breve{b}_{\mathrm{n}}^{\mathrm{w}}$ 固定为 $\breve{b}_{\mathrm{n}}$，并按照前述思路进一步对坐标等非模糊度参数进行更新，得到窄巷固定解：

$$\begin{cases} \breve{a}^{\mathrm{n}} = \breve{a}^{\mathrm{w}} - Q_{\breve{a}^{\mathrm{w}}\breve{b}_{\mathrm{n}}^{\mathrm{w}}} \cdot Q_{\breve{b}_{\mathrm{n}}^{\mathrm{w}}\breve{b}_{\mathrm{n}}^{\mathrm{w}}}^{-1} \cdot \left(\breve{b}_{\mathrm{n}}^{\mathrm{w}} - \breve{b}_{\mathrm{n}}\right) \\ Q_{\breve{a}^{\mathrm{n}}\breve{a}^{\mathrm{n}}} = Q_{\breve{a}^{\mathrm{w}}\breve{a}^{\mathrm{w}}} - Q_{\breve{a}^{\mathrm{w}}\breve{b}_{\mathrm{n}}^{\mathrm{w}}} \cdot Q_{\breve{b}_{\mathrm{n}}^{\mathrm{w}}\breve{b}_{\mathrm{n}}^{\mathrm{w}}}^{-1} \cdot Q_{\breve{a}^{\mathrm{w}}\breve{b}_{\mathrm{n}}^{\mathrm{w}}}^{\top} \end{cases} \tag{7-16}$$

式中，上标 n 表示窄巷固定解。

7.1.3　两种固定策略的比较

在非组合 PPP 中，整体固定策略是一种常规的固定方法，采用 LAMBDA 算法对所有频率的基础模糊度进行搜索，理论层面最优，不过由于窄巷模糊度波长较短，通常需要一段时间收敛才能达到一定精度，从而保障模糊度固定的可靠性，此外，与常规无电离层模型相比，非组合多频模糊度维数较高，搜索最优子集的效率低；相比之下，在分步固定策略中，通过对线性变换后的超宽巷、宽巷、窄巷模糊度进行分步固定与更新，可减小每次模糊度搜索的维数，有效提高解算效率。此外，随着模糊度维数的增加，ratio 值的显著性也逐渐降低[3]，因此，对于相同的判断标准，分步固定策略有望取得更高的 ratio 和历元固定率。

就实时性和定位精度而言，模糊度逐级固定过程中，超宽巷与宽巷波长较长，有望实现与网络 RTK 类似的单历元宽巷固定解，精度约为分米级，而对于窄巷模糊度，由于其波长较短，对残余误差敏感，理论上仍然需要多个历元的平滑才能实现可靠固定，不过，与传统整体固定策略相比，模糊度分步固定可利用先前超宽巷和宽巷固定解的信息对窄巷浮点解及其协方差矩阵进行约束，因此，有望在一定程度上缩短模糊度的首次固定时间。为了方便后续描述，本章分别将上述两种方法称为“传统固定方法”和“分步固定方法”。

7.1.4　固定解参数更新方法

当模糊度固定后，可利用其整数特性对坐标、大气等参数进行更新，得到固定解。目前，常用的参数更新方法有两种：一种是将固定的整周模糊度作为虚拟观测值，通过附加伪观测方程约束的手段实现参数更新，其优势在于可通过调节伪观测值的量测噪声控制参数约束的强弱，实际上，这种参数约束方法在 RTK 中也常常使用，即“Fix and Hold”模式[4]；另一种则是按照方差-协方差传播定律推导整周模糊度以及其余参数对应的浮点解向量与方差-协方差矩阵，通过式(7-3)所示操作实现参数更新。

7.1.5　多频非组合 PPP 固定解实验分析

为评估多频 PPP 分步模糊度固定性能，并进一步对上一章中提取的 FCB 质量进行验证，选择全球分布的 18 个 MGEX 用户站点进行实验，表 7.2 列出了各站点的基本情况，包括接收机类型、天线类型以及平均可视卫星数，表中 G、E、C2、C3 分别代表 GPS、Galileo、BDS-2 和 BDS-3。其中，前 6 个测站位于亚太地区。

表 7.2　用于验证多频非组合 PPP 分步模糊度固定的用户站点信息

站点	接收机类型	天线类型	单历元平均可视卫星数			
			G	E	C2	C3
CUSV	JAVAD TRE_3 DELTA	JAVRINGANT_DM NONE	9.0	7.4	12.3	8.9
GAMG	SEPT POLARX5TR	LEIAR25.R4 LEIT	8.7	7.0	9.5	5.2
PTHL	SEPT POLARX5	LEIAR25.R3 LEIT	8.8	7.1	11.7	5.5
TOW2	SEPT POLARX5	LEIAR25.R3 NONE	8.7	6.9	10.0	5.5
WYRL	SEPT POLARX5	JAVRINGANT_DM NONE	8.8	6.8	8.5	5.3
YARR	SEPT POLARX5	LEIAT504 NONE	8.7	6.8	10.8	5.4

续表

站点	接收机类型	天线类型	单历元平均可视卫星数			
			G	E	C2	C3
BREW	SEPT POLARX5TR	ASH701945C_M SCIT	8.7	3.0	0.9	4.9
BRUX	SEPT POLARX5TR	JAVRINGANT_DM NONE	8.6	7.1	3.8	5.2
DJIG	SEPT POLARX5	TRM59800.00 NONE	9.7	8.0	7.6	5.7
GODS	JAVAD TRE_3 DELTA	TPSCR.G3 SCIS	8.8	6.9	1.0	5.5
HARB	SEPT POLARX5TR	TRM59800.00 NONE	9.0	7.3	5.7	5.2
KIRU	SEPT POLARX5	SEPCHOKE_B3E6 SPKE	10.0	7.8	3.6	5.8
KITG	SEPT POLARX5	TRM59800.00 SCIS	8.7	6.9	8.2	5.0
KOUR	SEPT POLARX5	SEPCHOKE_B3E6 NONE	10.3	8.3	1.2	5.7
MAS1	SEPT POLARX5	LEIAR25.R4 NONE	8.7	7.0	1.1	5.0
MGUE	SEPT POLARX5TR	LEIAR25.R4 NONE	8.7	7.1	1.0	5.0
NKLG	SEPT POLARX5	TRM59800.00 SCIS	10.0	7.8	2.2	5.8
UNB3	TRIMBLE ALLOY	TRM57971.00 NONE	8.5	6.9	1.1	5.5

7.1.5.1 多历元分步固定解实验分析

1. 单 BDS 多历元分步固定解结果分析

图 7.1 和图 7.2 分别为 GAMG 测站的定位结果与模糊度分步固定的 Ratio 值。整个时段 BDS-2 和 BDS-3 的平均可视卫星数分别为 9.5 和 5.2，个别时段存在 PDOP 值大于 2 的情况；窄巷模糊度首次固定时间为 17.5min，模糊度固定后，N 和 E 方向定位偏差较为稳定，U 方向波动较大，三个方向 RMS 值分别为(1.0 cm，1.0 cm，3.8 cm)。此外，由于超宽巷和宽巷波长较长，模糊度解算的 ratio 值整体高于窄巷解。

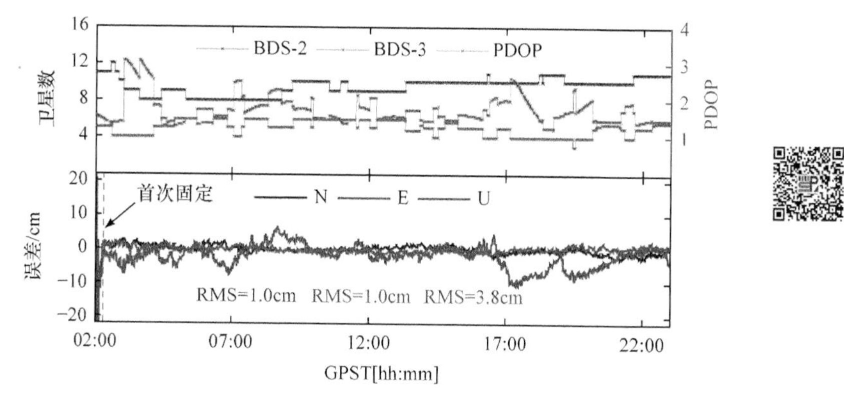

图 7.1 GAMG 测站 BDS-2/BDS-3 多频动态 PPP 定位偏差

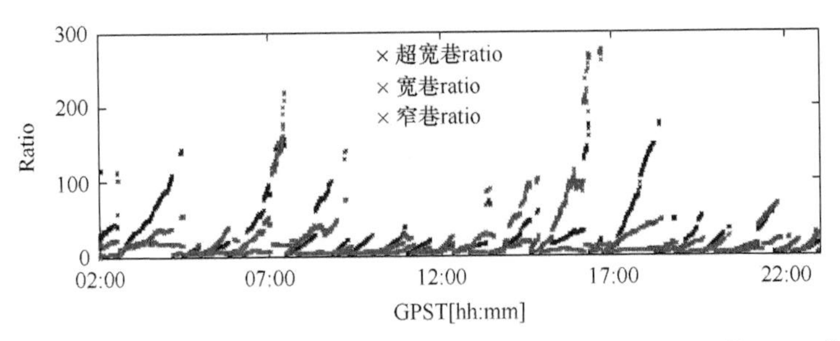

图 7.2　GAMG 测站 BDS-2/BDS-3 多频动态 PPP 分步模糊度解算 Ratio 值

图 7.3 进一步给出亚太地区全部 6 个用户站点的精度统计，总体而言，BDS-2/BDS-3 组合动态 PPP 在 N、E、U 方向平均精度可达(0.6，0.7，2.8)cm。

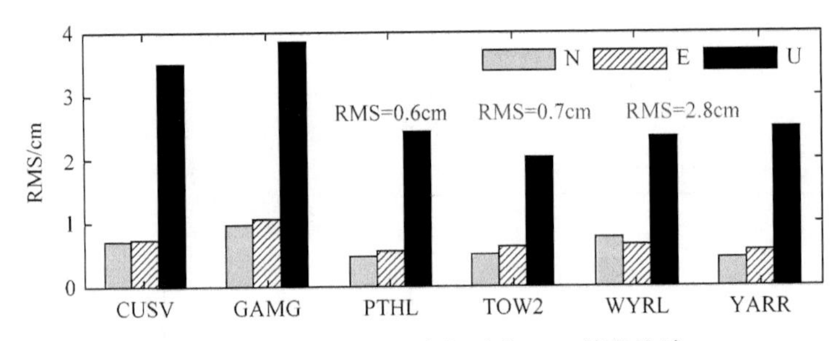

图 7.3　BDS-2/BDS-3 多频动态 PPP 精度统计

图 7.4 给出了不同策略下的首次固定时间和窄巷模糊度 ratio 值对比图，可以发现，相比于传统固定方法，分步固定方法可显著缩短窄巷模糊度的首次固定时间，平均首次固定时间由 23.7min 缩短为 10.9min，缩短了 54.0%；此外，分步固定方法的 ratio 值也通常较高。上述现象出现的主要原因是，在分步固定方法中，窄巷模糊度在已经固定的超宽巷/宽巷模糊度的约束下，浮点解精度以及模糊度的搜索空间得以优化。

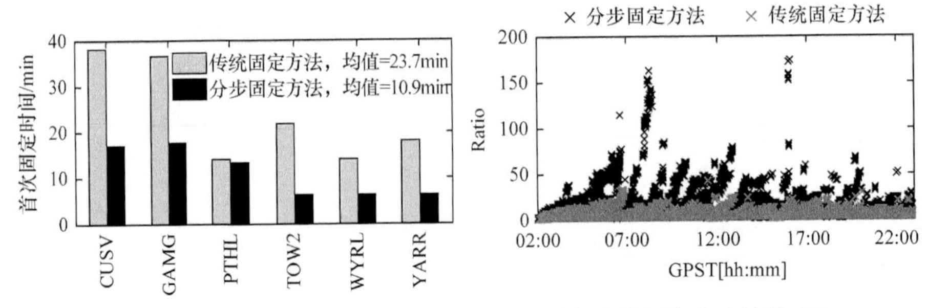

图 7.4　BDS-2/BDS-3 多频 PPP 分步固定方法与传统固定方法效果对比

2. 多系统多历元分步固定解结果分析

图 7.5 为 KOUR 测站的定位偏差，由图可知，不同系统组合的定位偏差变化

趋势与量级基本一致，对于 GPS/BDS-2/BDS-3、GPS/Galileo 以及 GPS/Galileo/BDS-2/BDS-3 组合，N、E、U 方向的定位精度分别达到(1.4 cm，0.8 cm，2.9 cm)、(1.3 cm，0.8 cm，2.8 cm)以及(1.4 cm，0.7 cm，2.7 cm)，相应的窄巷模糊度首次固定时间分别为 11.0min、2.5min 和 2.0min，一旦模糊度成功固定，即可取得厘米级的精度。其中，GPS/BDS-2/BDS-3 组合由于在开始收敛阶段卫星数比其他系统组合少，因此首次固定时间较长。

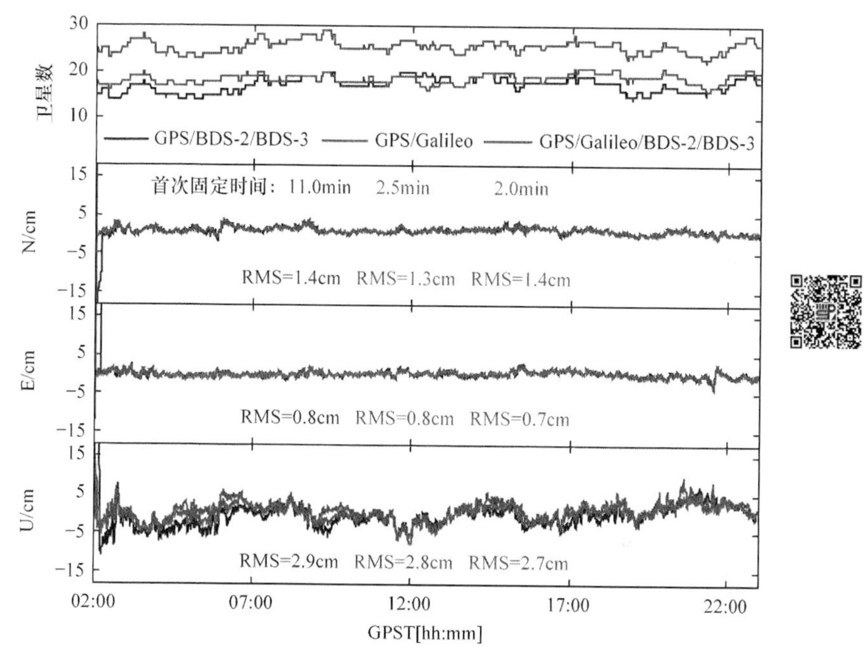

图 7.5　KOUR 测站多系统组合多频动态 PPP 定位偏差

图 7.6 进一步给出了全部用户站点多频动态 PPP 的精度统计，可以发现，N 和 E 方向的定位精度通常优于 2cm，U 方向的精度一般优于 4cm，除个别站点外，不同系统组合固定解的精度相差不大，对于 GPS/BDS-2/BDS-3、GPS/Galileo 以及 GPS/Galileo/BDS-2/BDS-3 组合，N、E、U 方向的平均定位精度分别为(0.9cm，0.7cm，2.4cm)、(0.8cm，0.6cm，2.2cm)以及(0.7cm，0.6cm，2.0cm)。

图 7.7 为多系统组合不同模糊度固定策略的首次固定时间对比，由图可知，对于不同系统组合，多频分步固定方法的首次固定时间明显比传统固定方法短，对于 GPS/BDS-2/BDS-3、GPS/Galileo 以及 GPS/Galileo/BDS-2/BDS-3 组合，传统固定方法固定窄巷模糊度所需的平均时间分别为 14.3min、9.4min 和 6.7min，采用分步固定方法后可缩短至 8.1min、2.6min 和 1.8min，分别缩短了 43.4%、72.3% 和 73.1%。总体而言，参与解算的系统越多，首次固定时间越短，分步固定策略可将多系统多频动态 PPP 的首次固定时间缩短至 2～3min。

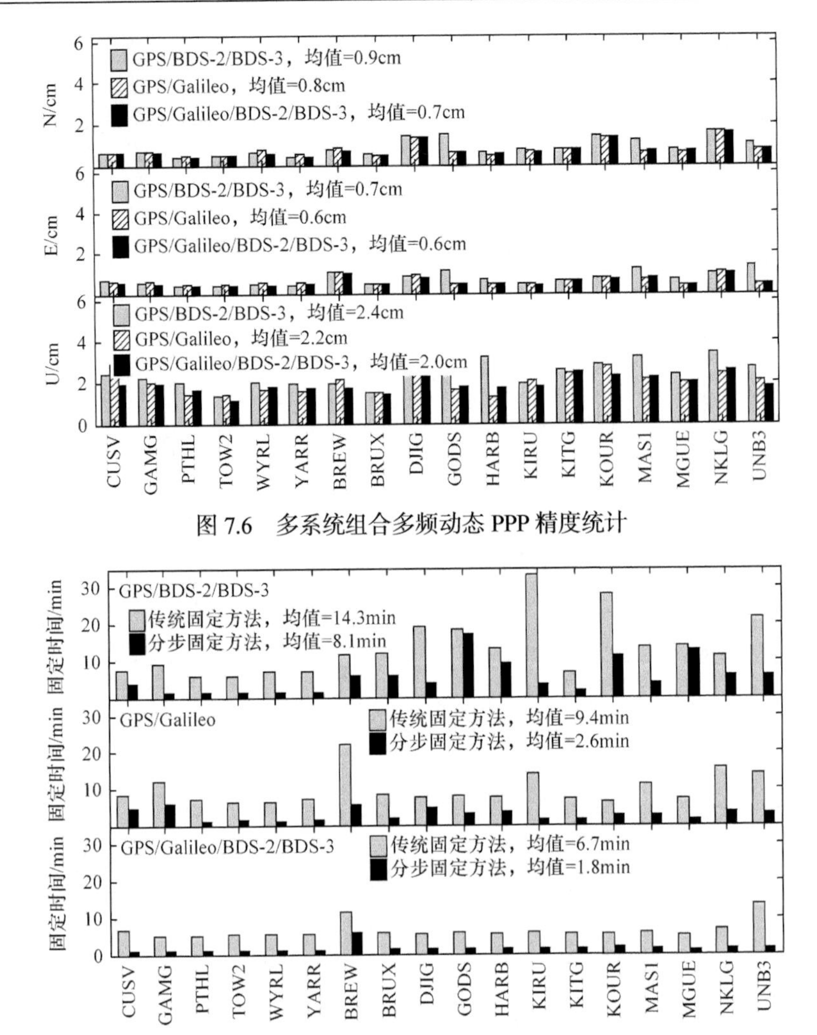

图 7.6　多系统组合多频动态 PPP 精度统计

图 7.7　多系统多频 PPP 分步固定方法与传统固定方法首次固定时间对比

图 7.8 进一步给出了两种模糊度解算策略下多系统动态 PPP 的窄巷模糊度 ratio 值，由图可知，不论双系统组合还是多系统组合，分步固定方法的 ratio 值通常比传统方法大，同时，GPS/Galileo/BDS-3/BDS-3 多系统组合的 ratio 值普遍比 GPS/Galileo 双系统组合要低。上述现象出现的原因除了分步固定方法中存在超宽巷和宽巷的逐级约束外，参与固定的窄巷模糊度维数也是一个因素，通常来讲，随着模糊度维数的增加，ratio 值呈下降趋势。

为了更直观地了解窄巷模糊度精度变化，以 KIRU 测站为例，图 7.9 给出了分别采用传统固定方法和分步固定方法，各星间单差窄巷模糊度的精度收敛曲线，可以明显地看出，与传统固定方法相比，分步固定方法通过超宽巷和宽巷的逐级

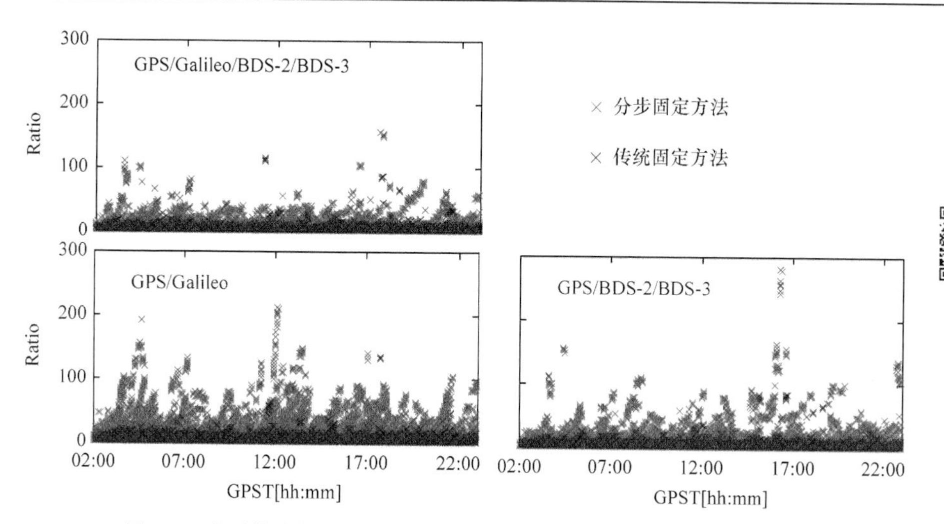

图 7.8　多系统多频 PPP 分步固定方法与传统固定方法 Ratio 值对比

固定与约束，窄巷模糊度的精度得到不同程度提高，收敛速度更快，这也决定了后续窄巷模糊度的搜索效率更高，首次固定时间更短。

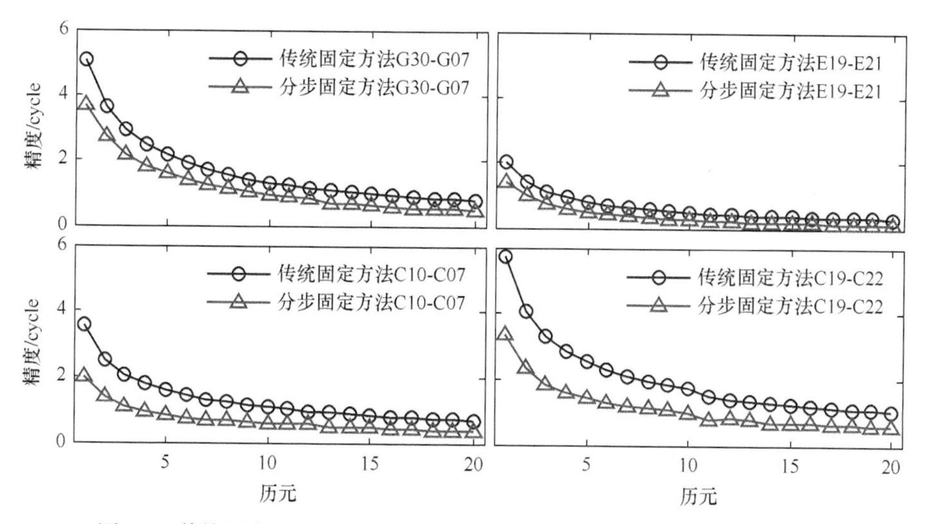

图 7.9　传统固定方法和分步固定方法星间单差窄巷模糊度精度收敛曲线

为了评估不同类型模糊度固定解的定位性能，图 7.10 给出了 GODS 测站模糊度固定后的超宽巷、宽巷以及窄巷解定位偏差，由图可知，窄巷固定解的精度通常为几个厘米，超宽巷和宽巷固定解在刚开始收敛阶段，由于对流层、电离层等待估参数精度较低，即使模糊度固定成功，定位精度也较差，随着滤波的进行，其与窄巷固定解之间的偏差逐渐减小。超宽巷、宽巷、窄巷固定解在 N、E、U 方向的 RMS 值分别为(1.2cm，2.6cm，4.8cm)、(1.4cm，3.3cm，3.0cm)和(0.6cm，

0.5cm，1.8cm)。

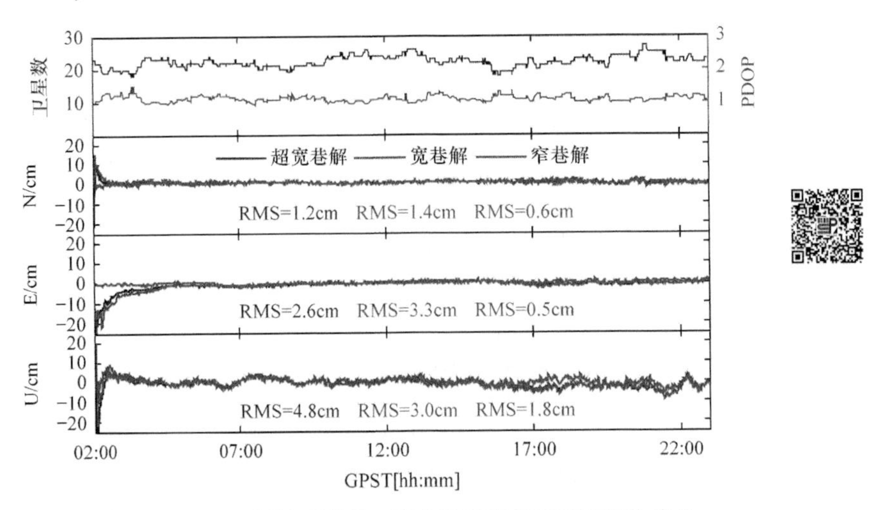

图 7.10　GODS 测站超宽巷、宽巷以及窄巷固定解定位偏差

图 7.11 进一步给出全部站点超宽巷、宽巷以及窄巷固定解定位精度统计，总体而言，窄巷固定解精度最高，N、E、U 方向平均精度达(0.8cm，0.6cm，2.0cm)，超宽巷和宽巷固定解的精度差别较小，平均精度分别为(1.4cm，1.7cm，3.6cm)和(1.2cm，1.6cm，3.9cm)。

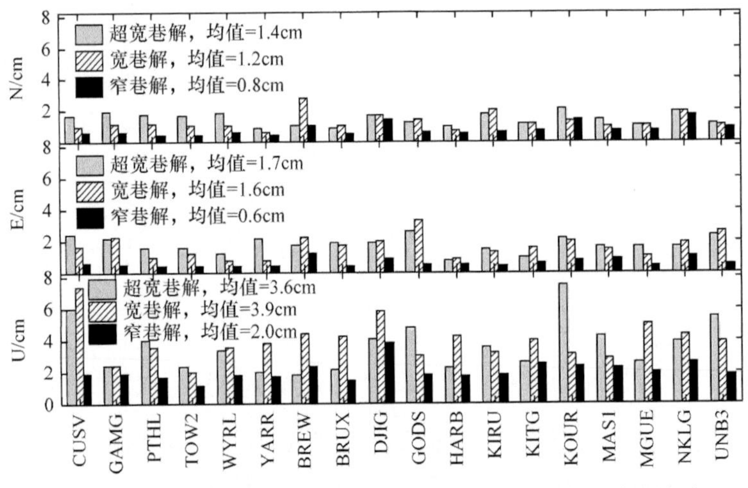

图 7.11　全部用户站点超宽巷、宽巷及窄巷固定解定位精度统计

7.1.5.2　单历元宽巷固定解实验分析

经过前述分析可知，由于超宽巷和宽巷波长较长，通常单历元即可取得较高

的 ratio 值，实现瞬时固定。从某种意义上讲，其可以理解为多历元分步固定解的特例，为此，本节主要就多频 PPP 单历元宽巷固定解的性能进行分析。与常规的多历元平滑滤波解不同，在单历元 PPP 数据处理中，通常认为相邻历元间的参数不具有相关性或相关性很弱，因此，每个历元需单独对各参数重新初始化。考虑到天顶对流层湿延迟分量较小，且单历元无法精确估计，为了增强模型强度，在单历元 PPP 解算中，可不估计该项误差，直接采用先验模型进行改正[5]，具体的参数初始化方法如表 7.3 所示。

表 7.3　单历元 PPP 宽巷固定解参数估计策略

待估参数	估计策略	备注
三维坐标	白噪声	采用伪距单点定位结果，初始方差 50^2m^2
接收机钟差	白噪声	采用伪距单点定位结果，初始方差 100^2m^2
接收机 IFB	白噪声	初值和初始方差分别为 10^{-6}m 和 30^2m^2
天顶湿延迟	不估计	采用 Saastamoinen 等经验模型改正
倾斜电离层	白噪声	由双频伪距反算初值，初始方差为 60^2m^2
多频模糊度	白噪声	载波与伪距观测值作差计算初值，初始方差 $1000^2m^2/s$

1. 单 BDS 单历元宽巷固定解结果分析

通过亚太地区的 6 个测站对 BDS-2/BDS-3 的单历元 PPP 定位性能进行分析，分别为 CUSV、GAMG、PTHL、TOW2、WYRL 和 YARR，其中 TOW2、WYRL 和 YARR 仅支持接收 BDS-3 的 B1I/B3I 数据，无法接收 B1c/B2a 频点数据。图 7.12 为 PTHL 测站的单历元 PPP 宽巷固定解结果，为了方便比较，图中同时给出了单历元 PPP 浮点解和双频伪距单点定位的结果。其中单历元 PPP 浮点解与伪距单点解的主要区别有以下两点：①PPP 采用精密星历，而单点定位采用广播星历；②PPP 的误差处理模型更完善，譬如考虑了接收机天线、测站潮汐等误差改正。整个观测时段的平均可视卫星数为 17.2，PDOP 值为 1.4，观测条件良好，由图可以发现，从各方向定位误差的整体分布来看，单历元 PPP 浮点解优于伪距单点定位，单历元 PPP 宽巷固定解优于单历元 PPP 浮点解，经过统计，伪距单点定位在 N、E、U 方向的定位精度为(0.53m，0.48m，1.06m)，与单历元 PPP 浮点解相比，通过超宽巷/宽巷模糊度固定，定位精度由(0.27m，0.34m，0.88m)提高为(0.14m，0.19m，0.47m)，分别提高了 48.1%、44.1%和 46.6%。

表 7.4 为全部 6 个测站的定位结果统计，总体而言，由于 PPP 采用精密星历

且误差处理更加完善，单历元 PPP 的定位精度总是优于普通单点定位，对于单历元 PPP，通过超宽巷/宽巷模糊度固定后对坐标等待估参数进行约束，固定解各方向的精度均优于浮点解。就历元固定率而言，除 TOW2 和 WYRL 测站外，宽巷固定率接近 100%，TOW2 和 WYRL 测站固定率较低的原因可能是这两个站点仅支持接收 BDS-3 B1I/B3I 数据，因此无法组成超宽巷模糊度(B1c-B1I 和 B3I-B2a)，在 BDS-2/BDS-3 联合解算中，仅由 BDS-2 非 GEO 卫星超宽巷施加的约束较弱造成的。

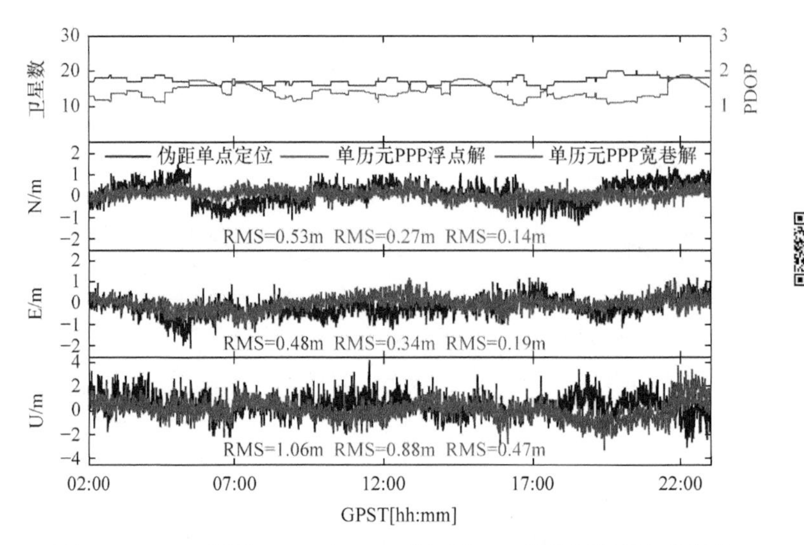

图 7.12 PTHL 测站 BDS-2/BDS-3 单历元 PPP 宽巷固定解定位误差

表 7.4 BDS-2/BDS-3 单历元 PPP 宽巷固定解精度统计

测站	分量	不同模型定位精度/m			宽巷固定率/%
		伪距单点定位	单历元浮点解	单历元宽巷解	
CUSV	N	0.47	0.35	0.15	100.0
	E	0.70	0.52	0.20	
	U	1.69	1.24	1.23	
GAMG	N	0.78	0.52	0.25	100.0
	E	0.72	0.41	0.19	
	U	2.88	1.06	0.45	
PTHL	N	0.53	0.27	0.14	99.9
	E	0.48	0.34	0.19	
	U	1.06	0.88	0.47	

续表

测站	分量	不同模型定位精度/m			宽巷固定率/%
		伪距单点定位	单历元浮点解	单历元宽巷解	
TOW2	N	0.79	0.65	0.39	91.3
	E	0.85	0.69	0.53	
	U	1.69	1.59	1.13	
WYRL	N	1.01	0.87	0.53	89.4
	E	1.17	0.88	0.71	
	U	1.76	1.49	1.23	
YARR	N	0.51	0.35	0.22	99.9
	E	0.41	0.34	0.24	
	U	1.22	0.83	0.66	

为进一步分析超宽巷模糊度约束对宽巷固定解的影响，图 7.13 给出了超宽巷约束前后，各个站点的定位精度与宽巷固定率，由图可知，与仅固定宽巷模糊度相比，通过超宽巷/宽巷模糊度同时固定，N、E、U 三个方向的平均定位精度由(0.35m，0.41m，0.98m)提高为(0.28m，0.34m，0.86m)，分别提高了 20.0%、17.1%和 12.2%，同时，宽巷固定率也由 95.4%提高为 96.7%。

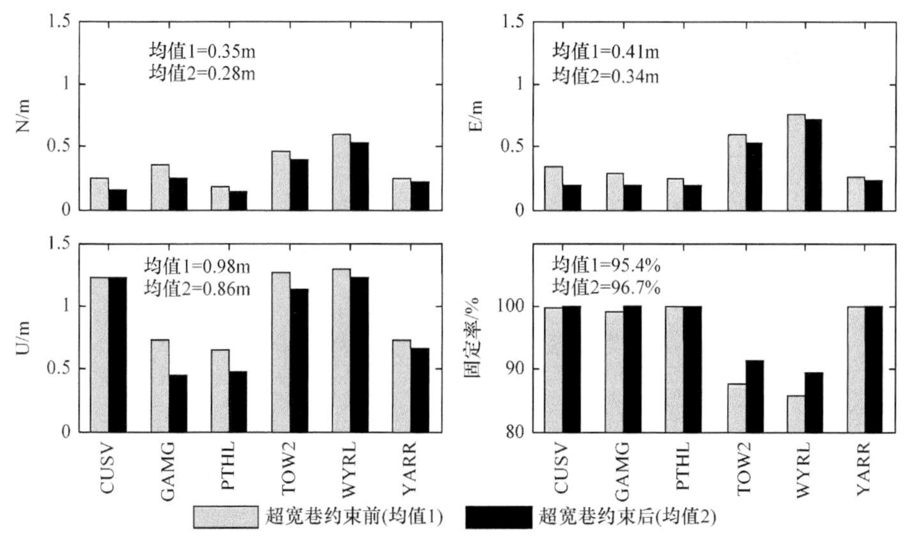

图 7.13　BDS-2/BDS-3 单历元 PPP 超宽巷约束前后的定位精度与宽巷固定率

2. 多系统单历元宽巷固定解结果分析

图 7.14 为 MGUE 测站 GPS/Galileo/BDS-2/BDS-3 多系统组合单历元 PPP 宽

巷固定解结果，整个观测时段的平均可视卫星数和 PDOP 值分别为 21.8 和 1.1。由图可知，伪距单点定位的精度最差，该时段 N、E、U 方向定位精度为(0.42m，0.34m，1.04m)；单历元 PPP 浮点解的精度略优于伪距单点定位，各方向定位误差在±0.2m 范围内的百分比分别为 57.3%、65.2%和 29.6%，定位精度为(0.26m，0.22m，0.55m)，通过宽巷模糊度固定，定位误差位于±0.2m 范围内的比例可提高为 91.1%、93.3%和 52.1%，同时取得(0.14m，0.11m，0.30m)的定位精度，各方向精度分别提高了 46.2%、50.0%和 45.5%。

图 7.15 为全部 18 个用户站点多系统组合单历元 PPP 宽巷固定解的精度统计，由于个别站点伪距单点定位的 U 方向精度较差，图中未完全显示。为了分析超宽巷模糊度固定对最终宽巷解的影响，图中同时给出了仅固定宽巷模糊度和同时固定超宽巷/宽巷模糊度两种固定解的结果，由图可知，无论是否有超宽巷模糊度约束，宽巷固定解的精度通常优于浮点解，与仅固定宽巷模糊度的结果相比，在超宽巷模糊度的约束下，宽巷解的精度有小幅提高，经过统计，伪距单点定位的平均精度为(0.44m，0.37m，1.52m)，单历元浮点 PPP 的精度为(0.29m，0.25m，0.68m)，与仅固定宽巷模糊度的宽巷解相比，同时固定超宽巷和宽巷模糊度，可将单历元宽巷解的精度由(0.22m，0.19m，0.63m)提高为(0.15m，0.13m，0.56m)，分别提高了 38.8%、31.6%和 11.1%，总体而言，单历元宽巷固定解基本可以满足实时水平分米级的精度需求。

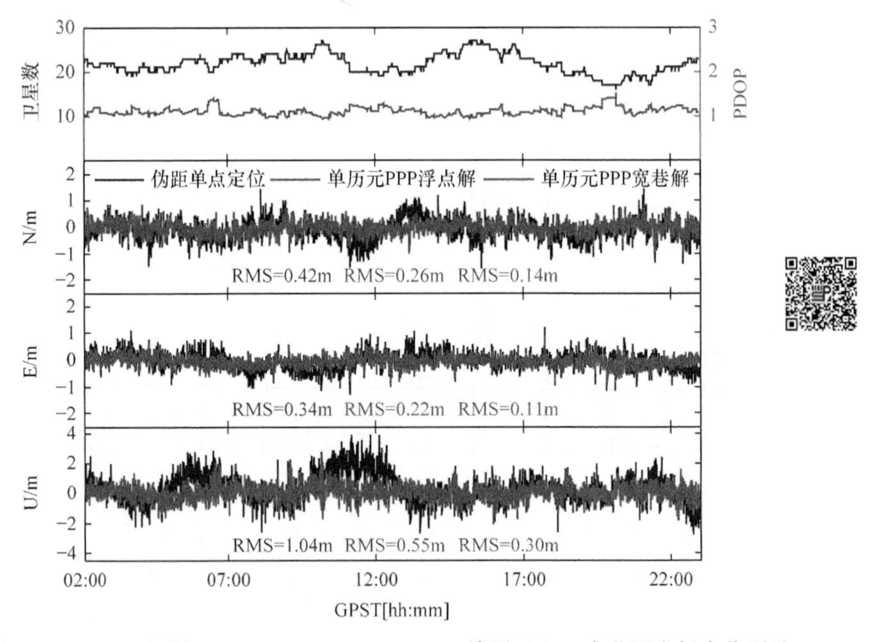

图 7.14　MGUE 测站 GPS/Galileo/BDS-2/BDS-3 单历元 PPP 宽巷固定解定位误差

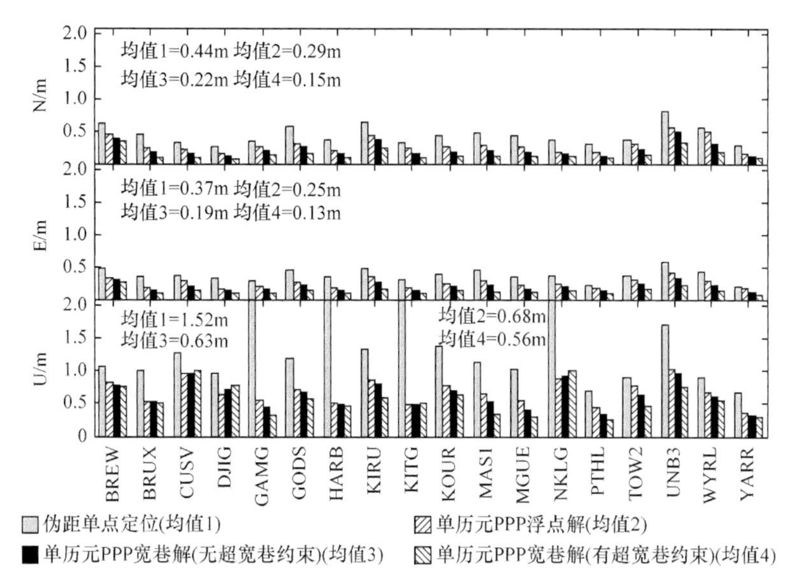

图 7.15　GPS/Galileo/BDS-2/BDS-3 单历元 PPP 宽巷解精度统计

7.2　多频弱电离层组合 PPP 模糊度固定

随着多频 GNSS 的发展，除常用 EWL 和 WL 组合外，理论上可提供更多较优的模糊度组合，譬如基于整系数组合的弱电离层组合(Ionosphere-Reduced，IR)[6-10]，该组合在几乎无须考虑电离层影响的基础上，保证了组合模糊度的整周可解性，这为模糊度的解算提供了新的思路。目前，能够播发五频及以上信号的 GNSS 有 BDS-3(B1c/B2I/B2a/B6I/B2b/B2ab)和 Galileo(E1/E5a/E6/E5b/E5ab)。考虑到全球范围内能够跟踪 BDS-3 B2b/B2ab 信号的测站很少且分布不均匀，因此，后续本节以 Galileo 五频为例，进行 IR 组合选取，并在全球范围内对 IRPPP 的性能进行评估。需要说明的是，虽然以 Galileo 五频为例，但该方法不失一般性，即在组合系数选取合适的情形下，依然适用于 BDS-3 及其他多频 GNSS 系统。

7.2.1　多频观测值组合

以 Galileo 系统 E1/E5a/E6/E5b/E5ab 五频观测数据为例，多频组合观测值如下：

$$L_{r,(i_1,i_2,i_3,i_4,i_5)}^{s} = \frac{i_1 \cdot f_1 \cdot L_1 + i_2 \cdot f_2 \cdot L_2 + \cdots + i_5 \cdot f_5 \cdot L_5}{i_1 \cdot f_1 + i_2 \cdot f_2 + \cdots + i_5 \cdot f_5} \tag{7-17}$$

式中，$i_k(k=1,2,\cdots,5)$ 为 E1/E5a/E6/E5b/E5ab 各频率组合系数，均为整数。进一步，相应的组合观测方程为[6]：

$$L^s_{r,(i_1,i_2,i_3,i_4,i_5)} = \rho^s_r + c\cdot t_r - c\cdot t^s + T^s_r - \gamma_{(i_1,i_2,i_3,i_4,i_5)}\cdot I^s_{r,1} + \lambda_{(i_1,i_2,i_3,i_4,i_5)}\cdot\left(N^s_{r,(i_1,i_2,i_3,i_4,i_5)} + b_{r,(i_1,i_2,i_3,i_4,i_5)} - b^s_{(i_1,i_2,i_3,i_4,i_5)}\right) + \mu_{(i_1,i_2,i_3,i_4,i_5)}\cdot\varepsilon^s_{r,1} \tag{7-18}$$

式中，$\gamma_{(i_1,i_2,i_3,i_4,i_5)}$，$\lambda_{(i_1,i_2,i_3,i_4,i_5)}$，$N^s_{r,(i_1,i_2,i_3,i_4,i_5)}$，$b_{r,(i_1,i_2,i_3,i_4,i_5)}$，$b^s_{(i_1,i_2,i_3,i_4,i_5)}$和$\mu_{(i_1,i_2,i_3,i_4,i_5)}$分别表示组合观测值对应的电离层放大因子、波长、整周模糊度、接收机相位偏差、卫星相位偏差和噪声放大因子，其具体表达式如下：

$$\begin{cases} \gamma_{(i_1,i_2,i_3,i_4,i_5)} = \dfrac{f_1^2\cdot(i_1/f_1 + i_2/f_2 + \cdots + i_5/f_5)}{f_{(i_1,i_2,i_3,i_4,i_5)}} \\ \lambda_{(i_1,i_2,i_3,i_4,i_5)} = \dfrac{c}{f_{(i_1,i_2,i_3,i_4,i_5)}} \\ N^s_{r,(i_1,i_2,i_3,i_4,i_5)} = i_1\cdot N^s_{r,1} + i_2\cdot N^s_{r,2} + \cdots + i_5\cdot N^s_{r,5} \\ b_{r,(i_1,i_2,i_3,i_4,i_5)} = i_1\cdot b_{r,1} + i_2\cdot b_{r,2} + \cdots + i_5\cdot b_{r,5} \\ b^s_{(i_1,i_2,i_3,i_4,i_5)} = i_1\cdot b^s_1 + i_2\cdot b^s_2 + \cdots + i_5\cdot b^s_5 \\ \mu_{(i_1,i_2,i_3,i_4,i_5)} = \dfrac{\sqrt{(i_1\cdot f_1)^2 + (i_2\cdot f_2)^2 + \cdots + (i_5\cdot f_5)^2}}{f_{(i_1,i_2,i_3,i_4,i_5)}} \end{cases} \tag{7-19}$$

式中，$f_{(i_1,i_2,i_3,i_4,i_5)}$为组合信号的频率，形式如下：

$$f_{(i_1,i_2,i_3,i_4,i_5)} = i_1\cdot f_1 + i_2\cdot f_2 + \cdots + i_5\cdot f_5 \tag{7-20}$$

需要说明的是，$\gamma_{(i_1,i_2,i_3,i_4,i_5)}$通常仅反映残余电离层对测距精度的影响，为了进一步分析电离层对模糊度解算的影响，需进一步将其转化为以 cycle/m 为单位的形式[10]：

$$\beta_{(i_1,i_2,i_3,i_4,i_5)} = \frac{f_1^2\cdot(i_1/f_1 + i_2/f_2 + \cdots + i_5/f_5)}{c} \tag{7-21}$$

理论上，线性组合的选择有无穷多组，实际应用中，需根据预期的定位精度、实时性等指标，对组合观测值的有效波长、电离层放大因子以及噪声水平等因素进行综合考虑，从而确定合适的组合系数。

7.2.2　多频弱电离层(IR)PPP 定位模型

通常根据是否考虑电离层因素影响，本节将弱电离层(IR)PPP 定位模型分为两种：估计电离层模型和忽略电离层模型。下面将分别介绍这两种模型。

在式(7-18)的基础上，为了构建满秩可估的观测模型，需同时结合伪距观测值进行解算。由于待估参数较多且相互耦合，与非组合 PPP 类似，仍然需要根据式(3-6)以及式(3-35)对接收机钟、卫星钟以及电离层参数进行重参化。此外，为了避免多频伪距引入的额外硬件偏差，譬如卫星端的 DCB 改正和接收机端的 IFB 参数[11]，仅采用与卫星钟差基准相一致的双频伪距进行参数估计，得到估计电离层参数的多频 IRPPP 模型：

$$\begin{cases} P_{r,1}^s = \rho_r^s + c\cdot\tilde{t}_{r_{12}} - c\cdot\tilde{t}^s + \tilde{I}_{r,1}^s + e_1 \\ P_{r,2}^s = \rho_r^s + c\cdot\tilde{t}_{r_{12}} - c\cdot\tilde{t}^s + \gamma_2\cdot\tilde{I}_{r,1}^s + e_2 \\ L_{r,(i_1,i_2,i_3,i_4,i_5)}^s = \rho_r^s + c\cdot\tilde{t}_{r_{12}} - c\cdot\tilde{t}^s - \gamma_{(i_1,i_2,i_3,i_4,i_5)}\cdot\tilde{I}_{r,1}^s + \lambda_{(i_1,i_2,i_3,i_4,i_5)}\cdot\bar{N}_{r,(i_1,i_2,i_3,i_4,i_5)}^s + \mu_{(i_1,i_2,i_3,i_4,i_5)}\cdot\varepsilon_1 \end{cases} \tag{7-22}$$

在上述模型中，若电离层的影响足够小，则可将其直接忽略，从而一定程度上提高观测冗余度。基于式(7-22)，直接忽略电离层参数并采用双频无电离层组合伪距观测值进行参数估计，得到如下忽略电离层的多频 IRPPP 模型：

$$\begin{cases} P_{r,\mathrm{IF}_{12}}^s = \rho_r^s + c\cdot\tilde{t}_{r_{12}} - c\cdot\tilde{t}^s + e_{\mathrm{IF}_{12}} \\ L_{r,(i_1,i_2,i_3,i_4,i_5)}^s = \rho_r^s + c\cdot\tilde{t}_{r_{12}} - c\cdot\tilde{t}^s + \lambda_{(i_1,i_2,i_3,i_4,i_5)}\cdot\bar{N}_{r,(i_1,i_2,i_3,i_4,i_5)}^s + \mu_{(i_1,i_2,i_3,i_4,i_5)}\cdot\varepsilon_1 \end{cases} \tag{7-23}$$

为方便后续表述，将式(7-22)和式(7-23)所述的估计和忽略电离层两种模型分别记为 IRPPP_EST 和 IRPPP_IGN。

7.2.3　基于多频 IRPPP 的宽巷解实验分析

鉴于(超)宽巷波长较长的特性，其模糊度单历元即可实现较可靠的固定。同时，已有研究表明，基于多频 PPP 的宽巷固定解(Wide-lane Ambiguity Resolution, WAR)可在全球范围内实现可靠的单历元水平分米级定位。目前，WAR 定位模型主要有两种，即基于 AFIF PPP[12-15]和基于非组合 PPP 的模型[16-19]。这两种模型均需对 EWL 和 WL 模糊度进行固定，只有 EWL/WL 模糊度同时固定后，才能实现分米级的定位精度。此外，AFIF 模型中，EWL/WL 模糊度通常采用几何无关的 MW 法，由于观测噪声放大，单历元取整固定的可靠性难以保障；而在非组合 PPP 中，采用几何相关模型解算基础模糊度，然后通过线性变换得到对应 EWL/WL 浮点模糊度及方差-协方差矩阵，并采用更严密的 LAMBDA 算法确定最优解，模糊度固定性能更优，不过，对于多频观测情形，多频非组合 PPP 观测方程维数高，数据处理中高维矩阵引入了较高的运算负荷，解算效率较低。

相比之下，基于多频 IRPPP 模型，在合理控制观测噪声放大水平(譬如小于 100)的基础上，仅需一步弱电离层模糊度固定，即可实现类似的单历元分米级定位，从而简化数据处理流程，此外，也可一定程度避免多步模糊度搜索引入的运算负荷。同时顾及电离层延迟、噪声水平、模糊度解算性能等因素，按照以下准则选取合适的弱电离层组合[20]：

(1) IR 组合观测值受电离层影响足够小，以 100m 电离层延迟为例，确保电离层对模糊度解算的影响小于 0.1 周，对测距精度影响小于 0.15m，即需满足

$\beta_{(i_1,i_2,i_3,i_4,i_5)} < 0.001$ 和 $\gamma_{(i_1,i_2,i_3,i_4,i_5)} < 0.0015$ 这两个条件；

(2) IR 组合观测值噪声水平支持分米级定位。考虑到载波和伪距观测值的精度比通常为 100：1，以此为参考，将 $\mu_{(i_1,i_2,i_3,i_4,i_5)} < 100$ 作为第二个筛选条件；

(3) IR 组合模糊度应具有长波长特性，以抵抗残余几何误差，选择 $\lambda_{(i_1,i_2,i_3,i_4,i_5)} > 3m$ 作为第三个筛选条件。

通过对区间[−10,10]内的各系数组合进行遍历，确定适用于 Galileo 五频弱电离层 PPP 单历元分米级定位的组合，如表 7.5 所示。可以看出，表中弱电离层组合为超宽巷，且噪声放大因子优于 100，考虑到载波与伪距的权重比通常为 100：1，因此其测距精度仍然优于原始伪距，此外，毕竟弱电离层观测值由原始载波组合得到，因此除噪声水平外，其多径效应理论上也优于伪距。

表 7.5　Galileo 多频 EWL 弱电离层组合

E1	E5a	E6	E5b	E5ab	$\lambda_{(i_1,i_2,i_3,i_4,i_5)}$	$\gamma_{(i_1,i_2,i_3,i_4,i_5)}$	$\beta_{(i_1,i_2,i_3,i_4,i_5)}$	$\mu_{(i_1,i_2,i_3,i_4,i_5)}$
i_1	i_2	i_3	i_4	i_5				
1	4	−3	1	−3	3.907m	−0.0012	−0.0003	95.407

为了对所提 IRPPP 模型进行验证，选择来自 IGS MGEX 约 230 个站点的数据进行实验，采集日期为 2023 年 3 月 2 日，数据采样率为 30s，全部站点均可接收 E1/E5a/E6/E5b/E5ab 五频观测数据，其中 15 个站点用于弱电离层 PPP 验证(如表 7.6 所示)，其余站点用于 FCB 估计。数据处理中，采用 CODE 提供的精密产品消除轨道和钟差，采取部分模糊度固定策略，根据高度角逐次增大的方式选取模糊度子集，直至卫星数小于 5 或模糊度数小于 4，则终止迭代[21-23]。需要注意的是，仅使用一个历元的数据无法精确地估计对流层延迟，同时考虑到对流层经验模型改正精度基本可满足分米级的精度需求，特别是天顶干延迟，可由经验模型精确改正，同时基于已有相关研究，在单历元 WAR 定位中，对流层延迟直接采用经验模型进行改正，而不作为待估参数[5]。本节实验中，对流层延迟采用 Saastamoinen 模型修正[24]，其中气压和温度参数由 GPT 模型提供[25]。为避免每天开始和结束时段较大的轨道误差影响，仅对 1:00～23:00 的数据进行解算。

表 7.6　验证弱电离层 PPP 的用户站点信息

站点	接收机类型	纬度/(°)	经度/(°)	平均可视卫星
AMC4	SEPT POLARX5TR	38.8	−104.5	6.4
AREG	SEPT POLARX5	−16.5	−71.5	6.9
BRUX	SEPT POLARX5TR	50.8	4.4	6.8
GAMG	SEPT POLARX5TR	35.6	127.9	7.3
HARB	SEPT POLARX5TR	−25.9	27.7	7.2
KAT1	SEPT POLARX5	−14.4	132.2	8.0

续表

站点	接收机类型	纬度/(°)	经度/(°)	平均可视卫星
KIR8	TRIMBLE ALLOY	67.9	21.1	7.2
KIRI	SEPT POLARX5	1.4	172.9	8.3
KITG	SEPT POLARX5	39.1	66.9	7.2
KOUG	SEPT POLARX5TR	5.1	−52.6	7.3
MCHL	TRIMBLE ALLOY	−26.4	148.1	7.5
MET3	JAVAD TRE_3 DELTA	60.2	24.4	7.5
RGDG	TRIMBLE ALLOY	−53.8	−67.8	6.5
SEYG	SEPT POLARX5	−4.7	55.5	8.6
YEL2	SEPT POLARX5TR	62.5	−114.5	7.3

7.2.3.1　电离层延迟对 IR 观测值测距精度的影响

对于弱电离层模型，尽管可以采用公式(7-22)所示的估计电离层参数的 IRPPP_EST 模型，不过，如果模型中电离层延迟的等效测距误差足够小，不会影响模糊度准确解算，则可将电离层参数直接忽略，采用 IRPPP_IGN 模型以减小待估参数维数，同时提高模型强度。以 BRUX 测站为例，图 7.16 给出了每颗卫星的倾斜电离层延迟和对应测距误差，同时也给出了各卫星高度角信息，可以发现，倾斜电离层延迟变化范围在−5～25m 区间内，且在 12:00 左右量级相对较大。各

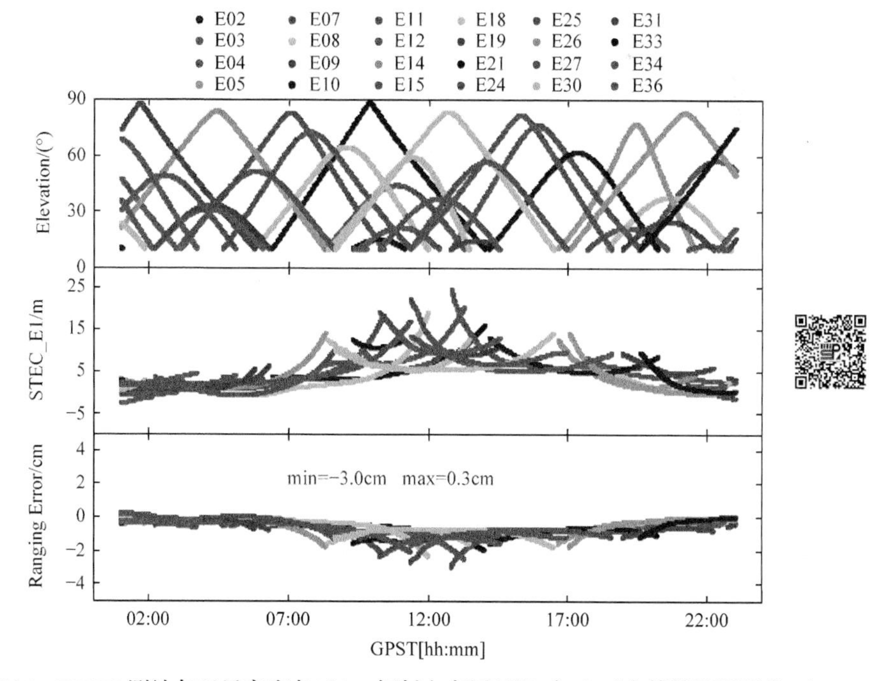

图 7.16　BRUX 测站各卫星高度角(上)、倾斜电离层延迟(中)和对应等效测距误差(下)

卫星电离层延迟的等效测距误差总体不超过3cm，考虑到所选弱电离层组合的波长约3.9m，即便这些残余误差被忽略，理论上仍然可以保障EWL模糊度的可靠解算。

此外，从图7.16中也可发现倾斜电离层延迟及相应测距误差与高度角存在相关性，图7.17进一步给出全部15个测站电离层等效测距误差随高度角的变化趋势，由图可知，低高度角卫星电离层的等效测距误差较大，随高度角逐渐增大，等效测距误差逐渐减小。以5°为间隔，计算10°～90°范围内的95%、90%和80%百分位值，如图7.17和表7.7所示。即使对于低高度角卫星(低于20度)，95%分位值也不超过4cm，理论上仍然支持数米波长的EWL模糊度解算和分米级精度的定位。在实际应用中，可以通过提高截止高度(例如，在卫星数量充足的多GNSS情况下)或降低观测值权重来避免或减弱低高度角卫星的影响。

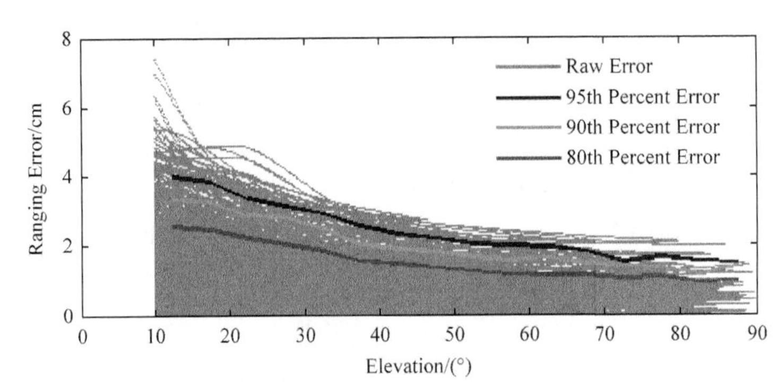

图7.17　各卫星倾斜电离层等效测距误差随高度角的变化

表7.7　不同高度角区间等效测距误差的95%、90%、80%分位值

高度角区间/(°)	等效测距误差/cm		
	95%分位值	90%分位值	80%分位值
10～15	4.0	3.4	2.6
15～20	3.9	3.3	2.5
20～25	3.4	2.9	2.2
25～30	3.1	2.8	2.1
30～35	2.9	2.5	1.9
35～40	2.6	2.0	1.6
40～45	2.3	1.9	1.5
45～50	2.2	1.8	1.4
50～55	2.1	1.7	1.3
55～60	2.0	1.6	1.2

续表

高度角区间/(°)	等效测距误差/cm		
	95%分位值	90%分位值	80%分位值
60～65	2.0	1.6	1.2
65～70	1.8	1.5	1.1
70～75	1.5	1.4	1.1
75～80	1.7	1.4	1.1
80～85	1.5	1.2	0.9
85～90	1.5	1.4	1.0

7.2.3.2　IRPPP 单历元宽巷固定解定位性能分析

图 7.18 给出了测站 BRUX 两种 IRPPP 模型的定位结果，不难发现，相比于估计电离层延迟的 IRPPP_EST 模型，在 IRPPP_IGN 模型中，忽略电离层延迟对定位结果几乎没有影响，两种模型仅在 RMS 统计值方面存在几个毫米的差异。IRPPP_EST 和 IRPPP_IGN 模型在 N、E、U 三个方向的定位精度分别为(8.3cm，5.7cm，18.9cm)和(8.3cm，5.7cm，18.5cm)。

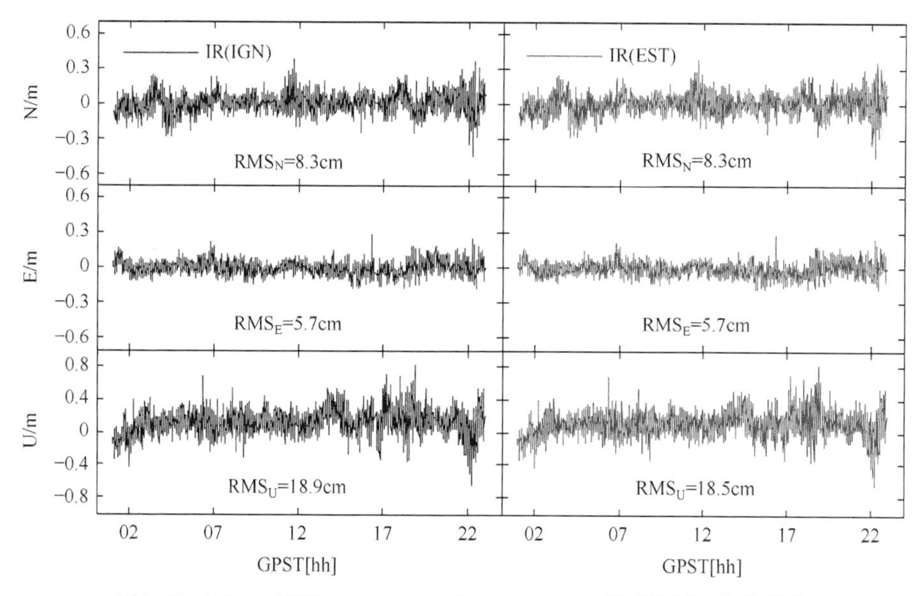

图 7.18　BRUX 测站 IRPPP_EST 和 IRPPP_IGN 模型单历元定位误差

图 7.19 进一步给出全部测站两种模型的水平和垂直的定位精度，两种模型定位精度几乎相同，IRPPP_EST 和 IRPPP_IGN 模型均实现了单历元分米级定位，水平和垂直平均定位精度分别为(16.3cm，35.8cm)和(16.2cm，35.4cm)。与 IRPPP_EST

模型相比，理论上低高度角卫星较大的残余测距误差会影响 IRPPP_IGN 模型的定位性能，但实验结果并未发现明显区别，这主要由于以下两点原因：首先，采用了高度角相关的随机模型，低高度角卫星观测值权重本身较低；其次，在部分模糊度的迭代过程中，低高度角卫星被排除，实际固定的卫星高度角较高，对应电离层影响较小。

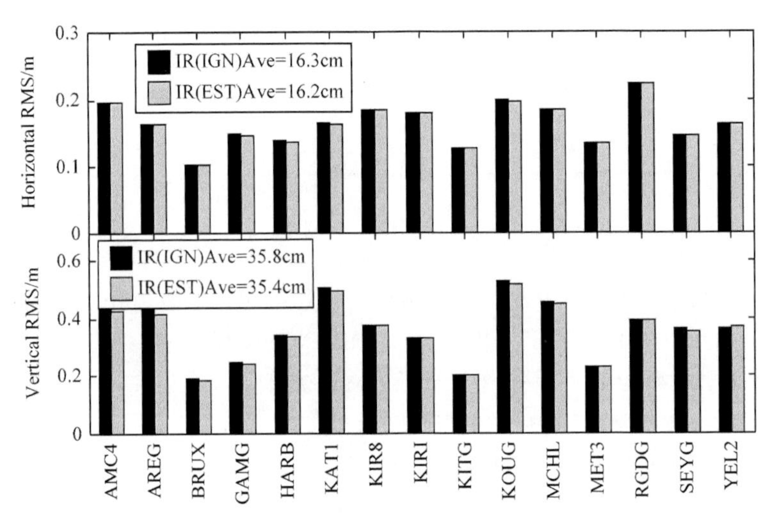

图 7.19　全部测站 IRPPP_EST 和 IRPPP_IGN 模型水平和垂直定位精度

7.2.4　基于多频 IRPPP 的窄巷解实验分析

在常规双频无电离层 PPP(IFPPP)中，为了消除电离层一阶项延迟影响，组合系数为实数，因此无电离层模糊度不具有整数特性。在模糊度固定过程中，通常将其分解为宽巷和窄巷模糊度分步进行固定，只有当二者同时固定后，才能得到高精度固定解。为了达到与 IFPPP 类似的定位性能，通过对 IR 组合的有效波长、电离层放大因子、噪声水平等因素进行筛选后，确定了如表 7.8 所示的窄巷 IR 组合，为方便比较，表中同时给出了 IFPPP 对应的参数。具体筛选条件如下：

(1) IR 组合观测值受电离层影响足够小，以 100m 电离层延迟为例，确保电离层对模糊度解算的影响小于 0.1 周，对测距精度影响小于 1cm，即需满足 $\beta_{(i_1,i_2,i_3,i_4,i_5)} < 0.001$ 和 $\gamma_{(i_1,i_2,i_3,i_4,i_5)} < 0.0001$ 这两个条件；

(2) IR 组合观测值噪声水平与 IFPPP 相当，能够保证厘米级定位精度。在 IFPPP 中，噪声放大因子约为 3，以此为参考，IRPPP 观测值噪声放大因子 $\mu_{(i_1,i_2,i_3,i_4,i_5)}$ 小于 3；

(3) IR 组合模糊度应具有抵抗残余几何误差的能力，即波长不应太短。以 E1/E5a 双频 IFPPP 模型为例，其等效波长约为 10.9cm，以此为参考，IR 组合观测值波长须大于 10.0cm。

表 7.8　Galileo 五频窄巷 IRPPP 与经典双频 IFPPP 组合参数

组合	E1	E5a	E6	E5b	E5ab	$\lambda_{(i_1,i_2,i_3,i_4,i_5)}$	$\gamma_{(i_1,i_2,i_3,i_4,i_5)}$	$\beta_{(i_1,i_2,i_3,i_4,i_5)}$	$\mu_{(i_1,i_2,i_3,i_4,i_5)}$
	i_1	i_2	i_3	i_4	i_5				
IRPPP	4	−2	0	0	−1	10.87cm	−0.000085	−0.000784	2.478
IFPPP	2.26	−1.26	0	0	0	10.89cm	0	0	2.588

由表 7.8 可知，该窄巷 IR 组合的有效波长与 IFPPP 相当，约为 10.9cm，同时噪声水平略优于 IFPPP 组合；对于电离层而言，IFPPP 可完全消除其一阶项延迟，而 IRPPP 中则会残余部分电离层延迟，不过其量级已经非常小，即便对于 100m 的电离层延迟，其对测距精度的影响小于 1mm，对模糊度的影响小于 0.1 周；在模糊度解算方面，IFPPP 模糊度不具有整数特性，需分解为宽巷和窄巷分步固定，而基于整系数组合的 IRPPP 则保证了组合模糊度的整周可解性，无须进行分步固定，模糊度解算流程更为简单。此外，IFPPP 在模糊度初始阶段需要多个历元平滑，以保证宽巷模糊度可靠固定，之后才能进行窄巷模糊度解算，当部分卫星宽巷模糊度无法成功固定时，可固定的窄巷模糊度数目将会减少，这无疑会降低模糊度固定性能，相比之下，IRPPP 则不存在这一问题，其无须解算宽巷模糊度，可直接对窄巷模糊度进行固定，因此，理论上 IRPPP 可固定的窄巷模糊度更多。为便于理解，图 7.20 给出了 IRPPP 和 IFPPP 两种模型模糊度固定流程对比。

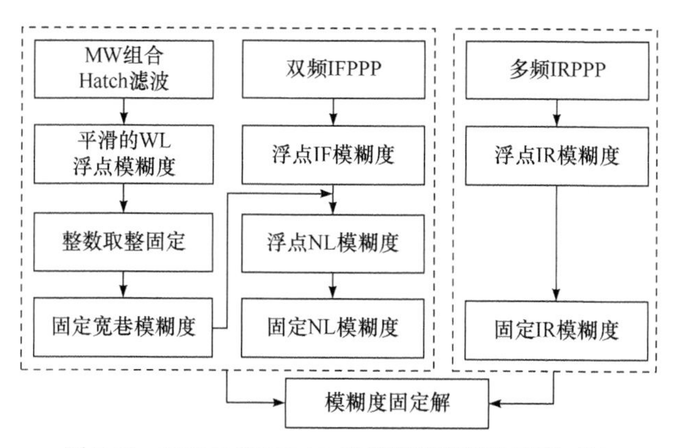

图 7.20　IRPPP 和 IFPPP 模型模糊度固定流程对比

同样采用 7.2.3 节中的数据进行实验，数据处理中，以仿动态 Kinematic 模式解算，对于 IFPPP 的宽巷模糊度，其平滑历元个数设为 20，取整阈值设为 0.25 周，对于两种模型的窄巷模糊度，以 Ratio 值为 2.0 作为模糊度固定成功的判定标准。此外，与 GPS 相比，Galileo 系统卫星数目较少，为保证不同地区不同时段

Galileo 单系统 PPP 的解算性能，将观测数据以 2 小时为弧段进行分割，对平均可视卫星数不少于 8 颗的弧段进行解算，一共处理了 135 个时段，然后分别从可用窄巷模糊度数量、首次固定时间以及定位精度三个方面对结果进行分析。此处所指的首次固定时间定义为，取得固定解的历元时间并且在该历元之后连续 20 个历元仍保持固定。进一步，通过综合所有解算弧段的结果对两种模型性能进行评估。

7.2.4.1　可用窄巷模糊度数量对比

以 EUR2 测站为例，图 7.21 给出了 02:00～04:00 时段两种模型可固定的窄巷模糊度数目，可以明显看出，在初始化阶段，由于 IFPPP 模型需要等待宽巷模糊度固定，因此可搜索的窄巷模糊度数目为 0，而 IRPPP 则不受此影响，从初始历元即可尝试对窄巷模糊度进行固定。此外，IFPPP 中的宽巷模糊度由 MW 组合计算，其受伪距噪声影响较大，采用直接取整策略并不能保证全部卫星均固定成功，在这种情况下，即便在平滑多个历元后，可搜索的窄巷模糊度数目仍然少于 IRPPP 模型，特别是对于新升起卫星或发生周跳的卫星，平滑过程需要重新开始。经过统计，该时段 IFPPP 和 IRPPP 两种模型的平均可搜索窄巷模糊度数目分别为 6.0 和 8.7，IRPPP 总体上可用的窄巷模糊度数目更多，这为后续部分模糊度固定中子集的选取提供了更多的选择，从而有望提高首次固定时间等性能。

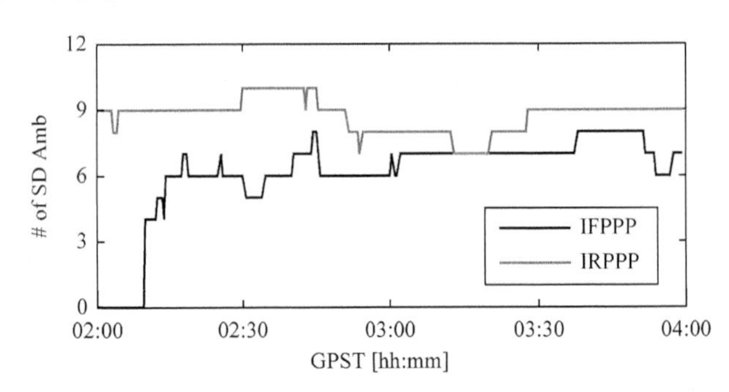

图 7.21　EUR2 测站 02:00～04:00 时段 IFPPP 与 IRPPP 的可用窄巷模糊度数目对比

7.2.4.2　首次固定时间对比

图 7.22 进一步给出了该时段两种模型的定位结果，由表 7.8 可知，两种模型的噪声水平基本相当，在仅对固定解进行统计的基础上，两种模型的定位精度基本一致，不过在首次固定时间方面，IFPPP 受初始阶段的窄巷模糊度数量影响，其首次固定时间为 15.0min，相比之下，IRPPP 取得了更短的首次固定时间，仅为 7.0min。

以 10min 为间隔，图 7.23 进一步对全部测站各弧段的首次固定时间分布进行统计，由图可明显发现，对于 IFPPP 而言，由于其初始阶段需首先等待宽巷模糊

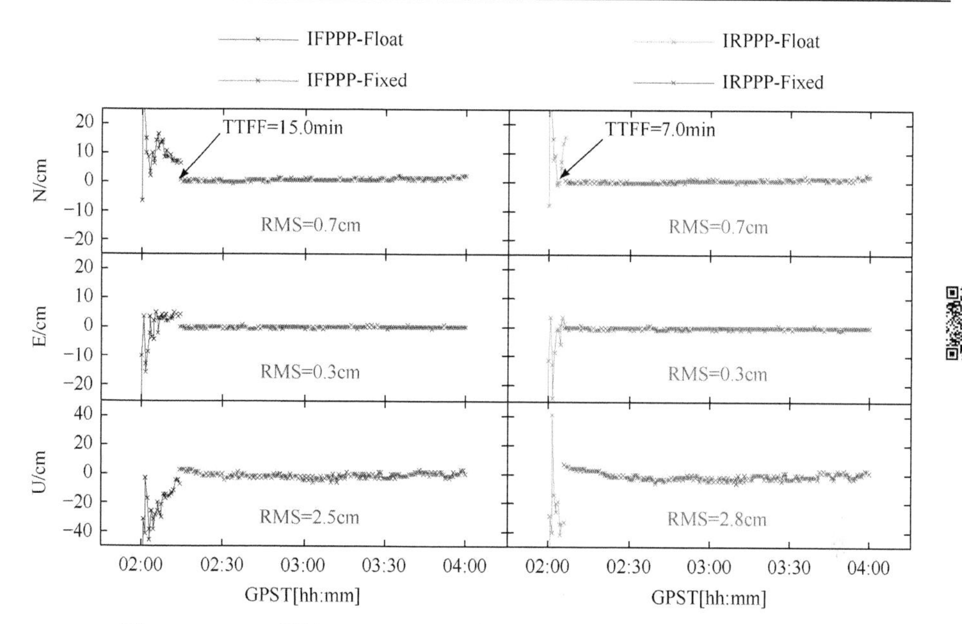

图 7.22　EUR2 测站 02:00～04:00 时段 IFPPP 与 IRPPP 定位结果对比

度固定，因此总体的首次固定时间均超过 10min，大部分弧段的首次固定时间集中在 10～20min 区间内；相比之下，IRPPP 从首个历元开始便可尝试对窄巷模糊度进行固定，特别是在卫星数目足够的情况下，部分弧段在 10min 以内便实现首次固定。总体而言，IFPPP 和 IRPPP 的平均首次固定时间为 22.8min 和 17.7min，IRPPP 的首次固定时间比 IFPPP 缩短了 22.6%。

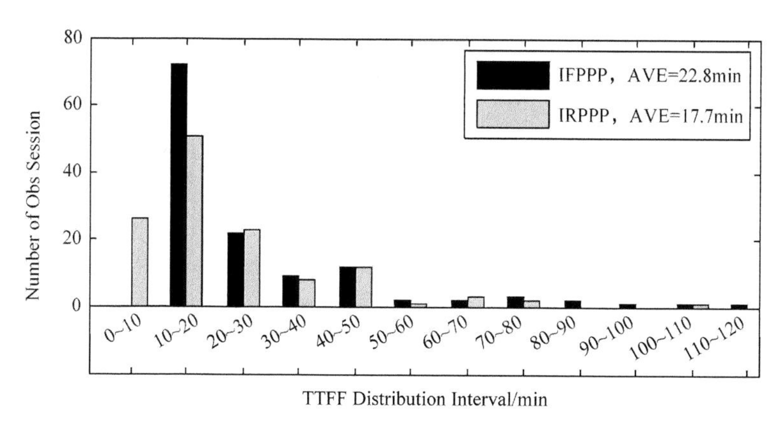

图 7.23　全部弧段 IFPPP 和 IRPPP 的首次固定时间区间分布对比

7.2.4.3　定位精度对比

通过对各测站全部弧段的解算结果进行统计，图 7.24 给出了两种模型的定位精度对比，由于两种模型的噪声水平基本一致，在 Kinematic 模式下，定位精度不存在明显差别，IFPPP 和 IRPPP 的平均定位精度分别为 3.4cm 和 3.6cm，均达到了厘米级。

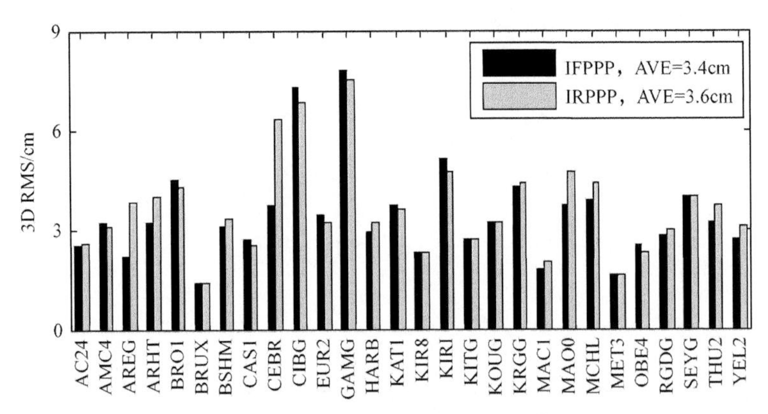

图 7.24　全部站点 IFPPP 与 IRPPP 三维定位精度对比

参考文献

[1] Teunissen P J G. The least-squares ambiguity decorrelation adjustment: a method for fast GPS integer ambiguity estimation[J]. Journal of Geodesy, 1995, 70: 65-82.

[2] Gao W, Zhao Q, Meng X, et al. Performance of single-epoch EWL/WL/NL ambiguity-fixed precise point positioning with regional atmosphere modelling[J]. Remote Sensing, 2021, 13(18): 3758.

[3] Lu L, Ma L, Liu W, et al. A triple checked partial ambiguity resolution for GPS/BDS RTK positioning[J]. Sensors, 2019, 19(22): 5034.

[4] Takasu T, Yasuda A. Kalman-filter-based integer ambiguity resolution strategy for long-baseline RTK with ionosphere and troposphere estimation[C]//Proceedings of the 23rd International Technical Meeting of the Satellite Division of the Institute of Navigation (ION GNSS 2010), 2010: 161-171.

[5] Geng J, Guo J. Beyond three frequencies: An extendable model for single-epoch decimeter-level point positioning by exploiting Galileo and BeiDou-3 signals[J]. Journal of Geodesy, 2020, 94(1): 1-15.

[6] Feng Y. GNSS three carrier ambiguity resolution using ionosphere-reduced virtual signals[J]. Journal of Geodesy, 2008, 82: 847-862.

[7] Guo Z, Yu X, Hu C, et al. Research on linear combination models of BDS multi-frequency observations and their characteristics[J]. Sustainability, 2022, 14(14): 8644.

[8] Li J, Yang Y, He H, et al. An analytical study on the carrier-phase linear combinations for triple-frequency GNSS[J]. Journal of Geodesy, 2017, 91(2): 151-166.

[9] Li J, Yang Y, He H, et al. Benefits of BDS-3 B1C/B1I/B2a triple-frequency signals on precise positioning and ambiguity resolution[J]. GPS Solutions, 2020, 24(4): 100.

[10] 高旺, 潘树国, 黄功文.基于BDS-3和Galileo多频信号弱电离层组合的中长基线RTK定位方法[J].中国惯性技术学报, 2020, 28(6): 783-788.

[11] Guo F, Zhang X, Wang J, et al. Modeling and assessment of triple-frequency BDS precise point positioning[J]. Journal of Geodesy, 2016, 90(11): 1223-1235.

[12] Geng J, Bock Y. Triple-frequency GPS precise point positioning with rapid ambiguity resolution[J]. Journal of Geodesy, 2013, 87: 449-460.

[13] Li X, Li X, Liu G, et al. Triple-frequency PPP ambiguity resolution with multi-constellation GNSS: BDS and Galileo[J]. Journal of Geodesy, 2019, 93: 1105-1122.

[14] Li X, Liu G, Li X, et al. Galileo PPP rapid ambiguity resolution with five-frequency observations[J]. GPS Solutions, 2020, 24: 1-13.

[15] Guo J, Xin S. Toward single-epoch 10-centimeter precise point positioning using Galileo E1/E5a and E6 signals[C]//Proceedings of the 32nd International Technical Meeting of the Satellite Division of The Institute of Navigation, 2019: 2870-2887.

[16] Geng J, Guo J, Chang H, et al. Toward global instantaneous decimeter-level positioning using tightly coupled multi-constellation and multi-frequency GNSS[J]. Journal of Geodesy, 2019, 93: 977-991.

[17] Zhao Q, Pan S, Gao W, et al. Multi-GNSS fast precise point positioning with multi-frequency uncombined model and cascading ambiguity resolution[J]. Mathematical Problems in Engineering, 2022: 1-16.

[18] Gu S, Lou Y, Shi C, et al. BeiDou phase bias estimation and its application in precise point positioning with triple-frequency observable[J]. Journal of Geodesy, 2015, 89(10): 979-992.

[19] Qu L, Wang L, Acharya T D, et al. Global single-epoch narrow-lane ambiguity resolution with multi-constellation and multi-frequency precise point positioning[J]. GPS Solutions, 2023, 27(1): 29.

[20] Zhao Q, Pan S, Liu J, et al. Single-Epoch Decimeter-Level Precise Point Positioning with a Galileo Five-Frequency Ionosphere-Reduced Combination[J]. Remote Sensing, 2023, 15(14): 3562.

[21] Li B, Shen Y, Feng Y, et al. GNSS ambiguity resolution with controllable failure rate for long baseline network RTK[J]. Journal of Geodesy, 2014, 88(2): 99-112.

[22] Gao W, Gao C, Pan S. A method of GPS/BDS/GLONASS combined RTK positioning for middle-long baseline with partial ambiguity resolution[J]. Survey Review, 2017, 49(354): 212-220.

[23] Zhao Q, Gao C, Pan S, et al. A tightly combined GPS/Galileo model for long baseline RTK positioning with partial ambiguity resolution[C]//China Satellite Navigation Conference. Springer, Singapore, 2018: 673-687.

[24] Saastamoinen J. Atmospheric correction for the troposphere and stratosphere in radio ranging satellites[J]. The Use of Artificial Satellites for Geodesy, 1972: 247-251, https://doi.org/10.1029/GM015p0247.

[25] Böhm J, Heinkelmann R, Schuh H. Short note: A global model of pressure and temperature for geodetic applications[J]. Journal of Geodesy, 2007, 81(10): 679-683.

第 8 章　区域参考站增强的精密单点定位

PPP 作为高精度定位的代表性技术之一，被广泛应用于精密定轨、变形监测等领域，不过，其通常需要一定收敛时间才能达到较高的精度，此外，PPP 对观测数据质量要求较高，一旦卫星发生周跳或失锁，将面临重新收敛的过程，这也限制了 PPP 无法像网络 RTK 技术一样大规模推广。随着自动驾驶等新型位置服务行业的兴起，除了定位精度以外，用户更加注重定位的实时性和连续性，上一章中的多频模糊度分步固定的方法可将 PPP 初始化时间缩短至 2～3min，但距离实时应用还有一定差距，虽然可采用宽巷组合实现单历元定位，不过其精度仅为分米级。为了实现窄巷模糊度的准实时固定，保证快速厘米级 PPP 定位，往往还需外部增强信息，较常用的为区域参考站生成的高精度大气信息，通过附加约束的方式，减弱待估参数间相关性，从而缩短模糊度的固定时间，即基于精密大气信息增强的 PPP，这一技术也被部分学者称之为 PPP-RTK[1-3]，即以 PPP 的方式取得与网络 RTK 相当的性能。

8.1　基准站大气信息提取方法

8.1.1　基准站大气延迟提取

提取基准站端的高精度大气延迟是保障用户端增强信息可靠性的前提，基准站大气信息的提取通常基于单站 PPP 窄巷固定解进行。对于传统的双频无电离层模型而言，由于其消除了电离层影响，其大气信息提取过程较为烦琐，需要首先将宽巷和窄巷整数模糊度恢复成非组合的原始整数模糊度，再从原始观测方程中扣除各种模型误差以及钟差、模糊度等参数获得对流层和电离层改正数[4]；相比之下，非组合模型保留了对流层和电离层信息，一旦模糊度成功固定，即可得到高精度固定解参数。理论上，上述两种模型提取的大气延迟具有一致性，不过非组合模型在提取大气改正数过程中的优势更为明显[5]。

8.1.2　基准站间大气延迟互检

尽管通过缜密的质量控制和模糊度解算理论可在很大程度上保障单站高精度大气提取的可靠性，但是由于单站可利用信息有限且空间环境复杂多变，在 PPP-RTK 整网数据处理中仍然难免会存在个别站点大气信息异常的情形，影响大气增强信息的时空可用性。鉴于大气延迟的时空相关性，理论上可利用区域多个基准站的大气延迟进行相互检校，达到异常大气信息的识别与剔除，其基本思路如下：基于三角网、星型网等拓扑结构，或以设定的距离为标准选择空间互检的参考站，并计算相邻站点共视卫星大气信息互差值，若互差小于给定阈值，则认为不同站点提取的大气信息较为一致，否则认为大气信息不可靠，可能存在故障。针对可能存在故障的情形，进一步利用多个站点的互差信息进行检核，识别并定位出存在异常的站点。理论上，参与校验的站点越多，校验结果的冗余度与可靠性越高，不过其前提是合理确定各基线上大气互差值的探测阈值。

8.2　用户站增强信息生成方法

基于各基准站提取的高精度天顶对流层湿延迟 $T_{r,\mathrm{zwd}}^{s}$ 和各卫星重参化倾斜电离层延迟 $\tilde{I}_{r,1}^{s}$，根据用户和基准站的空间分布，内插用户位置的大气延迟：

$$\hat{I}_{u,1}^{s}=\sum_{r=1}^{n}a_r\cdot\tilde{I}_{r,1}^{s} \tag{8-1}$$

$$\hat{T}_{u,\mathrm{zwd}}^{s}=\sum_{r=1}^{n}a_r\cdot T_{r,\mathrm{zwd}}^{s} \tag{8-2}$$

式中，下标 u 和 r 代表用户和不同的基准站；n 为基准站数目；$\hat{I}_{u,1}^{s}$ 和 $\hat{T}_{u,\mathrm{zwd}}^{s}$ 分别为内插得到的用户端倾斜电离层和天顶对流层湿延迟；a_r 为基准站 r 对应的内插系数。

对于电离层延迟，通常根据各卫星的穿刺点经纬度之差计算内插系数[6]，基于薄层假设，穿刺点经度 λ_{IPP} 和纬度 ϕ_{IPP} 可由以下公式计算：

$$\begin{cases}\phi_{\mathrm{IPP}}=\arcsin(\cos\alpha\sin\phi_r+\sin\alpha\cos\phi_r\cos Az_r^s)\\ \lambda_{\mathrm{IPP}}=\lambda_r+\arcsin\dfrac{\sin\alpha\sin Az_r^s}{\cos\phi_{\mathrm{IPP}}}\end{cases} \tag{8-3}$$

式中，λ_r 和 ϕ_r 为大地经度和大地纬度；Az_r^s 为方位角；z, z', α 的具体表达式如下：

$$\begin{cases}z=\pi/2-El_r^s\\ z'=\arcsin\left(\dfrac{R_E}{R_E+H}\sin z\right)\\ \alpha=z-z'\end{cases} \tag{8-4}$$

式中，El_r^s 表示卫星高度角；R_E 为地球平均半径，通常取 6371km；H 为电离层高度，通常在 300～450km。

对于天顶对流层湿延迟，通常根据用户与基站的高斯平面坐标之差[4]，由最小二乘解算内插系数。此外，对于覆盖范围较小的区域，也可基于高斯平面坐标对倾斜电离层延迟进行内插，其内插结果与采用穿刺点得到的结果相差很小。

经典的内插算法包括线性组合法 LCM、线性内插法 LIM、基于距离的线性内插法 DIM、低阶曲面拟合法 LSM 以及最小二乘配置法 LSCM 等[7-11]。上述相关算法已在网络 RTK 中得到广泛应用和验证，对于大气增强的 PPP 技术而言，其建模思路基本是对前述算法的改进或创新，以适用非差模式的大气建模。

8.2.1　线性组合模型

线性组合模型(Linear Combination Model，LCM)模型是由 Han 等人在 1997 年提出[7]，根据流动站和基准站的位置关系，采用加权平均法计算出空间相关误差，至少需要 3 个基准站。模型描述如下：

$$\begin{bmatrix} 1 & 1 & 1 & \cdots & 1 \\ \Delta X_{1,n} & \Delta X_{2,n} & \Delta X_{3,n} & \cdots & \Delta X_{n-1,n} \\ \Delta Y_{1,n} & \Delta Y_{2,n} & \Delta Y_{3,n} & \cdots & \Delta Y_{n-1,n} \end{bmatrix} \begin{bmatrix} \alpha_1 \\ \alpha_2 \\ \alpha_3 \\ \vdots \\ \alpha_{n-1} \end{bmatrix} = \begin{bmatrix} 1 \\ \Delta X_{U,n} \\ \Delta Y_{U,n} \end{bmatrix} \tag{8-5}$$

式中，$\Delta X_{i,n}$ 和 $\Delta Y_{i,n}\ (i=1,2,3,\cdots,n-1)$ 表示 n–1 个辅参考站与第 n 个主参考站的平面位置之差；$\Delta X_{U,n}$ 和 $\Delta Y_{U,n}$ 是用户与主参考站的平面位置之差；$\alpha_i\ (i=1,2,3,\cdots,n-1)$ 是系数。当参考站的数量不少于 3 个时，根据相应法方程基于最小二乘解算各系数，进而得到用户位置的大气延迟：

$$\begin{cases} \hat{\alpha} = A^{\top}\left(AA^{\top}\right)^{-1} W \\ V_{U,n} = \alpha_1 \cdot V_{1,n} + \alpha_2 \cdot V_{2,n} + \cdots + \alpha_{n-1} \cdot V_{n-1,n} \end{cases} \tag{8-6}$$

8.2.2　线性内插模型

线性内插模型(Linear Interpolation Model，LIM)模型由 Wanninger 在 1995 年提出用于区域电离层建模[8]，建立以基准站平面坐标为参数的双线性内插面，根据各基线的空间误差通过最小二乘的方式解算出内插系数，后来也被扩展至对流层建模中，该算法最少需要 3 个基准站。LIM 模型可以作如下描述：

$$\begin{bmatrix} \Delta V_{1,n} \\ \Delta V_{2,n} \\ \vdots \\ \Delta V_{n-1,n} \end{bmatrix} = \begin{bmatrix} \Delta X_{1,n} & \Delta Y_{1,n} \\ \Delta X_{2,n} & \Delta Y_{2,n} \\ \vdots & \vdots \\ \Delta X_{n-1,n} & \Delta Y_{n-1,n} \end{bmatrix} \cdot \begin{bmatrix} a \\ b \end{bmatrix} \tag{8-7}$$

式中，$\Delta V_{i,n}$ 是各辅参考站与主参考站之间的大气延迟；$\Delta X_{i,n}$ 和 $\Delta Y_{i,n}$ ($i=1,2,3,\cdots,n-1$)表示 n–1 个辅参考站与第 n 个主参考站的平面位置之差；参数 a 和 b 是系数。当参考站的数量大于 3 个时，经过最小二乘计算得到系数 a 和 b，即

$$\begin{bmatrix} \hat{a} \\ \hat{b} \end{bmatrix} = \left(A^{\top} A\right)^{-1} A_T V, V = \begin{bmatrix} \Delta V_{1,n} \\ \Delta V_{2,n} \\ \vdots \\ \Delta V_{n-1,n} \end{bmatrix}, A = \begin{bmatrix} \Delta X_{1,n} & \Delta Y_{1,n} \\ \Delta X_{2,n} & \Delta Y_{2,n} \\ \vdots & \vdots \\ \Delta X_{n-1,n} & \Delta Y_{n-1,n} \end{bmatrix} \tag{8-8}$$

假设各辅参考站与主参考站改正数是等权等精度独立量，其权阵可以取 $P=E$，则网络区域内用户处的大气延迟可以通过如下二维模型来内插得到：

$$\Delta V_{u,n} = \hat{a} \cdot \Delta X_{u,n} + \hat{b} \cdot \Delta Y_{u,n} \tag{8-9}$$

式中，$V_{u,n}$ 表示用户站与主参考站之间的大气延迟；$\Delta X_{u,n}$ 和 $\Delta Y_{u,n}$ 分别表示用户站和主参考站之间的平面位置之差。

8.2.3　基于距离的线性内插模型

基于距离的线性内插模型(Distance-based Linear Interpolation Model，DIM)由 Gao 等在 1997 年提出[9]，根据流动站到基准站的距离，采用加权平均法计算出空间相关误差，网络覆盖区域内用户位置的大气延迟可以描述为：

$$\begin{cases} V_{U,n} = \alpha_1 \cdot V_{1,n} + \cdots + \alpha_i \cdot V_{i,n} + \cdots + \alpha_{n-1} \cdot V_{n-1,n} \\ a_k = \dfrac{1/d_k}{\sum\limits_{k=1}^{n} (1/d_k)} \end{cases} \tag{8-10}$$

式中，d_k 表示用户站与参考站 k 之间的距离。

8.2.4　低阶曲面拟合模型

低阶曲面拟合模型(Lower-Order Surface Model，LSM)模型的主要特点是模拟大气等偏差的空间相关特性，通过简化实际曲面，对空间相关偏差的大体趋势进

行模拟[10]。拟合函数的阶数和变量数是不唯一的，可自选，拟合函数的主要形式列举如下：

$$\begin{cases} V = a\cdot\Delta X + b\cdot\Delta Y + c \\ V = a\cdot\Delta X + b\cdot\Delta Y + c\cdot\Delta H \\ V = a\cdot\Delta X + b\cdot\Delta Y + c\cdot\Delta H + d\cdot\Delta H^2 + e \\ V = a\cdot\Delta X + b\cdot\Delta Y + c\cdot\Delta X^2 + d\cdot\Delta Y^2 + e\cdot\Delta X\cdot\Delta Y + f \end{cases} \tag{8-11}$$

以第一个形式为例，得到：

$$\begin{bmatrix} \Delta V_{1,n} \\ \Delta V_{2,n} \\ \vdots \\ \Delta V_{n-1,n} \end{bmatrix} = \begin{bmatrix} \Delta X_{1,n} & \Delta Y_{1,n} & 1 \\ \Delta X_{2,n} & \Delta Y_{2,n} & 1 \\ \vdots & \vdots & \vdots \\ \Delta X_{n-1,n} & \Delta Y_{n-1,n} & 1 \end{bmatrix} \cdot \begin{bmatrix} a \\ b \\ c \end{bmatrix} \tag{8-12}$$

通过最小二乘计算可得：

$$\begin{bmatrix} \hat{a} \\ \hat{b} \\ \hat{c} \end{bmatrix} = \left(A^T A\right)^{-1} A^T V, V = \begin{bmatrix} \Delta V_{1,n} \\ \Delta V_{2,n} \\ \vdots \\ \Delta V_{n-1,n} \end{bmatrix}, A = \begin{bmatrix} \Delta X_{1,n} & \Delta Y_{1,n} & 1 \\ \Delta X_{2,n} & \Delta Y_{2,n} & 1 \\ \vdots & \vdots & \vdots \\ \Delta X_{n-1,n} & \Delta Y_{n-1,n} & 1 \end{bmatrix} \tag{8-13}$$

通过系数可得用户处偏差结果为：

$$\Delta V_{u,n} = \hat{a}\cdot\Delta X_{u,n} + \hat{b}\cdot\Delta Y_{u,n} + \hat{c} \tag{8-14}$$

由上述数学模型不难看出，LIM 模型实际上是 LSM 模型的一种特定情形。

8.3　大气增强信息约束方法

在得到用户端大气增强信息后，以伪观测方程的方式对待估参数进行约束，减弱参数间的相关性，从而缩短初始化时间。对于天顶对流层湿延迟，其约束方程如下[12]：

$$\begin{cases} \hat{T}^s_{u,\text{zwd}} = T^s_{u,\text{zwd}} \\ \sigma^2_{\hat{T}^s_{u,\text{zwd}}} = \sigma^2_{\varepsilon_{\text{zwd}}} \end{cases} \tag{8-15}$$

式中，$\sigma^2_{\varepsilon_{\text{zwd}}}$ 表示对流层伪观测值的方差。

对于电离层延迟，由于非组合 PPP 模型在参数估计过程中对其进行了重参化

(如式(3-35)所示)，因此，内插值包含了各基准站接收机端的 DCB，无法像对流层一样，直接对用户端的非差电离层参数进行约束。为了消除接收机端 DCB 的影响，通常可采用多项式等模型对电离层进行区域建模，并通过附加基准的方式消除秩亏，譬如卫星端 DCB 和为零，将 DCB 与电离层参数分离。

除了上述方法外，还可以采用星间单差的方法消除接收机 DCB 的影响，以星间单差形式的电离层增强信息对 PPP 进行增强[12]：

$$\begin{cases}\nabla\hat{I}_{u,1}^{s,s_0}=\nabla\tilde{I}_{u,1}^{s,s_0}\\ \sigma_{\nabla\hat{I}_{u,1}^{s,s_0}}^2=\sigma_{\varepsilon_{\text{ion}}}^2\end{cases}\tag{8-16}$$

式中，s 和 s_0 分别为非参考星和参考星；$\sigma_{\varepsilon_{\text{ion}}}^2$ 为电离层伪观测值的方差。

基于上述约束方程，通过合理确定伪观测值先验方差，可实现性能增益最大化，实际应用中，先验方差太小会导致较多错误固定，太大又不足以体现大气信息的增益(图 8.1)，因此，对增强信息进行合理监测评估至关重要。下面对常数约束、时空约束以及逐步松弛约束等几种常用的先验方差确定方法进行介绍[13]。

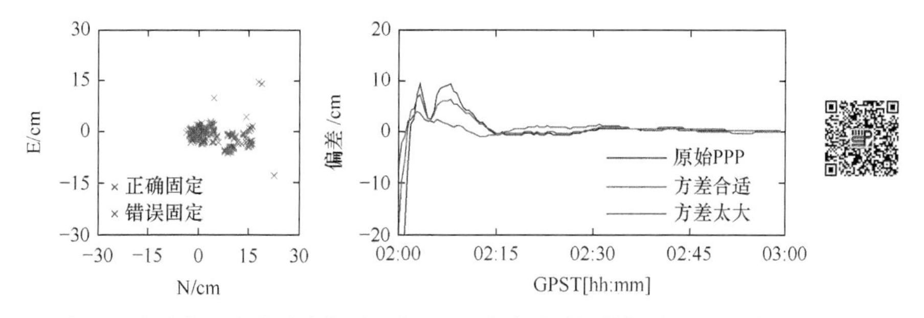

图 8.1　先验方差太小导致错误固定(左)、太大导致性能提升不明显(右)

8.3.1　常数约束法

先验方差可以确定为与时间无关的常数[14,15]：

$$\sigma_{\varepsilon_{\text{ion}}}^2=\sigma_{\varepsilon_{\text{ion}},0}^2\tag{8-17}$$

式中，$\sigma_{\varepsilon_{\text{ion}},0}^2$ 表示虚拟电离层观测量的初始方差，可以设置为 0.09 m^2[15]。

8.3.2　时空约束法

时空约束是指通过考虑电离层延迟的时空变化特性来计算出逐历元的虚拟电离层观测量的先验方差[16]即：

$$\sigma_{\varepsilon_{\text{ion}}}^2=\begin{cases}\sigma_{\varepsilon_{\text{ion}},0}^2\Big/\sin^2(E), & t<8\text{或}t>20\text{或}B>\pi/3\\ \left(\sigma_{\varepsilon_{\text{ion}},0}^2+\sigma_{\varepsilon_{\text{ion}},1}^2\cdot\cos(B)\cos\left(\dfrac{t-14}{12}\pi\right)\right)\Big/\sigma_{\varepsilon_{\text{ion}},0}^2\Big/\sin^2(E), & \text{其他}\end{cases}\tag{8-18}$$

式中，$\sigma_{\varepsilon_{\text{ion}},1}^2$ 表示随时间和空间变化而变化的先验方差(m^2)；B 表示电离层穿刺点的地理纬度(弧度)；E 是卫星高度角(弧度)；t 是穿刺点处当地时间(单位小时)。参考已有研究[16]，变量 $\sigma_{\varepsilon_{\text{ion}},0}^2$ 和 $\sigma_{\varepsilon_{\text{ion}},1}^2$ 可设置为 0.09 m^2。

8.3.3 逐步松弛约束法

考虑到增强信息的精度限制，在 PPP 处理开始阶段为了快速收敛而将虚拟电离层观测量赋予更大的权重，但为了获取更好的定位精度，在收敛后逐渐减小其权重。因此，逐步松弛约束可定义为[17]：

$$\sigma_{\varepsilon_{\text{ion}}}^2=\sigma_{\varepsilon_{\text{ion}},0}^2+\alpha\cdot(i-1)\cdot\Delta t\tag{8-19}$$

式中，α 表示方差变化率(m^2/min)；Δt 表示以分钟为单位的观测值采样间隔；变量 $\sigma_{\varepsilon_{\text{ion}},0}^2$ 和 α 可分别设置为 0.09m^2 和 0.04m^2/min[17]。

8.3.4 误差函数法

基于各参考站提取的大气延迟，Li 等通过参考站间的电离层交叉验证，以 5min 间隔分段建立了距离相关的内插误差函数，该函数同时考虑了电离层的时间和空间变化特性，可用于确定各参考站电离层信息随机模型[18]。实际应用中，用户可根据时间以及与参考站的距离信息，通过误差函数计算电离层延迟的插值精度。

8.4 区域参考站增强的 PPP 实验分析

8.4.1 30s 采样率数据实验分析

为分析大气增强信息对 PPP 的影响，选择表 8.1 中的三组基准站网数据进行实验，站点的分布如图 8.2 和图 8.3 所示，数据采集日期为 2020 年 5 月 27 日，采样率 30s。后续实验分别从以下三个方面展开分析：①大气增强信息精度评估；②大气增强对多历元 PPP 滤波解的影响；③大气增强对单历元 PPP 固定解的影响。其中，滤波解与单历元解的区别主要在于，单历元模式通常认为相邻历元间不存在联系，即各待估参数均需重新初始化，以白噪声方式进行解算。

表 8.1　用于验证大气增强 PPP 的三组基准站网详细信息

序号	地点	基站数目	用户数目	平均间距/km	观测值类型
I	中国香港	5	3	17.3	GPS L1/L2/L5; Galileo E1/E5a/E5b
II	美国加州	5	3	102.6	GPS L1/L2/L5; Galileo E1/E5a/E5b
III	中国陕西	4	2	91.4	GPS L1/L2/L5; Galileo E1/E5a/E6/E5b; BDS-2 B1I/B2I/B3I; BDS-3 B1c/B1I/B2a/B3I

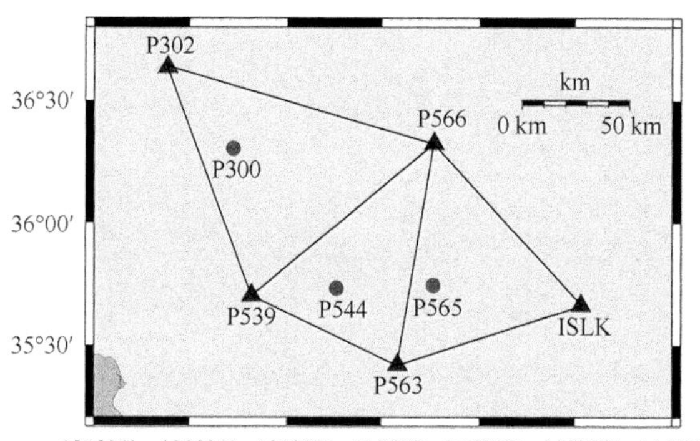

图 8.2　美国加州基准站网站点分布

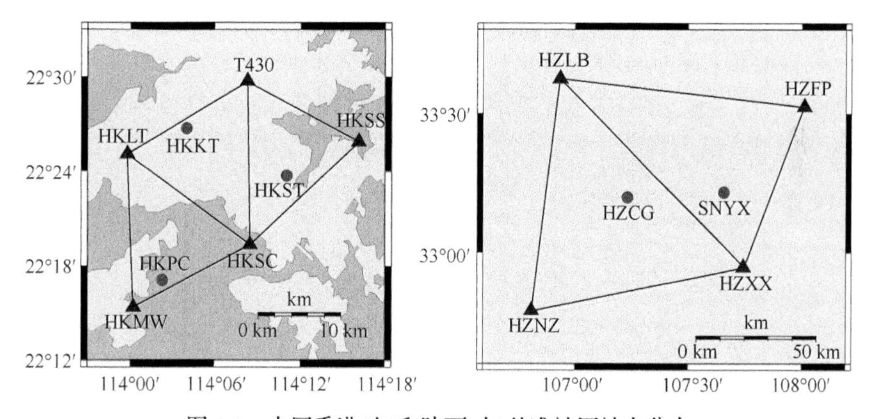

图 8.3　中国香港(左)和陕西(右)基准站网站点分布

8.4.1.1　大气增强信息精度评估(30s)

图 8.4 分别给出了 HKPC、P544 和 SNYX 用户站的对流层内插结果，为了方便比较，图中同时给出了内插所采用的各基准站的对流层结果，由图可知，天顶对流层湿延迟在一天内变化幅度较小，各基准站与用户站的天顶对流层延迟量级基本一致，同时变化趋势也较为接近，由基准站内插得到的天顶湿延迟与真值偏差较小，HKPC、P544 和 SNYX 三个站点对流层内插误差的 RMS 值分别为

1.3cm、0.9cm、1.0cm。

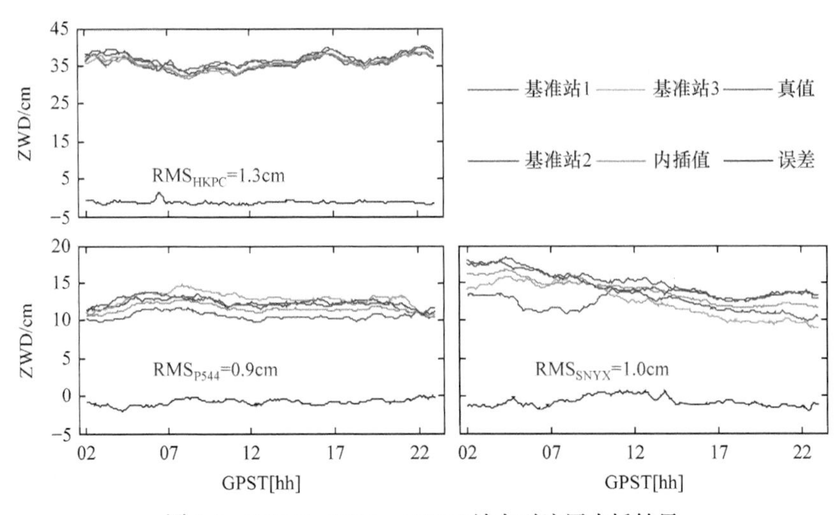

图 8.4　HKPC、P544、SNYX 站点对流层内插结果

图 8.5 给出了测站 P544 所处网元的 G04 和 E03 卫星的非差电离层内插结果，由图可知，各基准站与用户站的电离层延迟变化趋势保持一致，但整体存在一定偏移，其主要原因在于不同站点提取的非差电离层参数吸收了不同的接收机 DCB 项，由此导致内插值也与用户端提取的真值存在一定偏差。为了消除接收机端 DCB 的影响，并对内插的电离层增强信息精度进行评估，需要在每个历元选择高度角较高的卫星作为参考星，将非差电离层转为星间单差形式。

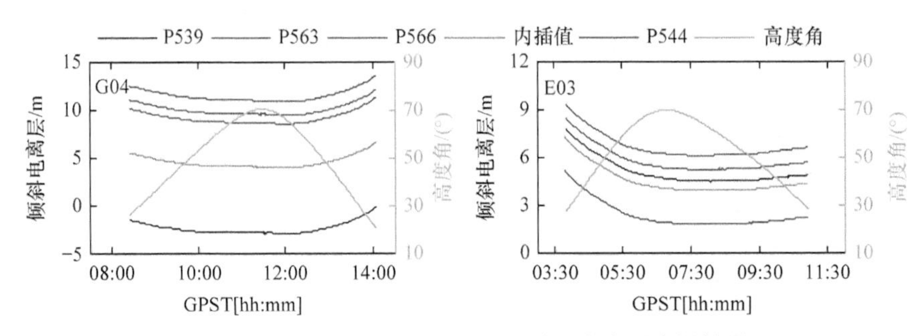

图 8.5　网元 P539→P563→P566 非差电离层内插结果

以三组基准站网中不同的用户站为例，图 8.6～图 8.9 分别给出了测站 HKST、P565 和 SNYX 不同系统星间单差电离层的内插误差，图中不同颜色表示不同的卫星，由图可知，HKST 和 P544 站点各卫星的电离层内插误差一般不超过 5cm，所有卫星电离层内插误差的 RMS 值均优于 1cm，其中，HKST 测站 GPS 和 Galileo 各卫星电离层误差的 RMS 值分别为 0.8cm 和 0.9cm，P565 相应的结果

分别为 0.9cm 和 0.9cm；相比之下，SNYX 站点的电离层内插误差较大，除个别时段部分卫星的内插误差超过 10cm 外，其他时刻各卫星的内插误差一般不超过 7cm，对于 GPS、Galileo、BDS-2 和 BDS-3，整个时段电离层内插误差的 RMS 值分别为 1.9cm、2.5cm、2.1cm 和 2.5cm。

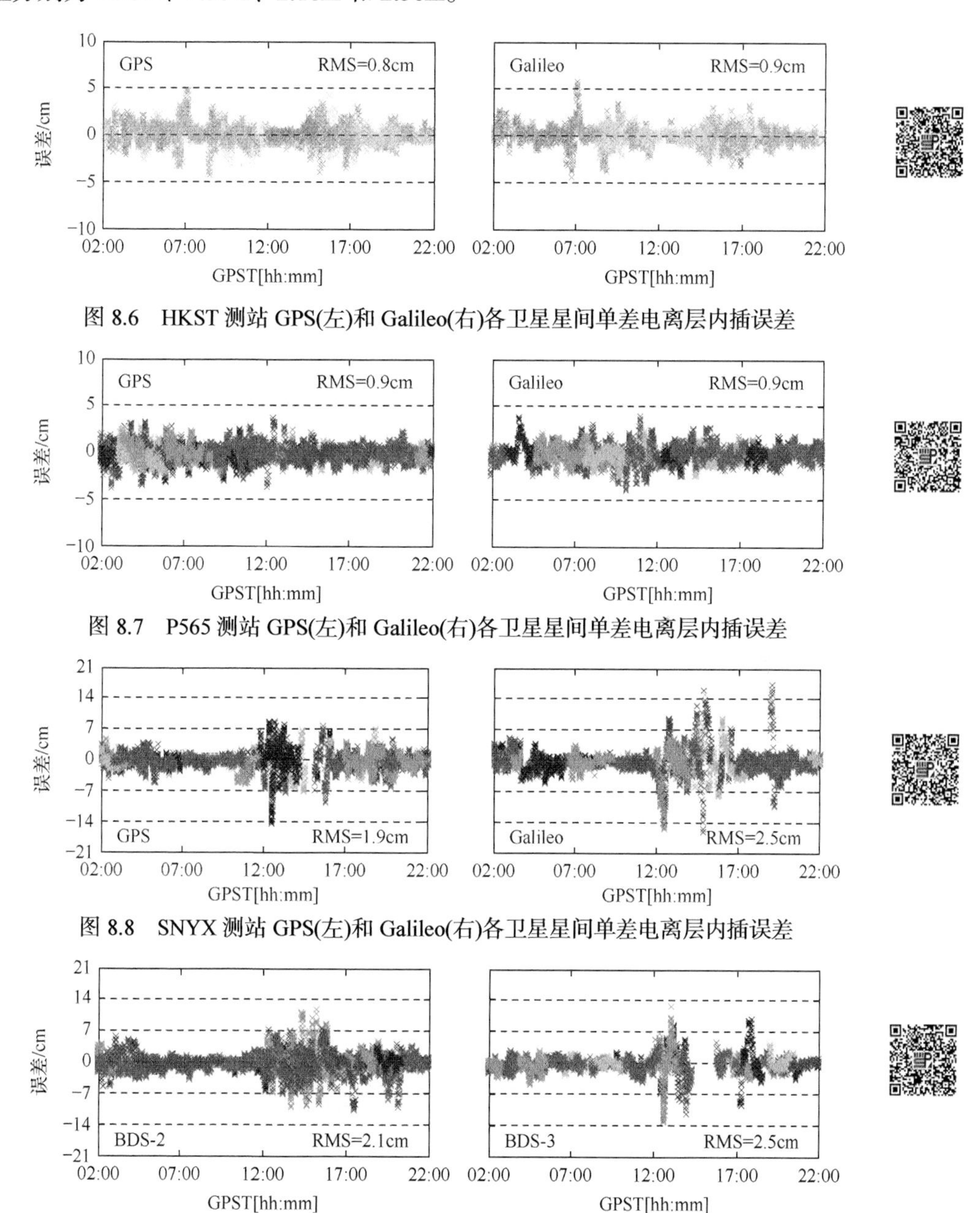

图 8.6　HKST 测站 GPS(左)和 Galileo(右)各卫星星间单差电离层内插误差

图 8.7　P565 测站 GPS(左)和 Galileo(右)各卫星星间单差电离层内插误差

图 8.8　SNYX 测站 GPS(左)和 Galileo(右)各卫星星间单差电离层内插误差

图 8.9　SNYX 测站 BDS-2(左)和 BDS-3(右)各卫星星间单差电离层内插误差

图8.10为全部用户站点的大气增强信息精度统计，总体而言，天顶对流层湿延迟和星间单差电离层的内插精度分别为 0.9cm 和 1.6cm。

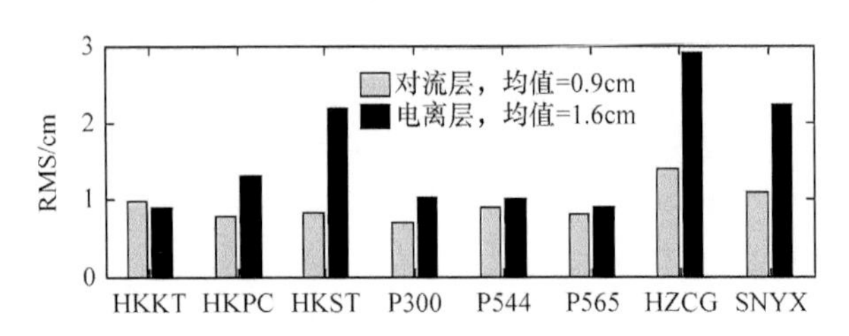

图 8.10 天顶对流层湿延迟和星间单差电离层内插精度统计(30s)

8.4.1.2 大气增强的多历元 PPP 滤波解(30s)

基于上述对增强信息精度的评估，在用户端，对于基准站网Ⅰ和Ⅱ，天顶对流层湿延迟和星间单差倾斜电离层伪观测方程的约束方差分别设为 2^2cm^2 和 4^2cm^2，对于基准站网Ⅲ，相应的方差分别为 2.5^2cm^2 和 7^2cm^2。将 8 个用户站点从 2:00～22:00 的数据以 2h 间隔进行分割，对分割后的总共 80 组数据分别按动态模式进行解算。

图8.11～图8.13分别给出了HKPC、P544和SNYX测站的定位偏差，其中，HKPC 和 P544 为 GPS/Galileo 双系统组合的结果，SNYX 为 GPS/Galileo/BDS-2/BDS-3 多系统组合的结果，图中的可视卫星数和 PDOP 值反映出上述三个测站观测条件均较好。对于 HKPC 和 P544 测站，在每组数据开始解算阶段，由于电离层、模糊度等待估参数之间相关性强，通常需要一段初始化时间，才能取得固定解，两个测站的平均首次固定时间分别为6.4min和5.0min，相应的历元固定率分别为 93.0%和 96.0%，通过对固定解的偏差进行统计，N、E、U 三个方向的 RMS 值分别为(1.3cm，1.4cm，4.6cm)和(0.8cm，1.0cm，2.2cm)；对于 SNYX 测站，除 GPS/Galileo 外，还同时联合 BDS-2/BDS-3 的数据进行解算，此外接收机支持接收 Galileo E6 和 BDS-3 B1c/B2a 频点数据，因此在模糊度分步固定过程中可通过更多的超宽巷约束后续宽巷/窄巷模糊度的固定，缩短模糊度的首次固定时间，甚至首个历元即取得固定解，不过，在个别时段仍然存在初始化的过程，通过多系统融合，整个时段的平均首次固定时间可缩短至 1.1min，历元固定率达 99.2%，N、E、U 三个方向固定解的 RMS 值为(0.7cm，0.5cm，2.0cm)。相比之下，在附加高精度大气信息约束后，可迅速减弱模型参数之间的耦合性，实现模糊度的瞬时固定，HKPC、P544、SNYX 三个测站整个时段均保持固定解，在 N、E、U 三个方向的 RMS 值分别为(1.0cm，0.9cm，4.0cm)、(0.7cm，0.8cm，1.8cm)和(0.7cm，0.5cm，2.0cm)。

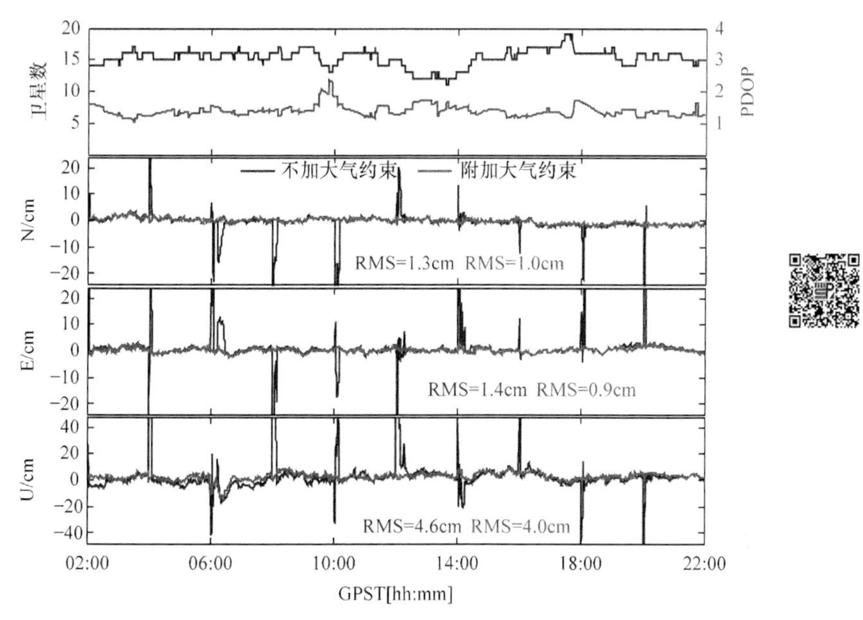

图 8.11　大气约束前后 HKPC 测站(中国香港)多历元滤波解定位偏差

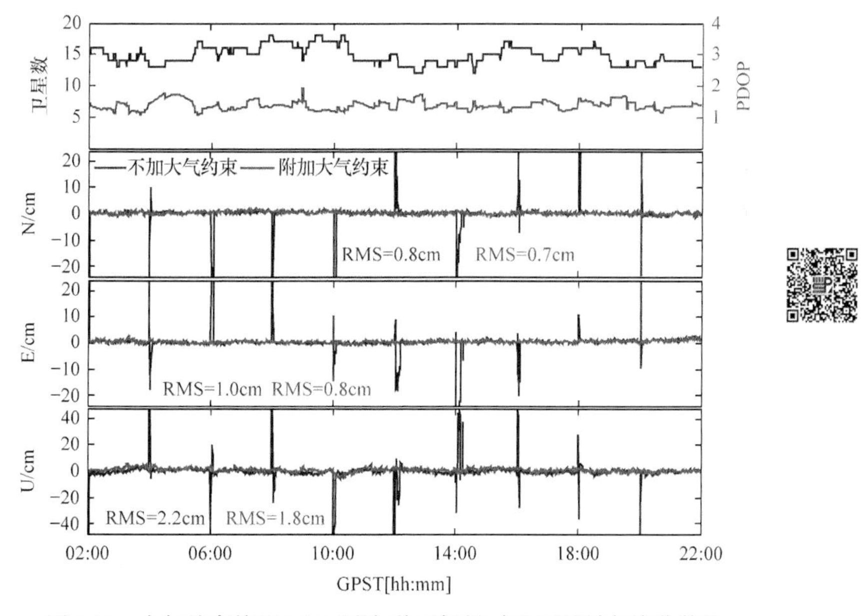

图 8.12　大气约束前后 P544 测站(美国加州)多历元滤波解定位偏差

表 8.2 给出了各用户站点详细的统计结果，由表可知，在没有大气约束的情况下，GPS/Galileo 组合通常需要 3～6min 初始化时间，通过多系统多频可将初始化时间缩短至约 1min，各站点的平均初始化时间与历元固定率分别为 4.2min

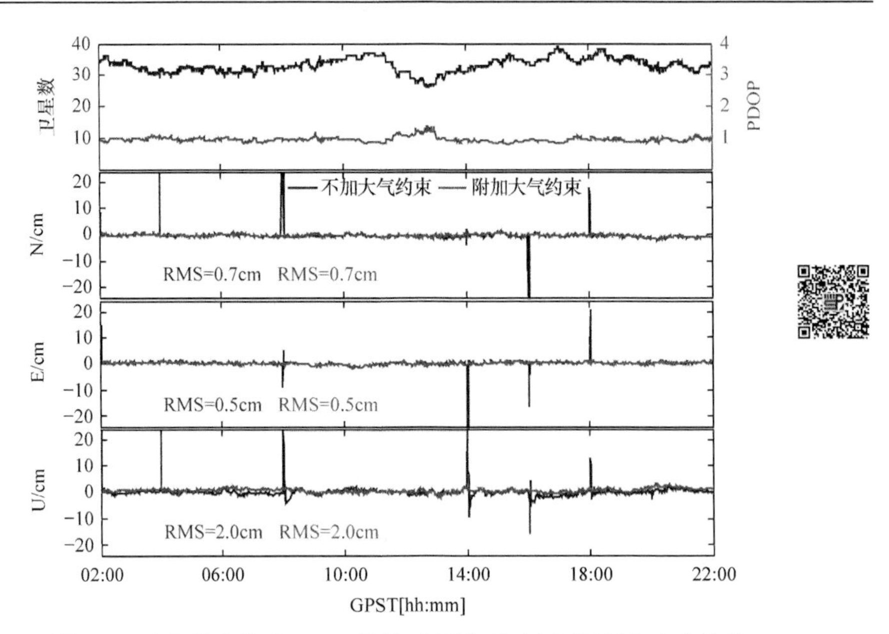

图 8.13　大气约束前后 SNYX 测站(中国陕西)多历元滤波解定位偏差

和 95.6%，在定位精度方面，除 HZCG 外，其余测站均有小幅提高，总体而言，平均定位精度由(1.2cm，1.3cm，2.9cm)提高为(0.8cm，0.8cm，2.9cm)，分别提高了 33.3%、38.5%和 31.0%。

表 8.2　大气约束前后各站点多历元滤波解结果统计(30s)

测站	不加大气约束					附加大气约束				
	N/cm	E/cm	U/cm	TTFF/min	固定率/%	N/cm	E/cm	U/cm	TTFF/min	固定率/%
HKKT	1.9	1.6	7.5	5.2	91.5	1.1	1.3	3.5	0	100.0
HKPC	1.3	1.4	4.6	6.4	93.0	1.0	0.9	4.0	0	100.0
HKST	2.1	1.6	5.6	6.3	94.9	1.2	0.9	5.1	0	100.0
P300	1.5	2.8	5.5	5.6	95.4	0.5	1.0	1.8	0	100.0
P544	0.8	1.0	2.2	5.0	96.0	0.7	0.8	1.8	0	100.0
P565	0.8	1.2	4.5	3.4	97.4	0.7	0.6	2.5	0	100.0
HZCG	0.7	0.6	1.7	0.8	99.4	0.7	0.6	2.3	0	100.0
SNYX	0.7	0.5	2.0	1.1	99.2	0.7	0.5	2.0	0	100.0
均值	1.2	1.3	4.2	4.2	95.6	0.8	0.8	2.9	0	100.0

8.4.1.3　大气增强的单历元 PPP 固定解(30s)

进一步分析大气增强信息对单历元 PPP 固定解的影响，大气增强信息的约束方差与前述实验相同，图 8.14～图 8.16 分别给出了 HKPC、P544 和 SNYX 测站附加大气约束前后的单历元PPP宽巷固定解定位偏差，为了方便比较，图中同时给出了单历元窄巷固定解的偏差。由图可知，在附加大气增强信息约束后，单历元宽巷固定解的定位精度和历元固定率均有明显改善，其中，对于HKPC测站，常规单历元宽巷解由于缺少高精度的大气延迟改正，U 方向存在较明显的系统性偏差，通过大气约束可消除这一系统偏差，N、E、U方向的定位精度由(0.285m，0.294m，1.285m)提高为(0.020m，0.018m，0.066m)，分别提高了93.2%、93.8%和

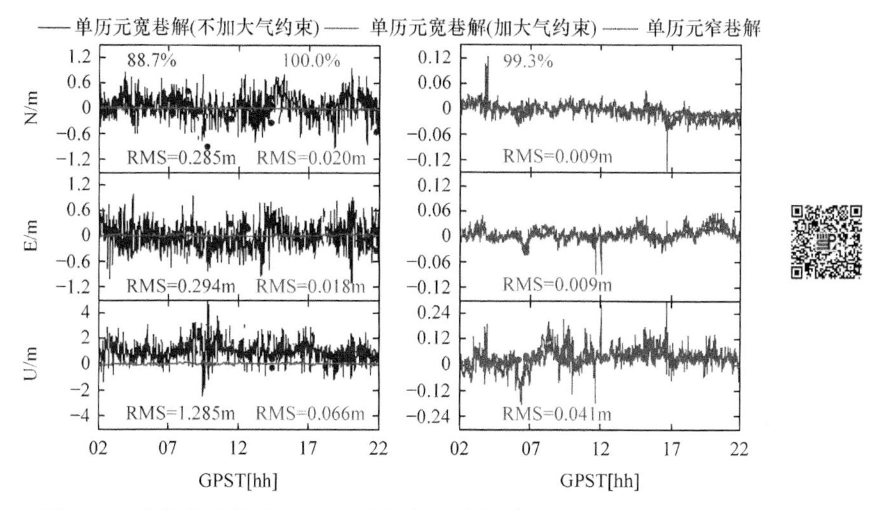

图 8.14　大气约束前后 HKPC 测站(中国香港)单历元固定解定位偏差

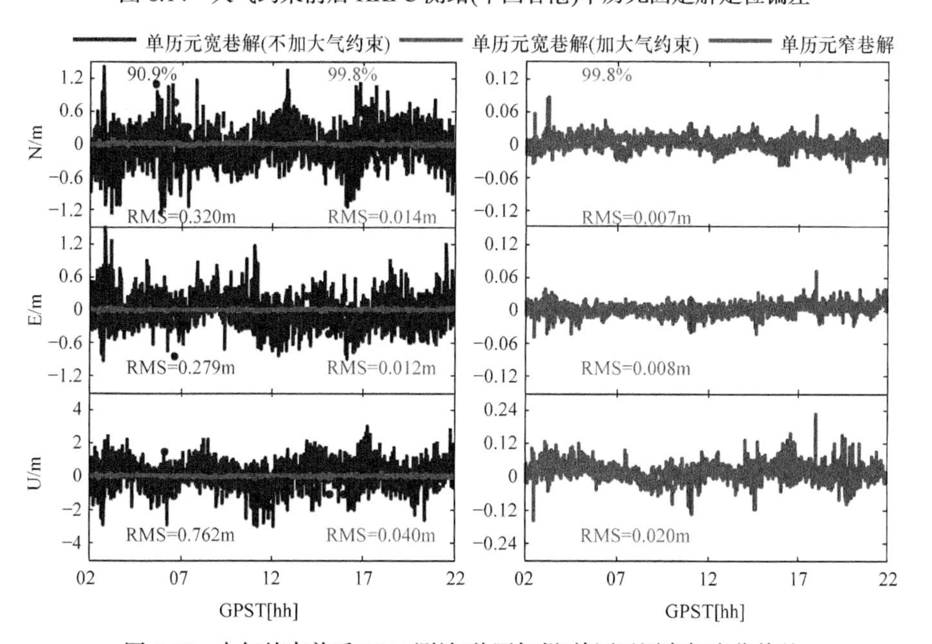

图 8.15　大气约束前后 P544 测站(美国加州)单历元固定解定位偏差

94.9%，同时历元固定率由 88.7%提高为 100.0%；对于 P544 测站，附加大气约束后，各方向定位精度由(0.320m，0.279m，0.762m)提高为(0.014m，0.012m，0.040m)，分别提高了 95.6%、95.7%和 94.7%，历元固定率由 90.9%提高为 99.8%；对于 SNYX 测站，各方向定位精度由(0.175m，0.112m，0.539m)提高为(0.033m，0.023m，0.095m)，分别提高了 81.1%、79.6%和 82.4%，历元固定率由 99.2%提高为 100.0%。

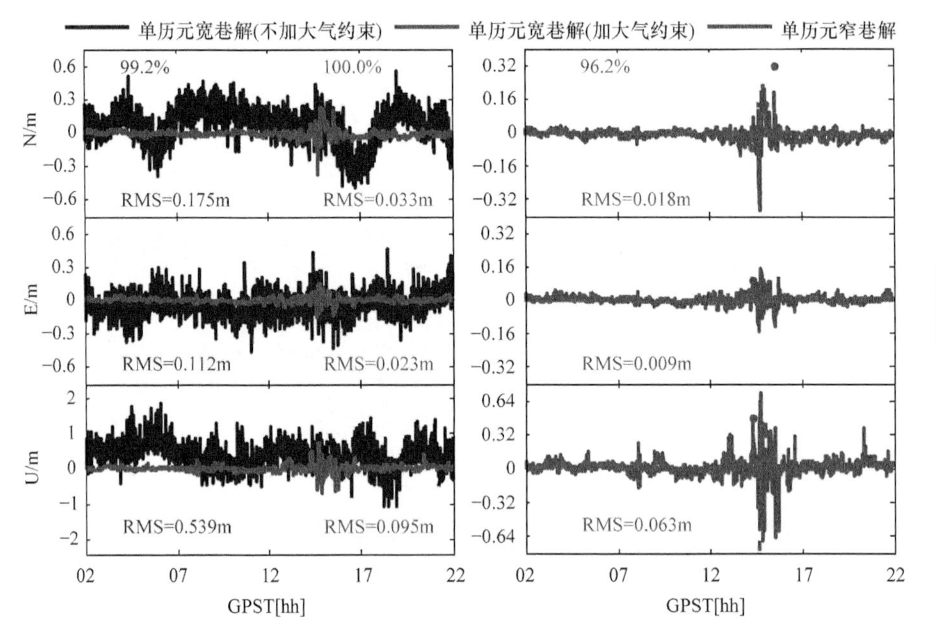

图 8.16　大气约束前后 SNYX 测站(中国陕西)单历元固定解定位偏差

进一步对比附加大气约束后宽巷解与窄巷解的结果，可以发现，单历元窄巷解的定位偏差明显比宽巷解小，其统计精度一般可达厘米级，对于 HKPC、P544 和 SNYX 三个测站，N、E、U 方向的 RMS 值分别为(0.009m，0.009m，0.041m)、(0.007m，0.008m，0.020m)和(0.018m，0.009m，0.063m)。相比于之前多历元滤波的结果，单历元模式仅采用一个历元的观测信息，大气以及模糊度参数无法充分收敛，外部增强信息的精度直接决定模糊度的固定性能，加之窄巷模糊度波长较短，对残余的大气等误差较为敏感，因此，在个别历元会出现浮点解或固定解偏差较大的情况，譬如SNYX测站。该时段各站点的历元固定率分别为 99.3%、99.8%和 96.2%，全部站点的详细结果见表 8.3。

由表 8.3 可知，常规的宽巷解通常仅能达到分米级的精度，在附加大气约束后，宽巷解的平均定位精度由(26.6cm，23.2cm，91.7cm)提高为(2.2cm，2.0cm，7.0cm)，分别提高了 91.9%、91.5%和 92.4%，除 P544 测站外，其余站点的宽巷固定率均为 100.0%，总体的平均历元固定率也由 92.3%提高为 100.0%。对于单历元窄巷固定解，平均定位精度为(1.0cm，0.9cm，3.9cm)，历元固定率为 98.4%，固定率略低于宽巷解。

表 8.3　大气约束前后各站点单历元固定解结果统计(30s)

测站	不加大气约束				附加大气约束							
	单历元宽巷解				单历元宽巷解				单历元窄巷解			
	N/cm	E/cm	U/cm	固定率/%	N/cm	E/cm	U/cm	固定率/%	N/cm	E/cm	U/cm	固定率/%
HKKT	27.7	25.8	118.9	86.9	2.0	1.9	6.2	100.0	1.1	1.0	3.5	98.5
HKPC	28.5	29.4	128.5	88.7	2.0	1.8	6.6	100.0	0.9	0.9	4.1	99.3
HKST	27.8	25.7	121.7	89.3	1.7	1.6	5.5	100.0	0.9	0.9	5.0	99.7
P300	34.9	30.2	93.6	94.0	1.3	2.3	4.1	100.0	0.6	1.0	2.1	100.0
P544	32.0	27.9	76.2	90.9	1.4	1.2	4.0	99.8	0.7	0.8	2.0	99.8
P565	26.4	23.5	71.8	90.3	1.4	1.8	4.9	100.0	0.8	0.6	2.7	100.0
HZCG	18.4	12.1	69.1	99.4	4.2	3.0	14.8	100.0	1.2	1.0	5.6	93.6
SNYX	17.5	11.2	53.9	99.2	3.3	2.3	9.5	100.0	1.8	0.9	6.3	96.2
均值	26.6	23.2	91.7	92.3	2.2	2.0	7.0	100.0	1.0	0.9	3.9	98.4

8.4.2　1s 采样率数据实验分析

选择由 NGS 提供的 1s 采样率基准站网数据进行实验，数据采集地点位于北卡罗来纳州，采集于 2020 年 11 月 20 日，数据时长 1h(02:00～03:00)，具体站点分布如图 8.17 所示，基准站和用户站数目分别为 12 和 18，基准站间平均间距为 139.1km，有一点需要说明的是，全部站点仅支持接收 GPS L1/L2 和 Galileo E1/E5a 双系统双频数据，因此在模糊度分步固定过程中不存在多频超宽巷的约束。数据处理中，采用 CODE 提供的多系统精密产品，模糊度固定所需的 FCB 产品提前由全球分布的基准站解算得到。与前述实验类似，分别对大气增强信息的精度及其对 PPP 固定解的影响进行分析。

8.4.2.1　大气增强信息精度评估(1s)

以 NCNB 测站为例，图 8.18 给出了该时段各卫星的星间单差电离层内插误差，由图可知，GPS 和 Galileo 各卫星的内插误差大部分在±2cm 范围内，G30 和 E30 在 02:00～02:15 时段内插误差略大，整个时段，GPS 和 Galileo 全部卫星内插误差的 RMS 值分别为 0.7cm 和 0.9cm。

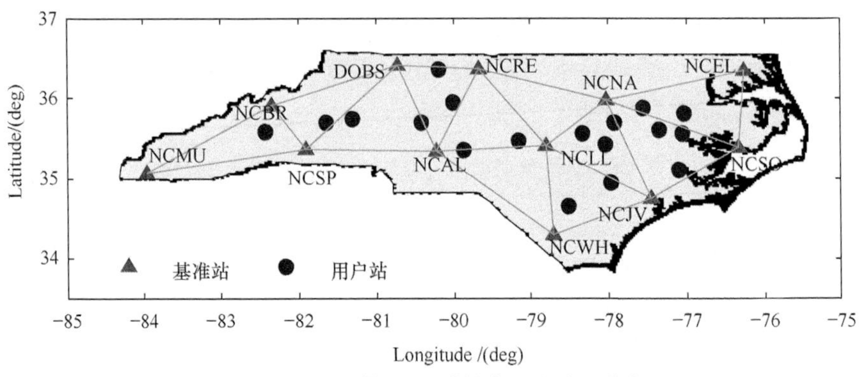

图 8.17　NGS 提供的 1s 采样率基准站网分布图

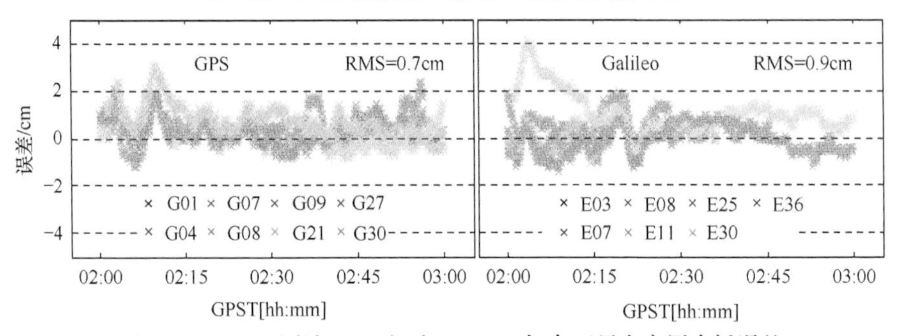

图 8.18　NCNB 测站 GPS(左)和 Galileo(右)各卫星电离层内插误差

图 8.19 给出了全部 18 个用户站点的天顶对流层湿延迟和倾斜电离层内插精度，由图可知，天顶对流层湿延迟的内插精度通常优于 1cm，倾斜电离层的内插误差最大为 NCSW 的 2.3cm，其余测站的电离层内插精度均优于 1.5cm，整体来看，各站点的平均对流层和电离层内插精度可达 0.5cm 和 0.9cm。

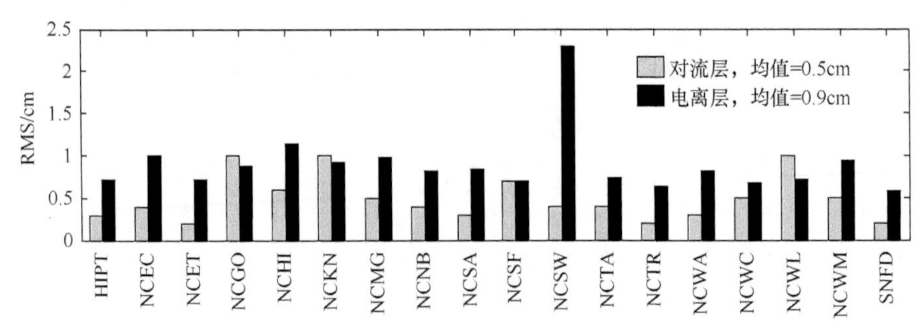

图 8.19　天顶对流层湿延迟和星间单差电离层内插精度统计(1s)

8.4.2.2　大气增强的多历元 PPP 滤波解(1s)

以 HIPT 和 NCHI 两个站点为例分析大气增强信息对 PPP 固定解的影响，图 8.20 首先给出 HIPT 测站该时段 GPS 和 Galileo 系统的星空图，可视的 GPS 和

Galileo 双系统卫星数超过 15，测站观测条件良好。图 8.21 为附加大气约束前后，HIPT 和 NCHI 站点的定位误差，由图可知，对于常规非组合动态 PPP，由于模型较弱且待估参数之间耦合性强，HIPT 和 NCHI 站点的初始化时间分别为 13.5min 和 8.9min，该时段的历元固定率分别为 78.6%和 86.8%，通过对模糊度固定后的坐标偏差进行统计，N、E、U 三个方向的 RMS 值分别为(0.7cm，0.5cm，1.7cm)和(0.6cm，0.6cm，2.8cm)；通过高精度天顶对流层和倾斜电离层约束，HIPT 和 NCHI 测站均在首个历元即实现窄巷模糊度固定，达到了厘米级的精度，同时在整个时段均维持固定解，N、E、U 三个方向的 RMS 值分别为(0.4cm，0.3cm，1.1cm)和(0.6cm，0.4cm，1.9cm)。

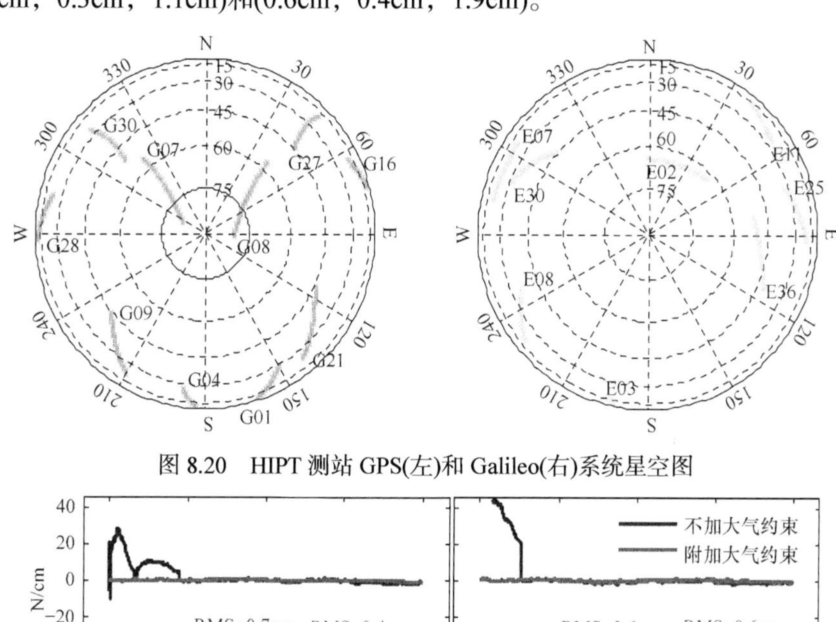

图 8.20　HIPT 测站 GPS(左)和 Galileo(右)系统星空图

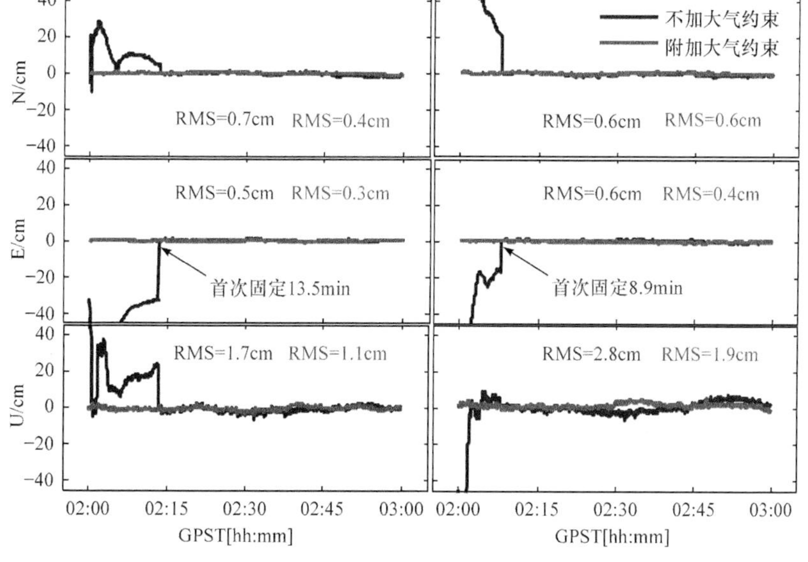

图 8.21　大气约束前后 HIPT(左)和 NCHI(右)测站多历元滤波解定位偏差

表 8.4 给出了全部 18 个用户站点详细的统计结果，由表可知，在没有大气约束的情况下，GPS/Galileo 组合通常需要一定的初始化时间，其中最长和最短分别为 HIPT 的 13.5min 和 NCET 的 2.9min，所有站点平均需要 7.4min 才能实现模糊度首次固定，整个时段的平均历元固定率为 87.9%；在附加大气增强信息约束后，各站点通常首个历元即可实现固定解，除 NCSW 外，其余站点的模糊度固定率均为 100.0%，在定位精度方面，由于只对窄巷固定解的偏差进行统计，大气约束前后定位精度差别不大，在 N、E、U 三个方向的平均 RMS 值分别为(0.8cm，0.5cm，2.0cm)和(0.5cm，0.3cm，2.0cm)。

表 8.4　大气约束前后各站点多历元滤波解结果统计(1s)

测站	不加大气约束					附加大气约束				
	N/cm	E/cm	U/cm	TTFF/min	固定率/%	N/cm	E/cm	U/cm	TTFF/min	固定率/%
HIPT	0.7	0.5	1.7	13.5	78.6	0.4	0.3	1.1	0	100.0
NCEC	0.5	0.5	1.3	5.0	92.6	0.5	0.3	2.7	0	100.0
NCET	0.5	0.5	1.5	2.9	97.8	0.4	0.4	1.5	0	100.0
NCGO	0.7	0.5	1.6	7.5	88.4	0.6	0.3	4.4	0	100.0
NCHI	0.6	0.6	2.8	8.9	86.8	0.6	0.4	1.9	0	100.0
NCKN	0.6	0.4	1.5	5.5	93.2	0.5	0.4	3.0	0	100.0
NCMG	0.7	0.5	2.3	9.9	88.9	0.4	0.5	2.0	0	100.0
NCNB	2.0	0.5	2.7	9.4	83.9	0.5	0.3	1.2	0	100.0
NCSA	1.1	1.2	3.4	10.6	81.4	0.5	0.3	1.0	0	100.0
NCSF	0.5	0.4	1.6	3.2	94.7	0.4	0.3	2.8	0	100.0
NCSW	0.9	0.9	3.1	6.7	78.8	0.5	0.4	1.1	0	99.4
NCTA	0.5	0.4	1.4	4.9	91.8	0.4	0.3	1.8	0	100.0
NCTR	0.5	0.5	1.8	8.4	85.4	0.4	0.3	1.3	0	100.0
NCWA	0.9	0.7	1.8	12.4	78.1	0.5	0.4	2.0	0	100.0
NCWC	1.9	0.5	4.0	4.5	93.8	0.5	0.4	1.2	0	100.0
NCWL	0.5	0.4	1.3	8.7	86.0	0.4	0.3	3.5	0	100.0
NCWM	0.5	0.3	1.3	4.2	93.0	0.4	0.4	2.4	0	100.0
SNFD	0.7	0.4	1.5	6.4	89.3	0.5	0.3	1.3	0	100.0
均值	0.8	0.5	2.0	7.4	87.9	0.5	0.3	2.0	0	100.0

8.4.2.3　大气增强的单历元 PPP 固定解(1s)

以 HIPT 测站为例，图 8.22 给出了大气约束前后的单历元 PPP 宽巷固定解定位偏差，为方便对比，图中同时也给出了单历元窄巷固定解的偏差。由于该站点仅支持接收 GPS/Galileo 双频数据，因此无法构成超宽巷组合对宽巷模糊度进行约束，常规的单历元宽巷解固定率较低，在附加大气约束后，单历元宽巷解的历元固定率由 47.7%提高为 100.0%，同时，N、E、U 方向的定位精度也由(0.593m，0.457m，0.882m)提高为(0.017m，0.015m，0.038m)，分别提高了 97.1%、96.6%和 95.7%。对于窄巷固定解，其精度一般优于宽巷解，N、E、U 方向 RMS 值分别为(0.005m，0.004m，0.012m)，对应的历元固定率为 99.9%。

表 8.5 给出了全部站点的统计结果，由表可知，对于宽巷解，附加大气约束后，平均定位精度由(57.0cm，40.5cm，98.0cm)提高为(2.4cm，1.5cm，4.5cm)，分别提高了 95.9%、96.3%和 95.5%，同时，平均历元固定率也由 37.9%提高到 99.6%；对于窄巷解，其平均定位精度为(0.9cm，0.5cm，2.2cm)，历元固定率为 99.6%。

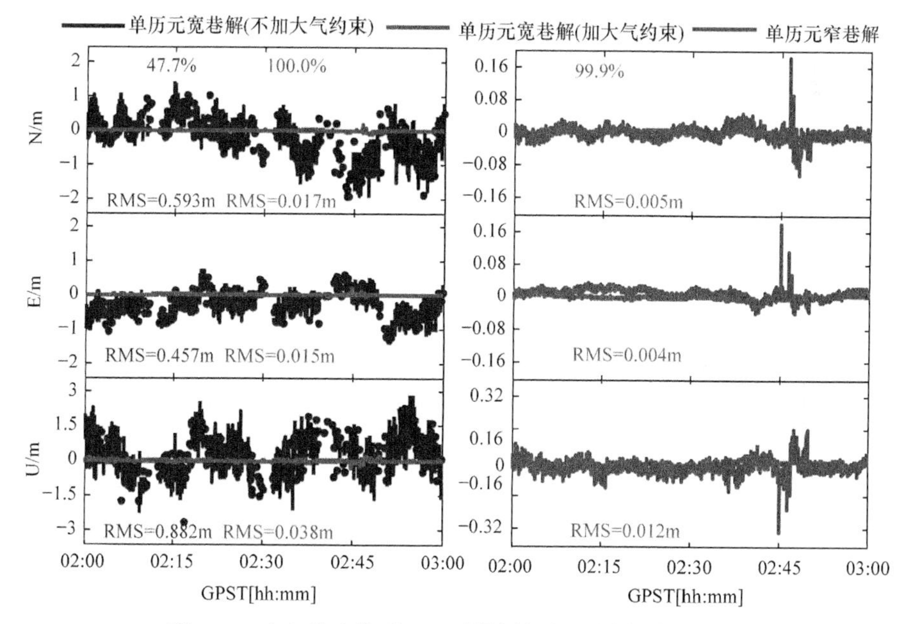

图 8.22　大气约束前后 HIPT 测站单历元固定解定位偏差

表 8.5　大气约束前后各站点单历元固定解结果统计(1s)

测站	不加大气约束				附加大气约束							
	单历元宽巷解				单历元宽巷解				单历元窄巷解			
	N/cm	E/cm	U/cm	固定率/%	N/cm	E/cm	U/cm	固定率/%	N/cm	E/cm	U/cm	固定率/%
HIPT	59.3	45.7	88.2	47.7	1.7	1.5	3.8	100.0	0.5	0.4	1.2	99.9
NCEC	51.1	31.6	96.9	29.6	1.9	1.4	3.7	99.8	0.6	0.5	2.7	99.8
NCET	62.1	41.2	89.0	43.7	2.3	1.4	5.4	99.8	1.1	0.5	2.0	99.8

续表

测站	不加大气约束				附加大气约束							
	单历元宽巷解				单历元宽巷解				单历元窄巷解			
	N/cm	E/cm	U/cm	固定率/%	N/cm	E/cm	U/cm	固定率/%	N/cm	E/cm	U/cm	固定率/%
NCGO	56.1	43.6	102.4	39.1	2.5	1.6	5.2	99.8	1.3	0.6	5.3	99.7
NCHI	59.2	41.4	95.6	35.7	2.3	1.4	4.2	99.9	0.6	0.5	2.3	99.9
NCKN	54.4	31.7	93.0	46.9	2.2	1.4	5.1	99.8	1.5	0.6	3.8	99.8
NCMG	58.3	39.4	98.8	37.1	2.4	1.7	4.7	98.8	0.6	0.7	2.0	98.8
NCNB	55.9	43.1	108.7	22.6	2.7	2.0	4.7	99.5	0.5	0.5	1.1	99.5
NCSA	61.5	52.3	120.2	25.9	2.2	1.5	3.9	99.8	0.6	0.4	1.2	99.8
NCSF	46.6	25.1	82.0	57.6	2.6	1.3	4.4	99.9	1.9	0.5	2.9	99.8
NCSW	57.2	43.8	145.4	39.7	3.0	1.9	5.0	98.4	0.6	0.3	1.2	98.3
NCTA	64.7	47.1	96.3	33.0	2.6	1.5	3.8	99.6	0.6	0.4	1.9	99.5
NCTR	54.7	56.2	117.4	27.5	1.8	1.3	4.2	100.0	1.0	0.5	1.5	100.0
NCWA	72.7	47.7	90.4	30.1	2.5	1.8	4.8	99.4	0.5	0.4	1.9	99.4
NCWC	52.7	49.6	87.4	30.8	1.8	1.0	3.6	99.5	0.5	0.4	1.2	99.4
NCWL	63.5	32.8	88.6	40.9	2.6	1.6	4.0	99.8	0.6	0.4	3.6	99.8
NCWM	44.8	29.1	77.2	50.9	1.9	1.3	3.6	99.7	0.5	0.6	2.3	99.7
SNFD	50.6	27.1	86.9	43.8	3.6	1.8	6.2	99.9	1.7	0.6	1.5	99.9
均值	57.0	40.5	98.0	37.9	2.4	1.5	4.5	99.6	0.9	0.5	2.2	99.6

参 考 文 献

[1] Wübbena G, Schmitz M, Bagge A. PPP-RTK: Precise point positioning using state-space representation in RTK networks[C]//Proceedings of ION GNSS, 2005, 5: 13-16.

[2] Zhang B, Chen Y, Yuan Y. PPP-RTK based on undifferenced and uncombined observations: theoretical and practical aspects[J]. Journal of Geodesy, 2019, 93(7): 1011-1024.

[3] Li X, Huang J, Li X, et al. Multi-constellation GNSS PPP instantaneous ambiguity resolution with precise atmospheric corrections augmentation[J]. GPS Solutions, 2021, 25(3): 1-13.

[4] Li X, Zhang X, Ge M. Regional reference network augmented precise point positioning for instantaneous ambiguity resolution[J]. Journal of Geodesy, 2011, 85(3): 151-158.

[5] 李昕. 多频率多星座 GNSS 快速精密定位关键技术研究[D]. 武汉: 武汉大学, 2021.

[6] 汪登辉. GNSS 地基增强系统非差数据处理方法及应用[D]. 南京: 东南大学, 2017.

[7] Han S, Rizos C. GPS network design and error mitigation for real-time continuous array monitoring systems[C]//Proceedings of the 9th International Technical Meeting of the Satellite Division of The Institute of Navigation, 1996: 1827-1836.

[8] Wanninger L. Improved ambiguity resolution by regional differential modelling of the ionosphere[C]//Proceedings of the 8th International Technical Meeting of the Satellite Division of

The Institute of Navigation, 1995: 55-62.
[9] Gao Y, Li Z. Ionosphere effect and modeling for regional area differential GPS network[C]// Proceedings of the 11th International Technical Meeting of the Satellite Division of The Institute of Navigation, 1998: 91-98.
[10] Fotopoulos G. Parameterization of carrier phase corrections based on a regional network of reference stations[C]//Proceedings of the 13th International Technical Meeting of the Satellite Division of the Institute of Navigation, 2000: 1093-1102.
[11] Odijk D, van der Marel H, Song I. Precise GPS positioning by applying ionospheric corrections from an active control network[J]. GPS Solutions, 2000, 3(3): 49-57.
[12] Gao W, Zhao Q, Meng X, et al. Performance of single-epoch EWL/WL/NL ambiguity-fixed precise point positioning with regional atmosphere modelling[J]. Remote Sensing, 2021, 13(18): 3758.
[13] 周锋. 多系统 GNSS 非差非组合精密单点定位相关理论和方法研究[D]. 上海: 华东师范大学, 2018.
[14] Zhou F, Dong D, Li W, et al. GAMP: An open-source software of multi-GNSS precise point positioning using undifferenced and uncombined observations[J]. GPS Solutions, 2018, 22(2): 1-10.
[15] 臧楠, 李博峰, 沈云中. 3 种 GPS+BDS 组合 PPP 模型比较与分析[J]. 测绘学报, 2017, 46(12): 1929-1938.
[16] Gao Z, Ge M, Shen W, et al. Ionospheric and receiver DCB-constrained multi-GNSS single-frequency PPP integrated with MEMS inertial measurements[J]. Journal of Geodesy, 2017, 91(11): 1351-1366.
[17] Cai C, Gong Y, Gao Y, et al. An approach to speed up single-frequency PPP convergence with quad-constellation GNSS and GIM[J]. Sensors, 2017, 17(6): 1302.
[18] Li P, Cui B, Hu J, et al. PPP-RTK considering the ionosphere uncertainty with cross-validation[J]. Satellite Navigation, 2022, 3(1): 1-13.

第 9 章　低轨卫星增强的精密单点定位

随着 SpaceX Starlink、“鸿雁”等低轨(LEO)星座的提出与建设，利用 LEO 卫星几何图形变化快的优势，与中高轨道 GNSS 星座形成优势互补，理论上可进一步缩短 PPP 的初始化时间，已成为近两年卫星导航领域的关注热点[1-7]。相比于GNSS中高轨道卫星，LEO卫星轨道通常不超过2000km，具有运行速度快和信号强度高等优势，通过 LEO 增强 GNSS 优势互补，形成星地联合增强的新一代 PNT 体系[8]，对增强 GNSS 的精度、完好性、连续性和可用性具有重要意义，尤其是在城市峡谷等条件恶劣的环境中。虽然国内外诸多机构均提出了不同的低轨星座部署计划，但大多处于建设阶段，且 LEO 星座的建设初衷是为了提供全球无缝、快速的互联网通信服务[9]，仅部分星座兼具导航星功能，能自主播发导航测距信号，因此，目前 LEO 增强 GNSS 的相关研究均基于纯仿真数据展开，存在一定局限性。针对上述情况，本节将在简述仿真数据生成方法的基础上，首先基于纯仿真的 LEO/GNSS 数据展开初步分析，然后，针对纯仿真数据的局限性，进一步结合仿真 LEO 数据与实测 GNSS 数据展开分析。

9.1　仿真数据生成方法

基于第 3 章式(3-36)，观测数据仿真实际上是定位的逆过程，需要综合考虑方程右边的每一项，同时为保证仿真数据尽量与真实情况吻合，对于选定站点通常需提前进行静态PPP解算，获取实际的接收机钟差和天顶对流层湿延迟。仿真过程中的各误差项计算方法详见表 9.1，对于表中未明确列出的潮汐、相位缠绕以及天线等误差，可根据已有的模型计算，其中，天线改正可采用 IGS14.atx 给出的参数计算，对于频率参数缺失的情况，可采用其他系统相近频率的参数进行代替。在上述基础上，为了使观测值的噪声更接近实际，可采用高度角随机模型计算不同类型观测值的随机噪声，其中载波和伪距观测值在天顶方向的标准差分别设为 3mm 和 0.3m。考虑到LEO卫星轨道周期短，地表跟踪站的可视弧段通常仅为几分钟，为了更好地分析LEO对GNSS PPP的增强效果，通常将模拟数据的采样率设为 1s。

表 9.1　LEO/GNSS 仿真数据生成方法

项目	仿真方法
站星距	通过固定的测站坐标与卫星工具箱(Satellite Tool Kit，STK)软件输出的各卫星坐标计算；注意两点：①考虑信号传播时间效应，卫星位置通常需 2～3 次迭代；②考虑地球自转效应
卫星钟	对于 GNSS 卫星，可直接采用 GFZ 等分析中心提供的精密钟差产品；对于 LEO 卫星，可循环采用 GNSS 各卫星的参数进行代替
重参化接收机钟	GNSS 系统可直接采用之前静态 PPP 的估值；对于 LEO 卫星，基于硬件延迟稳定的假设，可模拟一个浮点型 ISB 常数
倾斜对流层	天顶干延迟采用 Saastamoinen 等经验模型计算，天顶湿延迟采用之前静态 PPP 的估值；然后通过 GMF 等投影函数计算倾斜对流层延迟
重参化电离层	首先采用 GIM 格网文件计算纯净的电离层延迟，然后，结合 CODE 等机构发布的多系统 DCB 产品合成重参化的电离层
接收机 IFB	GNSS 系统可由 DCB 产品中对应接收机端的 DCB 组合得到；对于 LEO 卫星，暂时不考虑该误差项
卫星端 DCB	对于 GNSS 系统，可由 DCB 产品计算得到；对于 LEO 卫星，暂时不考虑该误差项
整周模糊度	模拟为整型常数，其值的大小可由初始历元伪距观测值与对应频率波长的商取整得到
FCB	模拟一个小于 1 周的常数

9.2　纯仿真 LEO/GNSS 数据实验分析

采用 Satellite Tool Kit(STK)软件模拟 LEO/GNSS 星座，其中，LEO 星座由 180 颗极地轨道卫星组成，平均分布在 12 个轨道面，每个轨道面 15 颗卫星，卫星轨道高度为 1200km；GPS 星座由北美防空司令部(North American Aerospace Defense Command，NORAD)发布的两行轨道数据(Two-Line orbital Element，TLE)中给出的参数进行模拟[10]；BDS-3 星座根据其 ICD 文件给出的参数进行模拟[11]，3 颗 GEO 卫星分别固定于 80°E、110.5°E 和 140°E，3 颗 IGSO 卫星轨道倾角和升交点经度分别为 55°和 118°E，其余 24 颗 MEO 卫星构成 Walker 24/3/1 星座[12]，具体参数如表 9.2 所示，图 9.1 给出了各星座模拟示意图，图中不同的颜色表示不同的轨道面，由图可以直观地发现 LEO 卫星更靠近地表，表明其运行速度快，理论上可在短时间内优化站星几何分布，但同时也意味着 LEO 卫星的可视时段较短，因此，往往需要建立大规模的星座才能实现全球覆盖。

基于生成的 LEO/GNSS 星座，进一步生成 24h 的 LEO/GNSS 仿真数据，在观测频率方面，全部 GPS 卫星均模拟 L1(1575.42MHz)和 L2(1227.60MHz)双频数据，同时额外为 Block IIF 卫星模拟 L5(1176.45MHz)频点数据；对于 BDS-3，全部卫星均模拟 B1c(1575.42MHz)、B2b(1207.14MHz)和 B2a(1176.45MHz)三频数据；为了方便和更好的互操作性，LEO 全部卫星模拟与 GPS 相同的 L1/L2/L5 三频观测数据；由于目前尚未有针对 LEO 观测数据的标准格式，因此，在数据处理中为了方便区分 LEO 与 GNSS，将 LEO 的 PRN 号临时设为 301～480。

表 9.2　LEO/BDS-3 星座模拟参数

项目	LEO	BDS-3		
		GEO	IGSO	MEO
卫星数目	180	3	3	24
星座构成	12 个轨道面，每个轨道面 15 颗卫星	固定于 80°E、110.5°E 和 140°E	升交点赤经 118°E	Walker(24/3/1)星座
轨道倾角/(°)	90	0	55	55
轨道高度/km	1200	35786	35786	20528

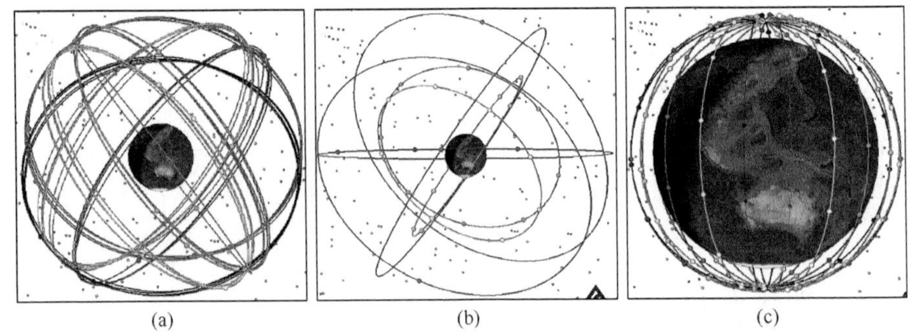

图 9.1　STK 模拟的 GPS(a)、BDS-3(b)以及 LEO(c)星座示意图

为了更好地从理论层面分析 LEO 增强 GNSS PPP 的定位性能，分别模拟了 6 组对比实验，其中涉及 GNSS 中常见的遮挡场景，包括仅高度角遮挡、仅方位角遮挡以及高度角和方位角同时遮挡，具体如表 9.3 所示，其中，场景 a～c 仅模拟不同高度截止角的遮挡，场景 d 为纯方位角遮挡，e 和 f 为不同高度截止角情形下的带状区域遮挡。图 9.2 为上述几种不同遮挡场景下 02:00～03:00 时段的星空图，可以直观地看出，在相同的时间内，LEO 卫星划过的弧段明显比 GNSS 长，这得益于其轨道低、运行速度快的特点，此外，由于模拟的 LEO 卫星为极地轨道卫星，因此其主要呈现南北向运动。数据处理中，将 24h 的数据以 2h 为间隔进行分割，针对每种场景分别进行单 BDS-3、BDS-3/GPS 组合、BDS-3/LEO 组合以及 BDS-3/GPS/LEO 组合 PPP 浮点解和固定解，并对不同场景下的收敛时间、模糊度初始化时间以及定位精度进行评估。

表 9.3　LEO 增强 GNSS 的不同遮挡场景说明

序号	场景说明	简写	解算系统	结果类型
a	截止高度角为 10°	CutOff 10°	单 BDS-3(C); BDS-3/GPS(CG); BDS-3/LEO(CL); BDS-3/GPS/LEO(CGL);	浮点解 固定解
b	截止高度角为 20°	CutOff 20°		
c	截止高度角为 30°	CutOff 30°		
d	方位角从 0～180°遮挡	Azimuth 180°		
e	带状区域遮挡(截止高度角 50°)	Strip-shaped 50°		
f	带状区域遮挡(截止高度角 60°)	Strip-shaped 60°		

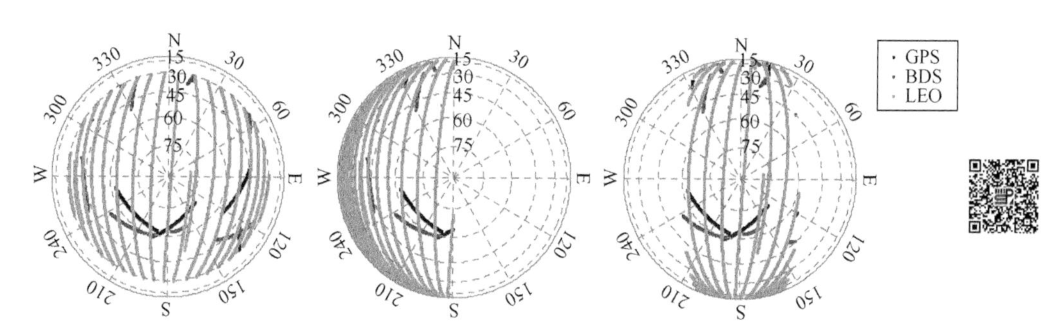

图 9.2　遮挡场景 c(左)、d(中)、f(右)对应的 LEO/GNSS 星空图

9.2.1　PPP 浮点解结果

图 9.3 给出了不同场景下各系统组合的 PPP 浮点解定位偏差，限于篇幅，仅给出了其中 1h(04:00～05:00)的结果，其他时段的结果类似。在场景 a 中，可视卫星数充足，PDOP 值也较稳定，对于单 BDS-3、BDS-3/GPS、BDS-3/LEO 以及 BDS-3/GPS/LEO 组合，平均可视卫星数分别为 12、19、18 和 26，相应的 PDOP 值为 1.7、1.2、1.2 和 1.0，观测条件优良，各系统组合的定位结果也较稳定；在场景 b 中，单 BDS-3 和 BDS-3/GPS 组合的可视卫星数分别下降为 9 颗和 15 颗，对应的 PDOP 值增加为 3.3 和 1.9，尽管 N 和 U 方向的定位偏差相对稳定，但 U 方向在收敛阶段已经出现较大的波动，相比之下，此时的 BDS-3/GPS/LEO 组合的可视卫星数仍然大于 18 颗，同时 PDOP 值在 2 以内，BDS-3/LEO 以及 BDS-3/GPS/LEO 组合的定位偏差均未出现明显的波动；在场景 c 中，单 BDS-3 已经难以在 U 方向取得较稳定的厘米级定位结果，通过 BDS-3/GPS 组合可小幅改善这一状况，而 BDS-3/LEO 和 BDS-3/GPS/LEO 组合依然可以快速收敛并保证厘米级的精度；在场景 d 中，单 BDS-3 的可视卫星数减少为 6 颗，且 PDOP 值达到了 5.8，卫星分布极差，N、E、U 方向的定位偏差均出现明显的波动，尤其是 E 和 U 方向，通过与 GPS 联合，可大幅改善 E 和

U 方向的定位精度，在这种场景下，对于 BDS-3/LEO 和 BDS-3/GPS/LEO 组合，可视卫星数仍然达到了9颗和12颗，并且定位结果仍然是最稳定的；在场景 e 和 f 的带状区域遮挡场景中，虽然单 BDS-3 的平均可视卫星数可以保持 8 颗，不过由于卫星分布较差，PDOP值波动较大，部分时段甚至超过7，因此各方向定位偏差较大，通过与GPS和LEO联合解算，PDOP值通常可稳定在3以内，定位偏差可得到大幅改善，同时收敛速度也较快。由上述不同场景的定位结果分析可知，BDS-3/GPS 组合的定位性能优于单 BDS-3，BDS-3/LEO 和 BDS-3/GPS/LEO 组合的定位性能优于 BDS-3/GPS 组合。需要注意的是，单 BDS-3 能够在上述多种遮挡场景下独立完成定位，其主要原因是在亚太地区有多颗GEO和IGSO卫星。

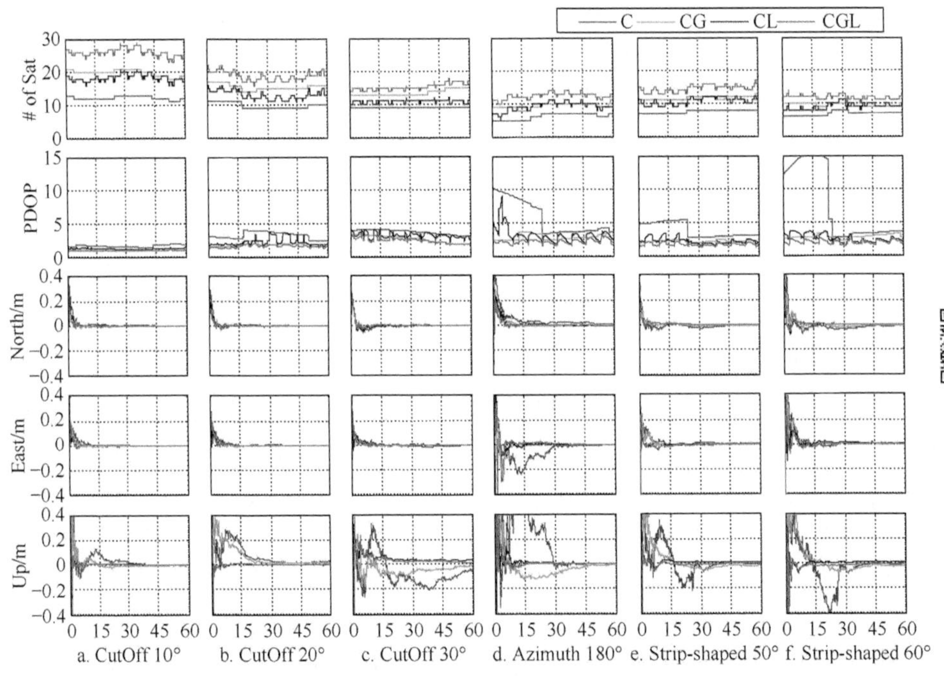

图 9.3 多种遮挡场景下不同系统组合 1h 浮点解 PPP 定位偏差

为进一步分析不同遮挡场景下的收敛性能，图 9.4 给出了各系统组合收敛到 10cm 和 5cm 所需的时间，所谓收敛的判断标准即该历元三维误差小于给定限值且后续历元的误差也均保持在该限值以内。由图可以发现，单 BDS-3 的收敛时间通常最长，通过引入GPS或LEO，收敛时间均有不同程度缩短。在场景 a 和 b 下，观测条件相对较好，单 BDS-3 收敛到 10cm 和 5cm 精度平均需要 7.5min 和 13.6min，对于 BDS-3/GPS 组合，达到给定精度所需的时间分别为 5.1min 和 8.6min，当有LEO卫星参与解算后，通常仅需 1～2min 即可取得厘米

级的精度；在场景 c～f 下，由于遮挡较为严重，单 BDS-3 平均需要 21.3min 和 33.6min 才能收敛到 10cm 和 5cm 的精度，而 BDS-3/LEO 组合仅需 5.7min 和 10.0min，分别缩短了 73.2%和 70.2%。此外，由图还可以看出，相比于 BDS-3/GPS 组合，BDS-3/LEO 的收敛时间更短，并且，在 BDS-3/LEO 组合的基础上继续引入 GPS 后，收敛时间仅有小幅的缩短，从某种程度上来讲，传统的多 GNSS 融合对定位性能的提升有限，而 LEO 卫星对定位性能的改善明显优于普通的 GNSS 系统。

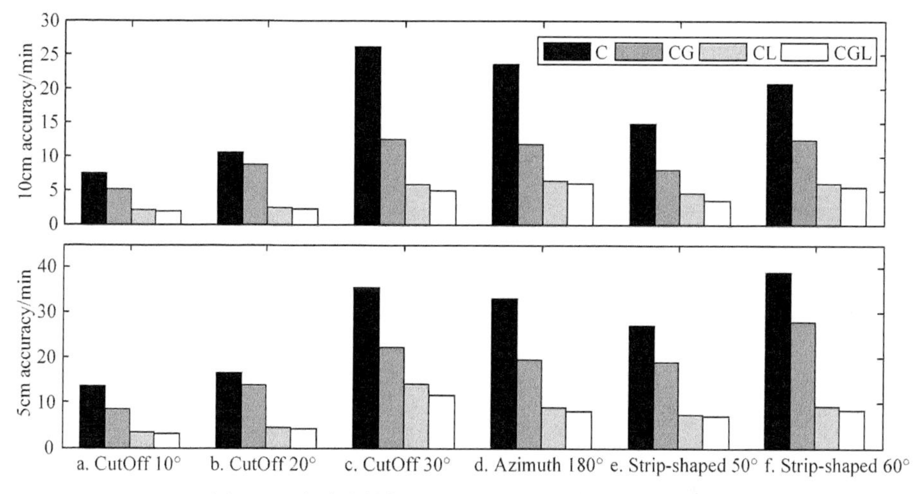

图 9.4　多种遮挡场景下不同系统组合的收敛时间

除了收敛时间外，表 9.4 进一步对不同时长的收敛精度进行了统计，可以发现，不论在常规观测环境还是遮挡环境下，相比于单 BDS-3，通过 GPS 和 LEO 辅助，定位精度均有不同幅度提高，其中，BDS-3/GPS、BDS-3/LEO 和 BDS-3/GPS/LEO 组合对定位精度的提升幅度分别为 11.0%～65.3%、45.4%～89.5%和 54.5%～90.0%，总体而言，上述 3 种组合的平均提升幅度为 42.4%、73.8%和 77.4%，同样可以发现，相比于 BDS-3/GPS 联合解算，引入 LEO 卫星对定位精度的改善幅度更明显。

表 9.4　多种遮挡场景下各系统组合不同收敛时长三维定位精度统计

场景	时间/min	精度/cm				提高百分比/%		
		C	CG	CL	CGL	C-CG	C-CL	C-CGL
(a) CutOff 10°	5	13.1	8.0	2.5	2.2	38.9	80.9	83.2
	10	5.9	3.4	0.9	0.8	42.4	84.8	86.4
	15	3.8	2.0	0.7	0.6	47.4	81.6	84.2
	20	2.7	1.5	0.6	0.6	44.4	77.8	77.8

续表

场景	时间/min	精度/cm				提高百分比/%		
		C	CG	CL	CGL	C-CG	C-CL	C-CGL
(b) CutOff 20°	5	14.5	12.5	3.6	3.5	13.8	75.2	75.9
	10	9.2	6.3	1.5	1.4	31.5	83.7	84.8
	15	5.3	4.4	1.1	1.1	17.0	79.3	79.3
	20	3.6	2.3	0.9	0.9	36.1	75.0	75.0
(c) CutOff 30°	5	17.8	9.4	9.4	8.1	47.2	47.2	54.5
	10	14.5	9.0	4.8	4.2	37.9	66.9	71.0
	15	11.7	6.6	4.0	2.8	43.6	65.8	76.1
	20	10.3	4.6	3.2	2.3	55.3	68.9	77.7
(d) Azimuth 180°	5	35.9	24.5	17.4	15.9	31.8	51.5	55.7
	10	24.1	8.8	3.5	3.2	63.5	85.5	86.7
	15	15.2	6.2	1.6	1.6	59.2	89.5	89.5
	20	11.0	4.6	1.2	1.1	58.2	89.1	90.0
(e) Strip-shaped 50°	5	14.8	10.6	7.7	5.6	28.4	48.0	62.2
	10	15.2	6.9	2.9	2.6	54.6	80.9	82.9
	15	7.4	4.4	1.8	1.6	40.5	75.7	78.4
	20	6.0	3.0	1.6	1.4	50.0	73.3	76.7
(f) Strip-shaped 60°	5	21.8	19.4	11.9	9.1	11.0	45.4	58.3
	10	18.1	10.0	3.8	3.0	44.8	79.0	83.4
	15	11.8	4.1	2.1	2.1	65.3	82.2	82.2
	20	12.7	5.6	2.1	1.7	55.9	83.5	86.6
均值						42.4	73.8	77.4

9.2.2　PPP固定解结果

图9.5为时段04:00～04:30对应的ratio值、bootstrapping成功率以及定位偏差。由图可知，单BDS-3的首次固定时间通常最长，在场景a和b中，分别需要7min和10min，在遮挡较严重的c～f场景中，虽然GEO/IGSO卫星可保证足够的可视卫星数，但高轨卫星对方程的贡献有限，仍然需要约25min才取得固定解。在这种情形下，通过加入GPS系统，首次固定时间可小幅缩短，而在联合LEO卫星解算后，首次固定时间大幅缩短，对于BDS-3/LEO和BDS-3/GPS/LEO组合，即使在极严重的遮挡场景下，首次固定时间也一般在5min以内。此外，从图中的ratio值和成功率曲线可以看出，在场景d～f中，BDS-3/GPS/LEO组合最快达到接近100%的成功率，并且首次固定时间也最短，BDS-3/LEO组合次之，同时，在遮挡场景中，BDS-3/LEO和BDS-3/GPS/LEO组合的ratio值通常要

比单 BDS-3 和 BDS-3/GPS 组合大。从图中的定位偏差可以看出，一旦模糊度成功固定，N、E、U 三个方向即可达到厘米级的定位精度。

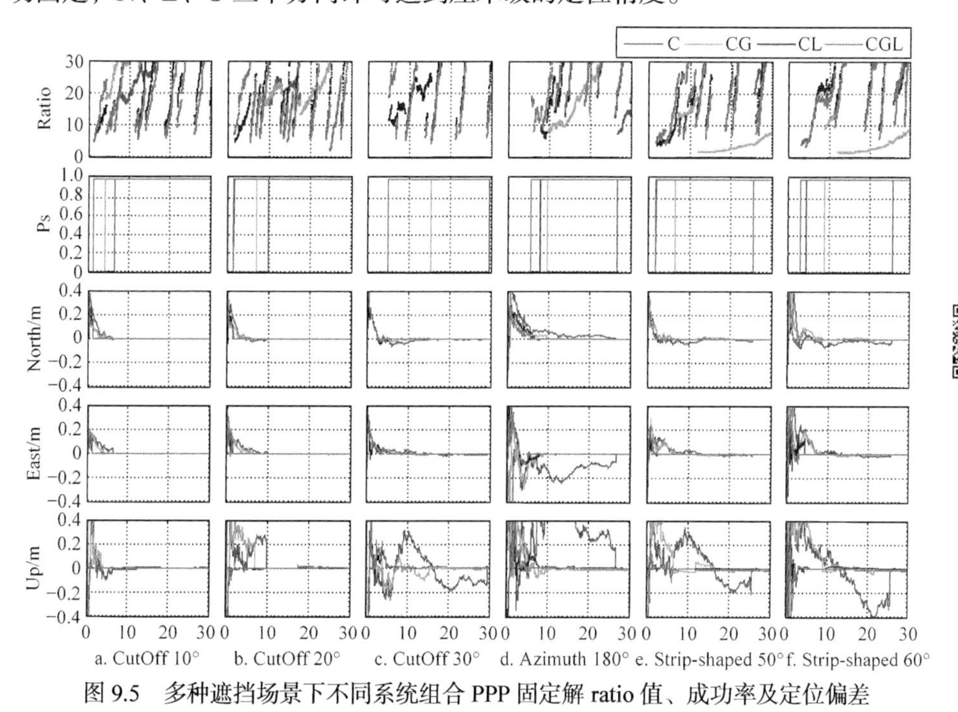

图 9.5　多种遮挡场景下不同系统组合 PPP 固定解 ratio 值、成功率及定位偏差

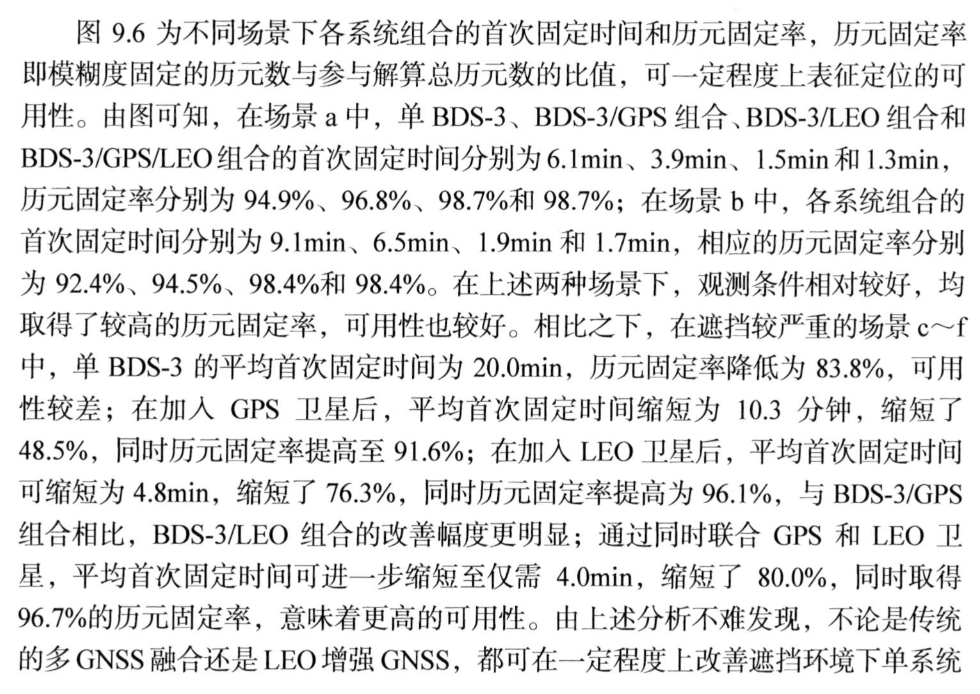

图 9.6 为不同场景下各系统组合的首次固定时间和历元固定率，历元固定率即模糊度固定的历元数与参与解算总历元数的比值，可一定程度上表征定位的可用性。由图可知，在场景 a 中，单 BDS-3、BDS-3/GPS 组合、BDS-3/LEO 组合和 BDS-3/GPS/LEO 组合的首次固定时间分别为 6.1min、3.9min、1.5min 和 1.3min，历元固定率分别为 94.9%、96.8%、98.7%和 98.7%；在场景 b 中，各系统组合的首次固定时间分别为 9.1min、6.5min、1.9min 和 1.7min，相应的历元固定率分别为 92.4%、94.5%、98.4%和 98.4%。在上述两种场景下，观测条件相对较好，均取得了较高的历元固定率，可用性也较好。相比之下，在遮挡较严重的场景 c～f 中，单 BDS-3 的平均首次固定时间为 20.0min，历元固定率降低为 83.8%，可用性较差；在加入 GPS 卫星后，平均首次固定时间缩短为 10.3 分钟，缩短了 48.5%，同时历元固定率提高至 91.6%；在加入 LEO 卫星后，平均首次固定时间可缩短为 4.8min，缩短了 76.3%，同时历元固定率提高为 96.1%，与 BDS-3/GPS 组合相比，BDS-3/LEO 组合的改善幅度更明显；通过同时联合 GPS 和 LEO 卫星，平均首次固定时间可进一步缩短至仅需 4.0min，缩短了 80.0%，同时取得 96.7%的历元固定率，意味着更高的可用性。由上述分析不难发现，不论是传统的多 GNSS 融合还是 LEO 增强 GNSS，都可在一定程度上改善遮挡环境下单系统

定位的可用性。

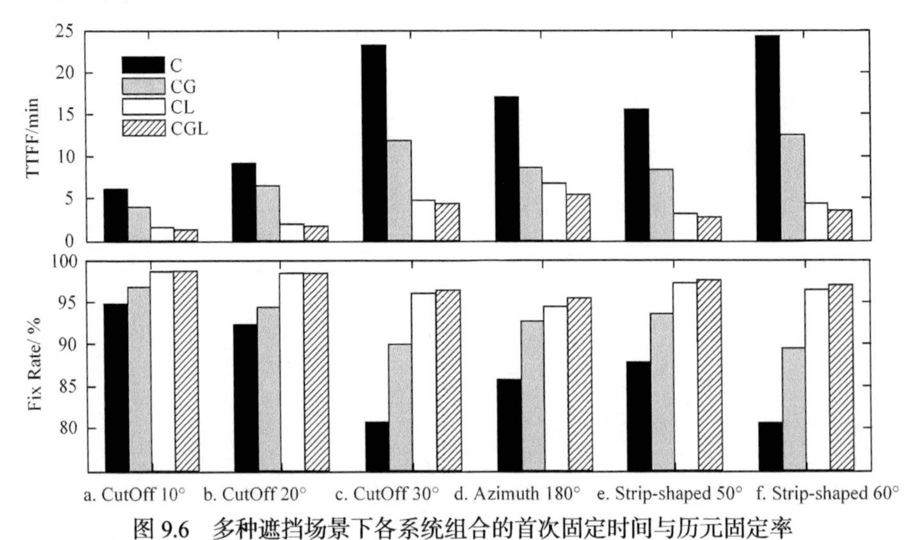

图 9.6 多种遮挡场景下各系统组合的首次固定时间与历元固定率

9.2.3 定位精度对比

图9.7为时段12:00～13:00的定位偏差，限于篇幅，图中仅给出了遮挡场景

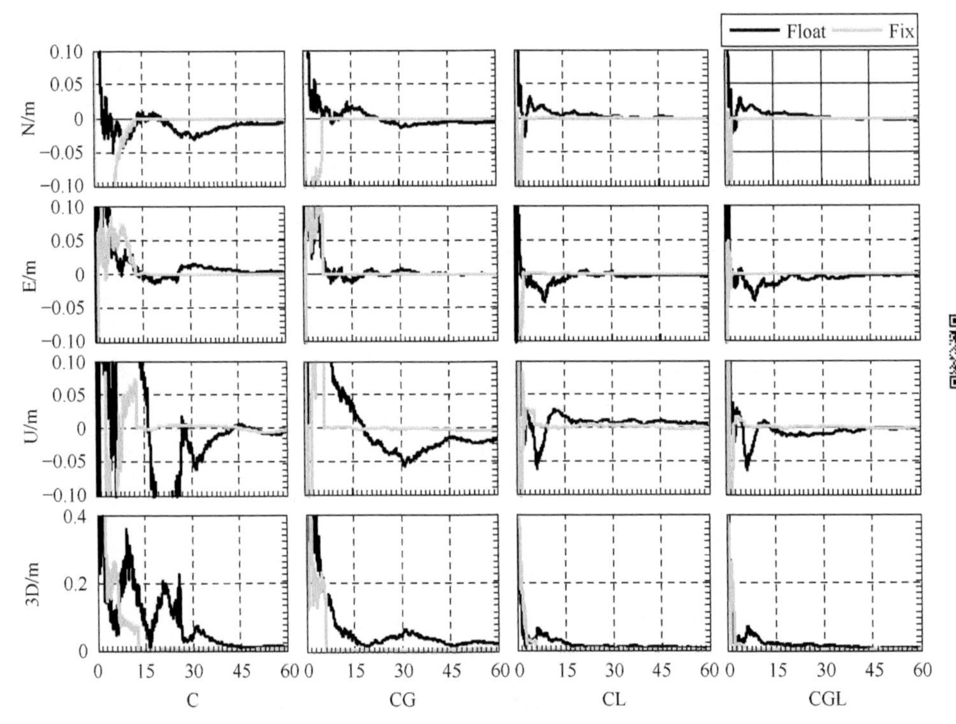

图 9.7 遮挡场景(e)中各系统组合浮点解和固定解定位偏差对比

e 对应的结果。就浮点解而言，其精度明显较差，定位偏差波动严重，特别是 U 方向，单 BDS-3 经过约 30min 才得到较稳定的定位结果，而 BDS-3/GPS 组合仅需约 15min，当引入 LEO 卫星后，通常仅需不到 10min 即可获得稳定的定位解；相比之下，通过模糊度固定可明显缩短收敛时间并改善定位稳定性，固定解精度一般均为厘米级，且波动明显比浮点解小。此外，不论是浮点解还是固定解，多系统融合的结果总是优于单系统。

表 9.5 给出了各系统组合在不同场景下的详细定位精度统计，可以发现，BDS-3/GPS/LEO 组合的精度最高，浮点解收敛后的精度与固定解相差不大，固定解的精度略优于浮点解，在 N、E、U 三个方向平均提高了 3.6%、4.6%和 3.2%。

表 9.5　多种遮挡场景下各系统组合浮点解与固定解精度统计

场景	系统	浮点解/cm			固定解/cm			提高百分比/%		
		N	E	U	N	E	U	N	E	U
(a) CutOff 10°	C	3.0	2.8	8.6	3.0	2.5	8.3	0.0	10.7	3.5
	CG	2.6	2.1	6.1	2.4	1.9	5.8	7.7	9.5	4.9
	CL	2.1	1.8	4.4	1.9	1.7	4.2	9.5	5.6	4.5
	CGL	1.9	1.6	3.6	1.7	1.5	3.4	10.5	6.3	5.6
(b) CutOff 20°	C	3.2	2.8	9.6	3.1	2.7	9.2	3.1	3.6	4.2
	CG	2.9	2.2	7.4	2.9	2.1	6.9	0.0	4.5	6.8
	CL	2.5	2.1	5.4	2.2	2.0	5.3	12.0	4.8	1.9
	CGL	2.3	1.8	3.9	2.1	1.7	3.7	8.7	5.6	5.1
(c) CutOff 30°	C	4.0	4.0	15.9	4.0	4.0	15.3	0.0	0.0	3.8
	CG	3.0	2.7	8.2	3.0	2.6	7.7	0.0	3.7	6.1
	CL	3.3	3.6	10.6	3.2	3.5	10.4	3.0	2.8	1.9
	CGL	2.7	2.6	5.8	2.6	2.4	5.4	3.7	7.7	6.9
(d) Azimuth 180°	C	4.7	10.6	18.8	4.6	10.1	18.4	2.1	4.7	2.1
	CG	3.4	7.3	12.9	3.3	7.1	12.5	2.9	2.7	3.1
	CL	3.8	6.8	10.8	3.7	6.8	10.7	2.6	0.0	0.9
	CGL	2.9	5.7	10.0	2.8	5.5	9.8	3.4	3.5	2.0
(e) Strip-shaped 50°	C	4.7	5.5	17.7	4.6	5.4	17.4	2.1	1.8	1.7
	CG	3.3	3.6	9.5	3.2	3.4	9.1	3.0	5.6	4.2
	CL	2.9	4.9	8.7	2.9	4.6	8.6	0.0	6.1	1.1
	CGL	2.4	3.2	7.3	2.3	2.9	7.2	4.2	9.4	1.4
(f) Strip-shaped 60°	C	5.0	7.9	19.7	4.9	7.8	19.4	2.0	1.3	1.5
	CG	4.4	6.1	13.7	4.3	6.0	13.4	2.3	1.6	2.2
	CL	3.0	7.4	8.9	2.9	7.1	8.8	3.3	4.1	1.1
	CGL	2.8	5.3	8.1	2.8	5.0	8.0	0.0	5.7	1.2
均值								3.6	4.6	3.2

9.3　仿真 LEO+实测 GNSS 数据实验分析

目前尚未有成规模的 LEO 星座提供导航定位服务，因此实测 LEO 数据难以获取，相比之下，GNSS 数据获取则较为简单，同时，为了克服 LEO/GNSS 纯仿真数据存在的局限性，本节将仿真的 LEO 数据与实测的 GNSS 数据结合作进一步的分析，其中实测 GNSS 站点如图 9.8 所示，各站点支持接收 GPS L1/L2 以及 Galileo E1/E5a 双频数据，数据采样率和时长分别为 1s 和 1h。本节所用 LEO 星座由 360 颗极地轨道卫星组成，平均分布在 12 个轨道面，每个轨道面 30 颗卫星，卫星轨道高度为 1000km，具体的 LEO/GNSS 星座如图 9.9 所示。基于模拟的 LEO 星座，为各实测 GNSS 站点模拟 LEO 三频(L1/L2/L5)观测数据，在仿真过程中将 LEO 的 PRN 号临时设为 301～660。

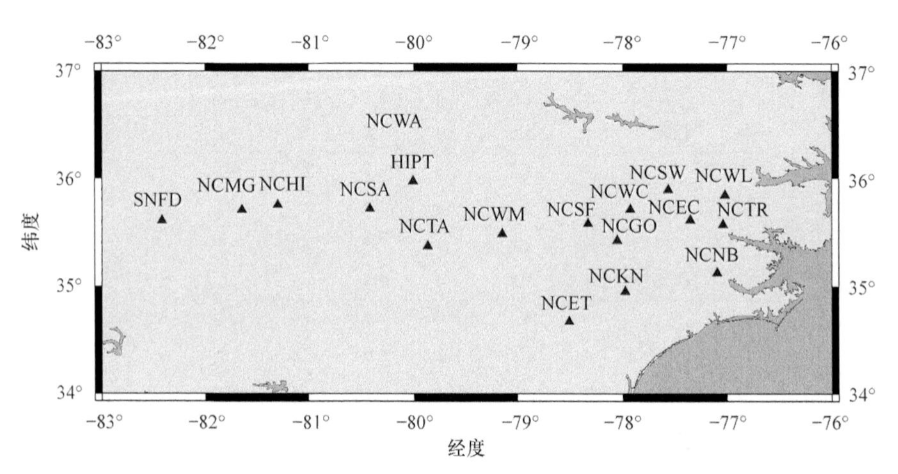

图 9.8　1s 采样率实测 GNSS 站点分布图

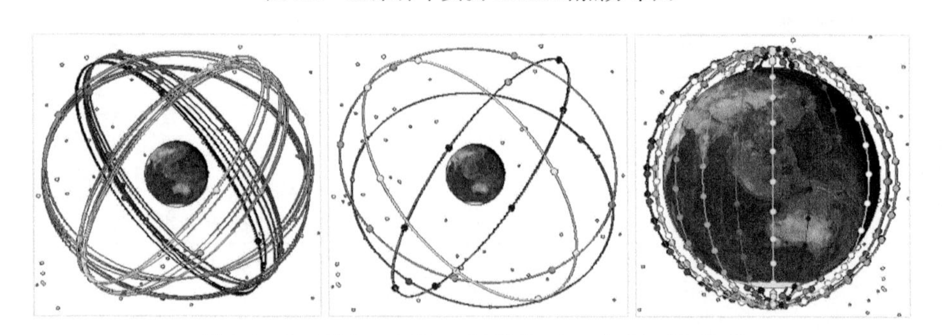

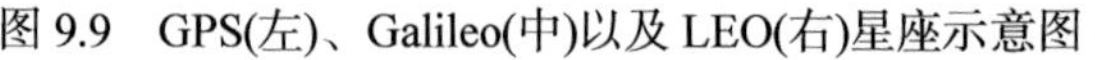

图 9.9　GPS(左)、Galileo(中)以及 LEO(右)星座示意图

以NCWM测站为例，图9.10首先给出了该时段GNSS与LEO星座的星空图，可以明显地看出，在1h的时段内，LEO星座的覆盖性能明显优于传统GNSS。

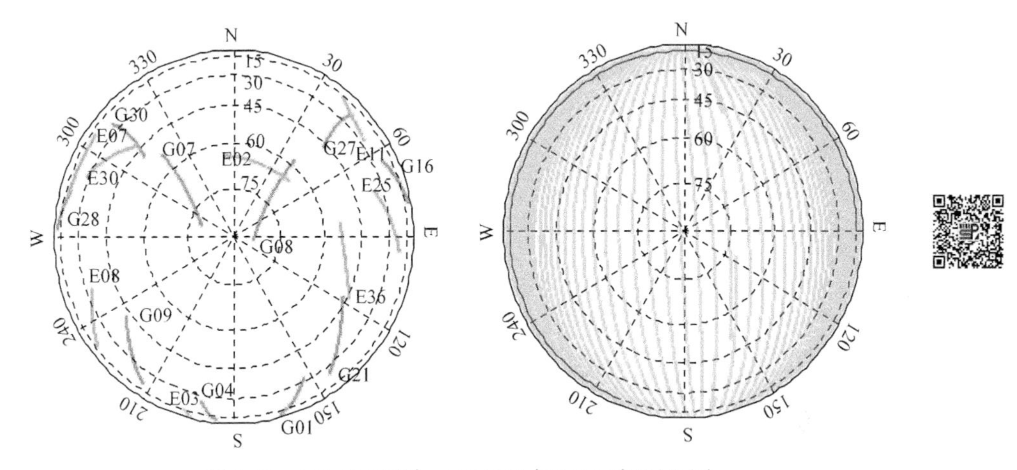

图 9.10　NCWM 测站 GNSS(左)与 LEO(右)星空图

图9.11进一步给出了该站点纯GNSS与LEO/GNSS PPP的定位偏差曲线，由图可知，对于纯GNSS而言，该时段平均可视卫星数为16.3，所需的模糊度首次固定时间为 252s，N、E、U 方向定位偏差的 RMS 值分别为(0.5cm，0.3cm，1.3cm)，对于LEO增强的GNSS定位而言，平均可视卫星数增长为26.6，得益于

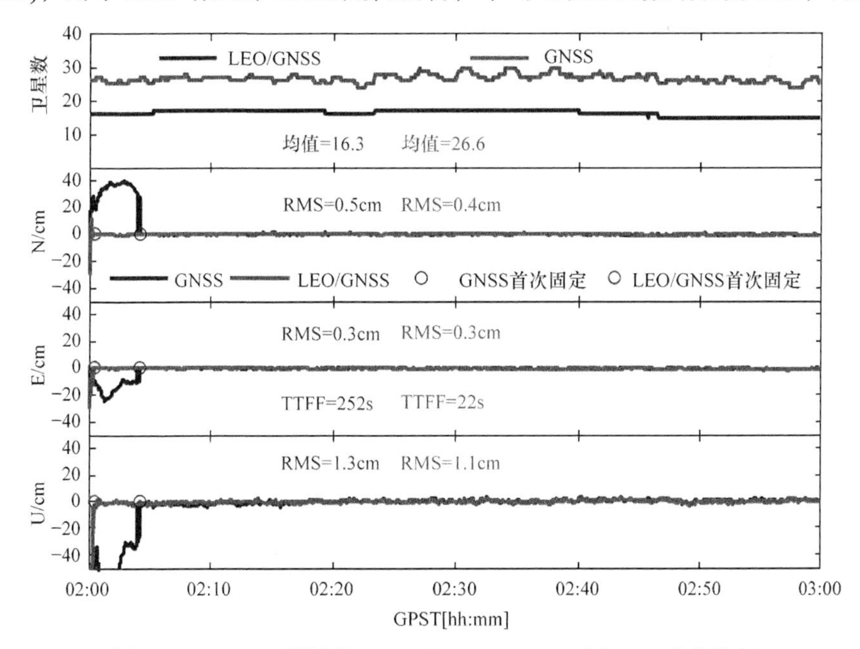

图 9.11　NCWM 测站纯 GNSS 与 LEO/GNSS 动态 PPP 定位偏差

LEO 卫星运行速率快的优势，首次固定时间缩短为仅需 22s，缩短了 91.3%，同时各方向定位偏差的 RMS 值分别为(0.4cm，0.3cm，1.1cm)，N 和 U 方向精度有小幅提升。

图 9.12 和图 9.13 进一步给出了各站点的首次固定时间与历元固定率，由图可知，相比于纯 GNSS，通过 LEO 进行增强后，各站点首次固定时间均有大幅缩短，总体的平均首次固定时间由 441.7s 缩短为 67.3s，缩短了 84.8%；同时，在引入 LEO 卫星后，相应的历元固定率也有不同幅度提高，各站点的平均历元固定率由 89.3%提高为 96.8%。

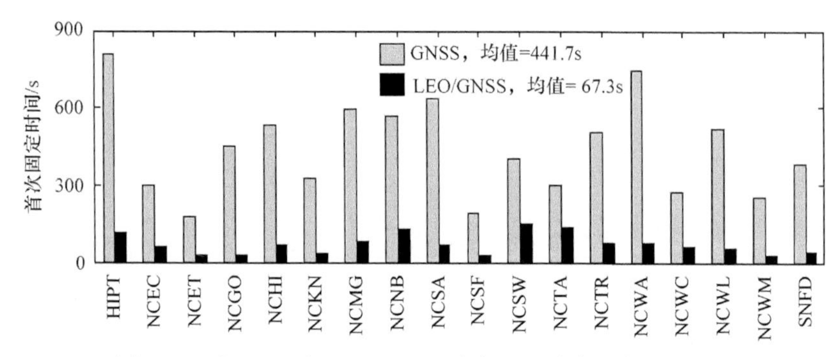

图 9.12　纯 GNSS 与 LEO/GNSS 动态 PPP 首次固定时间对比

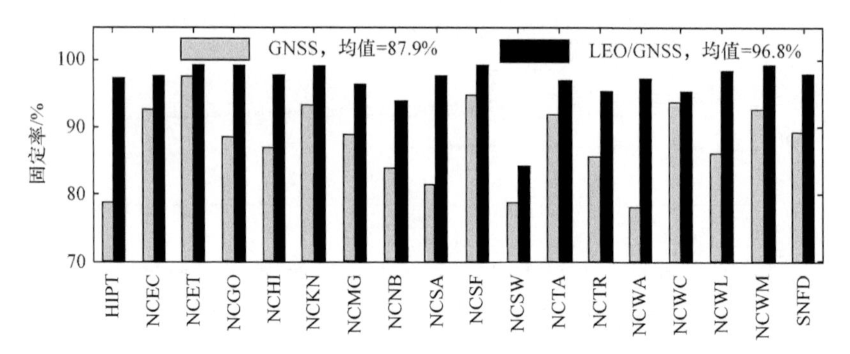

图 9.13　纯 GNSS 与 LEO/GNSS 动态 PPP 历元固定率对比

图 9.14 为 LEO 增强前后各站点的定位精度统计，由于仅对观测时段的固定解进行统计，两种模式的定位精度均为厘米级。整体来看，除个别站点外，通过 LEO 增强 GNSS 可不同程度改善 N、E、U 方向的定位精度，平均定位精度由(0.8cm，0.5cm，2.0cm)提高为(0.5cm，0.5cm，1.3cm)，N 和 U 方向精度分别提高了 37.5%和 35.0%，平均点位精度由 2.3cm 提高为 1.5cm，提高了 34.8%。

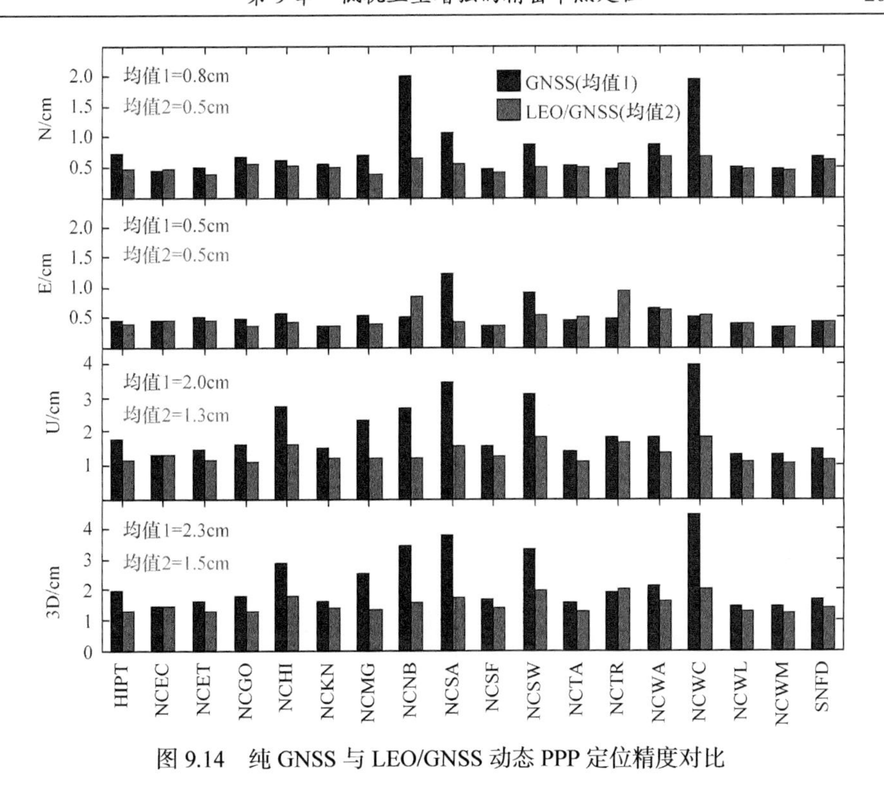

图 9.14　纯 GNSS 与 LEO/GNSS 动态 PPP 定位精度对比

9.4　LEO 与精密大气联合增强的 PPP

进一步将 LEO 纳入参考站网数据处理体系，分析其相比于仅依靠地基参考站增强模式，对 PPP 性能提升的影响。数据处理仍然采用仿真 LEO 与实测 GNSS 数据相结合的方式，实测的 GNSS 站点来自图 9.8 所示的基准站网，同时，沿用 9.3 节中的 LEO 星座并为各 GNSS 站点模拟 L1/L2/L5 三频观测数据。实验处理中，基准站端联合 LEO/GNSS 进行 PPP 解算，通过模糊度固定提取 LEO/GNSS 高精度大气增强信息，进一步内插并播发给用户；用户端在常规 LEO/GNSS 解算的基础上，结合高精度大气信息实现增强定位。后续实验将从以下两方面展开分析：①LEO/GNSS 卫星增强信息精度评估；②LEO 与大气联合增强的 PPP 定位性能评估。

9.4.1　LEO/GNSS 增强信息精度评估

以 SNFD 测站为例，图 9.15 给出了 GNSS 与 LEO 各卫星的星间单差电离层内插误差，该时段共观测到 72 颗 LEO 卫星，图中不同的颜色表示不同的卫星。可以发现，各卫星内插误差一般不超过 2cm，整个时段 GNSS 与 LEO 内插误差的 RMS 值分别为 0.6cm 和 0.4cm。图 9.16 进一步给出了全部站点 LEO 卫星的电离层内插精度，由图可知，电离层的内插精度通常优于 0.6cm，各站点的平均内插精度可达 0.5cm。

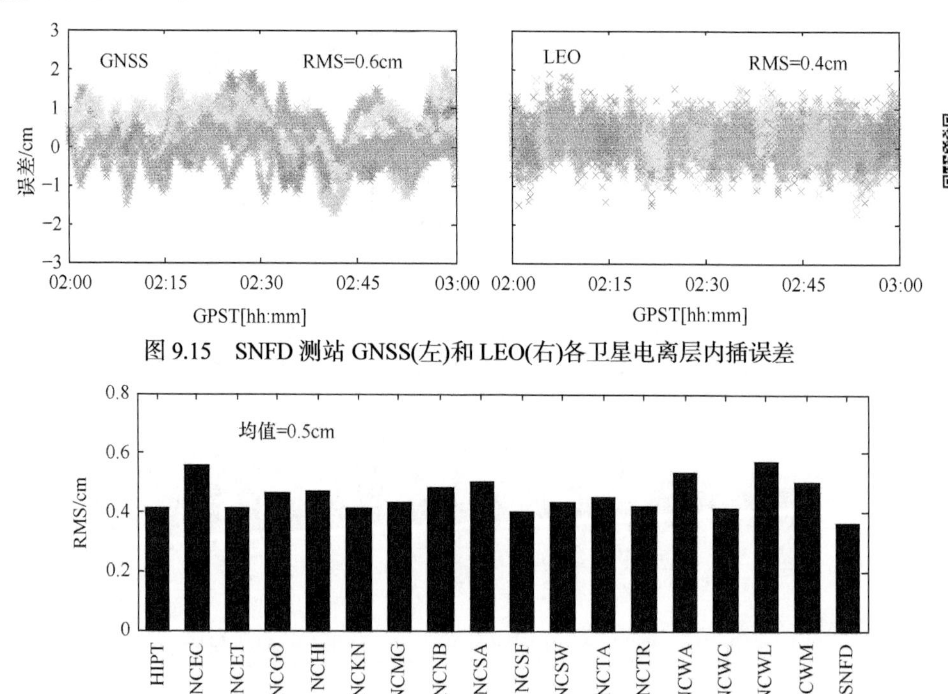

图 9.15　SNFD 测站 GNSS(左)和 LEO(右)各卫星电离层内插误差

图 9.16　各站点 LEO 卫星星间单差电离层内插精度统计

9.4.2　LEO 与大气联合增强的 PPP 定位性能评估

以 SNFD 测站为例，图 9.17 给出了区域参考站和 LEO 联合增强的 PPP 单历元固定解定位偏差，该时段宽巷解和窄巷解的固定率均为 100%，宽巷解和窄巷解在 N、E、U 方向的 RMS 值分别为(1.6cm，1.2cm，6.1cm)和(0.5cm，0.3cm，1.8cm)，与宽巷解相比，窄巷解的精度分别提高了 68.8%、75.0%和 70.5%。

图 9.18 为全部站点区域参考站与 LEO 联合增强的单历元 PPP 宽巷解定位精度统计，为方便比较，图中同时给出了仅区域参考站增强的 PPP 结果，由图可知，与仅依靠区域参考站增强模式相比，通过区域参考站与 LEO 联合增强后，各站点的定位精度均有不同程度提高，N、E、U 方向的平均定位精度由(2.4cm，1.5cm，4.5cm)提高为(1.4cm，1.1cm，4.0cm)，分别提高了 42.8%、28.2%、9.6%，三维平均精度由 5.3cm 提高为 4.4cm，提高了 16.8%。

图 9.19 为区域参考站与 LEO 联合增强的单历元 PPP 窄巷解定位精度统计，由图可知，与仅区域参考站增强模式相比，在区域参考站与 LEO 联合增强下，各站点 N、E、U 方向的平均定位精度由(0.8cm，0.5cm，2.2cm)提高为(0.4cm，

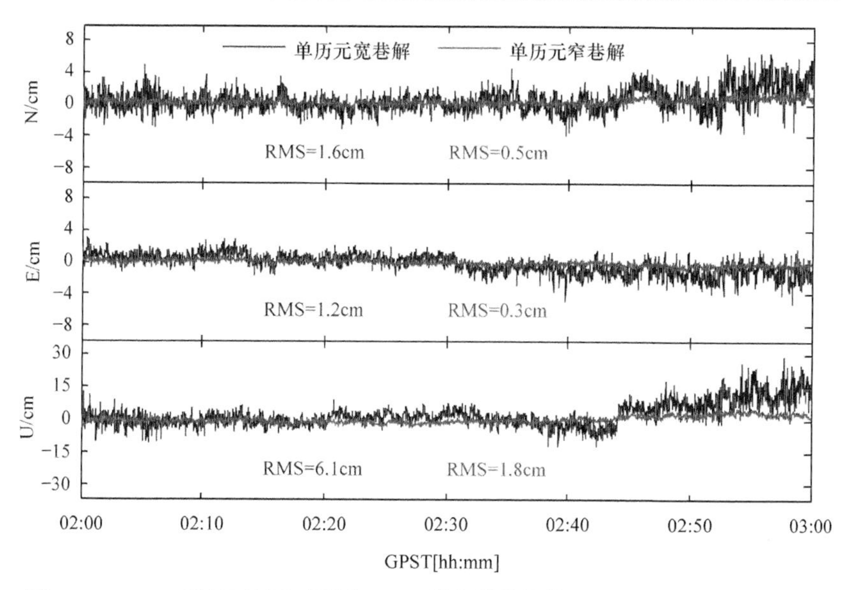

图 9.17　SNFD 测站区域参考站与 LEO 联合增强的单历元 PPP 固定解定位偏差

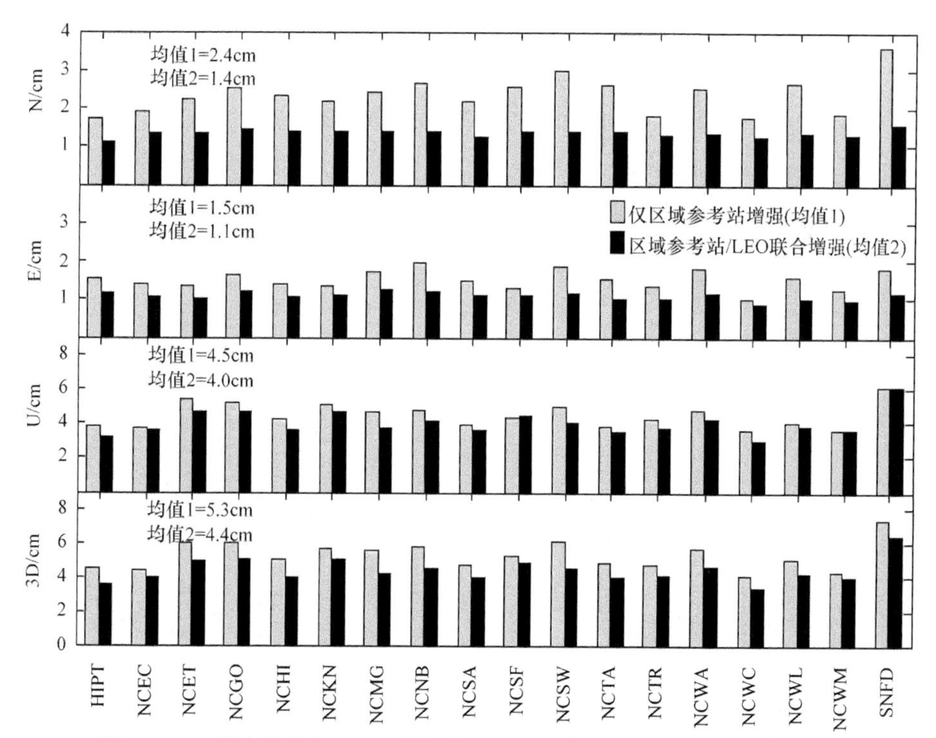

图 9.18　区域参考站与 LEO 联合增强的 PPP 单历元宽巷固定解精度统计

0.3cm，2.0cm)，分别提高了 57.3%、44.7%、10.0%，三维平均精度由 2.4cm 提高为 2.0cm，提高了 16.6%。

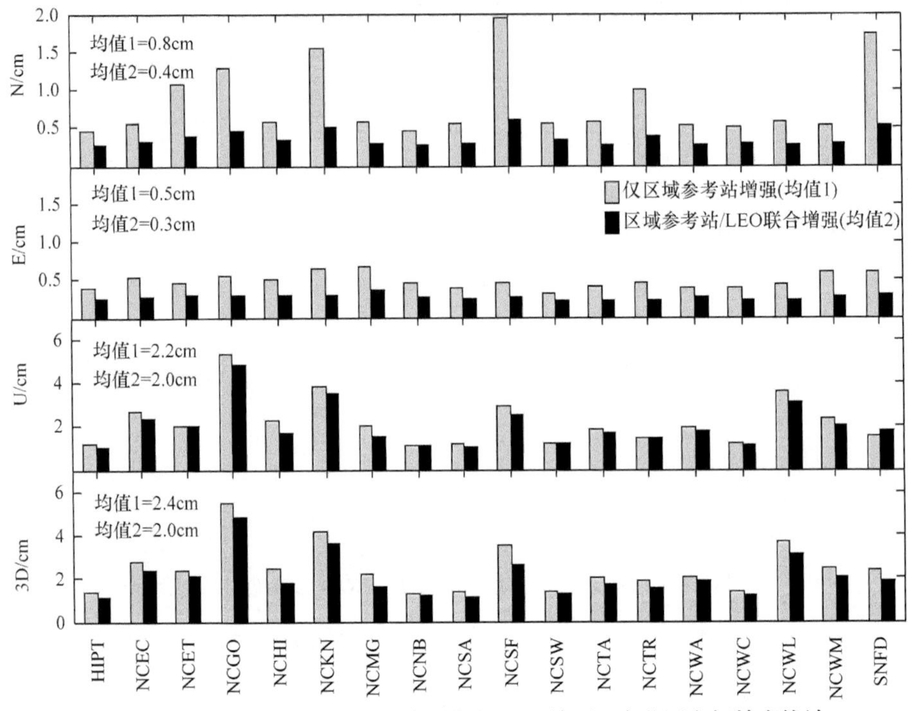

图 9.19　区域参考站与 LEO 联合增强的 PPP 单历元窄巷固定解精度统计

图9.20进一步给出了各站点历元固定率结果，由图可知，相比于纯地基参考站增强模式，通过联合 LEO 进行增强后，各站点单历元宽巷解和窄巷解的固定率均有不同程度提高，其中，宽巷解的平均固定率由 99.6%提高为 99.9%，窄巷解的平均固定率由 99.6%提高为 100.0%。

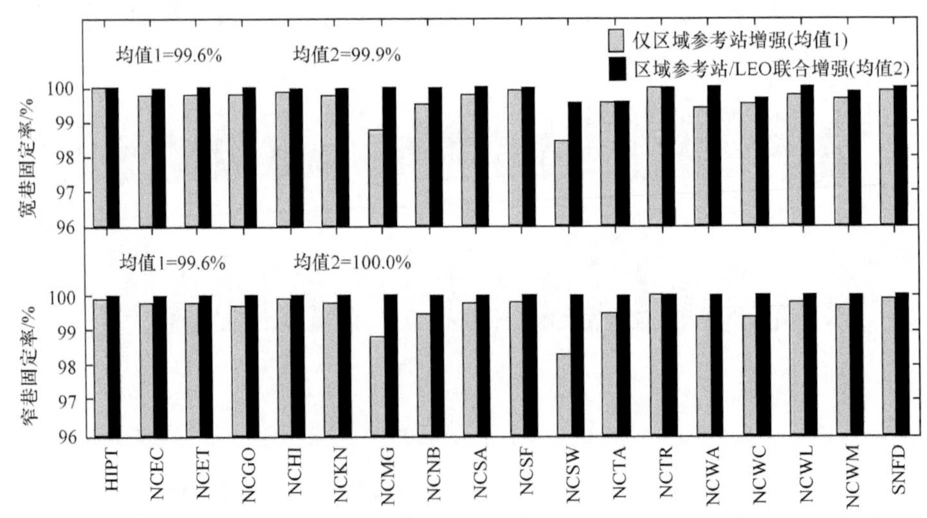

图 9.20　区域参考站与 LEO 联合增强的 PPP 单历元宽巷解(上)与窄巷解(下)固定率

参 考 文 献

[1] 张小红, 马福建. 低轨导航增强 GNSS 发展综述[J]. 测绘学报, 2019, 48(9): 1073-1087.

[2] 田润, 崔志颖, 张爽娜, 等.基于低轨通信星座的导航增强技术发展概述[J]. 导航定位与授时, 2021, 8(1): 66-81.

[3] Li B, Ge H, Ge M, et al. LEO enhanced Global Navigation Satellite System (LeGNSS) for real-time precise positioning services[J]. Advances in Space Research, 2019, 63(1): 73-93.

[4] Li X, Ma F, Li X, et al. LEO constellation-augmented multi-GNSS for rapid PPP convergence[J]. Journal of Geodesy, 2019, 93(5): 749-764.

[5] Li X, Li X, Ma F, et al. Improved PPP ambiguity resolution with the assistance of multiple LEO constellations and signals[J]. Remote Sensing, 2019, 11(4): 408.

[6] Su M, Su X, Zhao Q, et al. BeiDou augmented navigation from low earth orbit satellites[J]. Sensors, 2019, 19(1): 198.

[7] Zhao Q, Pan S, Gao C, et al. BDS/GPS/LEO triple-frequency uncombined precise point positioning and its performance in harsh environments[J]. Measurement, 2020, 151: 107216.

[8] 杨元喜. 弹性 PNT 基本框架[J]. 测绘学报, 2018, 47(7): 893-898.

[9] Fossa C E, Raines R A, Gunsch G H, et al. An overview of the IRIDIUM (R) low Earth orbit (LEO) satellite system[C]//Proceedings of the IEEE 1998 National Aerospace and Electronics Conference. NAECON 1998. Celebrating 50 Years, IEEE, 1998: 152-159.

[10] Hoots F R, Roehrich R L. Models for propagation of NORAD element sets[R]. Washington D.C.:North American Aerospace Defense Command, United States Air Force, 1980.

[11] Lu M, Li W, Yao Z, et al. Overview of BDS III new signals[J]. Navigation, 2019, https://doi.org/10.1002/navi.296.

[12] Walker J G. Satellite constellations[J]. Journal of the British Interplanetary Society, 1984, 37: 559-572.